O

新量子世界

THE NEW QUANTUM UNIVERSE

［英］安东尼·黑（Tony Hey）

［英］帕特里克·沃尔特斯（Patrick Walters）◎ 著

雷奕安◎译

湖南科学技术出版社

Preface 前言

现在，科普读物的出版和发行已经成为图书出版商和发行商的重要利润来
源。要出一本"好卖的"科普读物，一般的做法是把单词量控制在100 000左右
（大约200页），并且不要使用太多图表或照片。目标读者群是受过一定教育，
并对科学感兴趣的读者。这一出版领域的另一分支是科普工具书的出版，如
百科全书、地图集等。我们面向的读者群处于这两个极端之间。我们希望我
们出的书不仅仅能够使上面说的"受过教育的"的读者感兴趣，而且更重要的
是，能激起年轻读者们的好奇和思考。我们认为，让年轻的读者了解一点物理
学的激动人心之处是非常重要的，因为这可能使年轻人以后去接受物理学的
挑战，从事有关的研究。在当今这个世界上，年轻人们有很多很多的选择，大
家一般都会认为像自然科学和数学这样的学科是很"难"的。当然，要想理解
这些学科，不付出努力是不行的，要想真正掌握它们，更是要付出数年的艰辛。
所以我们不可能保证读者们能够很快收获颇丰。但我们可以保证的是，学好
数学和自然科学，一定能够使我们更深入地了解这个迷人的世界——我们生
活的世界，一个量子的世界。还有一点需要指出，那就是我们好像进入了一个
怪圈，由于我们越来越依赖于科学和技术，这个世界也变得在技术上越来越脆
弱了，因为了解我们所依赖的这些技术的人越来越少。但是我们文明的必须
延续，因此我们必须激励年轻的人们接受科学的挑战。这些年轻人才是我们
这本书的真正目标读者群。但是我们希望我们采用的文字，大量的图表、彩色
照片，著名科学家的传记等，本身也很有意思，能受到"受过教育的"读者们的
欢迎。

我们第一本讲解量子力学的书，《量子世界》（*The Quantum Universe*），出版
于1987年。当时的迫切需要是，把量子力学的奇异原理介绍给普通的读者，因
为这一理论是日常生活中用到的很多"高技术"设备的工作基础。因此，简单
地介绍了量子力学基本原理之后，我们更注重解释如何从量子力学的角度来
理解原子、原子核、所有的化学元素，以及天上的星星。量子力学使似乎不可
思议的硅芯片成为现实，也是我们今天看到的成千上万的激光器件的基础。
它不仅仅能解释木星的结构，也使我们能够理解在太阳和其他恒星中，巨大的
能量是怎么产生的。由于在基本原理层面上，量子理论非常奇怪，很难理解，
因此我们特意避免去讨论各种哲学方面的问题，并根据理查德·费曼（Richard

1

^x Feynman)的意见,采取了一种注重实际效果的做法。我们侧重说明这一理论的实际结果是什么,不管看起来有多么奇怪。自从量子力学在二十世纪二十年代由尼尔斯·玻尔(Niels Bohr),埃尔文·薛定谔(Erwin Schrödinger),沃纳·海森堡(Werner Heisenberg),保罗·狄拉克(Paul Dirac)等创立以来,除了应用更为广泛以外,这么多年似乎并没有什么新的发现。

但让我们吃惊的是,在最近的十五年里,量子技术突然产生了巨大的进展。虽然没有出现新的实验事实挑战传统的量子理论的权威性,但的确有了很多激动人心的新发现。主要的进展是,我们可以越来越熟练地控制量子体系。因此我们相信,我们正在亲眼目睹科学王国中一个崭新的学科——"量子工程学"——的诞生。这一学科的名字本身,就意味着在这个新世纪里,我们将越来越熟练地在量子尺度上控制和操作物质,并将引起另一类新的引人入胜的应用——"纳米技术"——的出现。这对半导体工业来说,显然具有非常重大的意义。我们将看到,摩尔定律很快就要失效了。摩尔定律是指,计算机芯片里面晶体管的数目,也就是芯片计算速度和存储量,每隔十八个月就会翻一番。再过大约十年,硅芯片上的特征尺寸(晶体管或导线)将变得非常小,以至于硅片上单个原子或电子的性质将对芯片产生决定性的影响。这些量子物质不能通过经典理论描述。如果量子工程师们不能提供替代的有竞争力的新技术,摩尔定律就要失效了,每十八个月升级一次计算机也不必要了。已经出现的一种可能的替代技术是"量子计算"。量子计算机不像在现行的"经典"计算机上那样把信息严格限定为"1"和"0",它允许在算法中使用量子位——"qubits"(量子位),大致相当于一个存储位上同时存着1和0——来进行计算。这一发现导致了一个崭新的研究领域——"量子信息理论"——的诞生和发展,并且很有可能已经在密码学中得到了实际应用。虽然我们这本书的原意是讲解量子力学,但是为了适应技术的发展,我们大量改写和更新了有关量子技术应用的章节。另外,我们增加了新的一章"量子工程学",专门介绍纳米技术和量子信息论的基本原理和应用。

正如我们说过的,在以前出版的关于量子力学书中,我们采纳了费曼的建议,避免提出诸如"但是怎么会是这样呢?"之类的问题。但是,最近的十五年里,人们对理解量子力学这一理论越来越感兴趣了,因为毕竟这一理论解释了我们生活的世界的基本物理原理。因而我们另加了一章"量子佯谬",向读者介绍尼尔斯·玻尔与阿尔伯特·爱因斯坦之间那一场没有完结的争论。是玻尔创立了量子力学的正统"哥本哈根学派"理论,也是这一理论最有力的支持者。

根据玻尔的解释,不确定性和不可预测性是量子理论的内秉属性,而量子体系的实际物理观测值是可以讨论的。玻尔的长期朋友和同事,阿尔伯特·爱因斯 xi 坦,一直不同意这一正统理论,并穷极一生与玻尔争论不休。他把他对哥本哈根诠释的反对总结为一句众所周知的名言:"上帝不掷骰子!"在一场冗长而没有结论的争论之后,爱因斯坦直到去世那一刻仍然不相信量子力学理论。他去世不久,爱尔兰物理学家约翰·贝尔(John Bell)提出了一个方案,来判别玻尔的正统量子力学理论和爱因斯坦喜欢的决定论。用来验证"贝尔不等式"的实验现在已经有了结果。结果证明量子力学是正确的。看起来爱因斯坦应该再好好想想。因为贝尔的结果对量子力学理论非常重要,所以我们也以直观的方式介绍了贝尔不等式。我们的讲解非常接近约翰·贝尔自己在日内瓦作的一个报告。在任何关于量子力学理论的讨论中,都会提到的另一个很重要的小东西是薛定谔的猫。薛定谔猫佯谬问题以图示的方式说明了量子力学的所谓"测量问题"。我们讨论了流行的休·埃弗雷特(Hugh Everett)的量子力学"多世界"理论,和沃切克·祖莱克(Wojtek Zurek)等提出的"退相干"机制,以在某种程度上解释量子测量问题。

最后,作为一个轻松的"编后记",我们讨论了科幻小说里面对量子力学的处理。赫伯特·乔治·韦尔斯(H. G. Wells)首先在他的科幻小说《解放的世界》(*The World Set Free*)中描述了原子弹爆炸的世界末日景象。在量子力学发展早期,科幻小说作者就一直努力把我们对原子的最新认识写进小说情节里。而现代的科幻小说家已经把多宇宙理论和纳米科技当成了他们的标准理论基础的一部分。最后,在迈克尔·克莱顿(Michael Crichton)的新书《时间线》(*timeline*)中,量子计算机,远程传物(teleportation),时间旅行等编织在一起,开拓了科幻小说发展和探索的一片新天地。

著名的理论物理学家和作者保罗·戴维斯(Paul Davis)曾经预言:

> 十九世纪是机械时代,二十世纪在历史上将被称为信息时代。
> 我相信二十一世纪将会是量子时代。

在下一个十年里,我们就能看出这一预言如何实现,以及实现到什么程度。当然,我们相信,这种由量子力学支持的,即将到来的纳米技术革命,对我们社会的影响,至少会与目前的生物信息学大发展产生的影响一样深刻。我们希望这本书能够为激发未来新一代量子工程师的兴趣和梦想做出贡献。

下面是一些致谢。我们在这里再一次感谢我们的家人，感谢他们无私的支持和包容——Marie Walters, Jessie Hey, Nancy Hey, Jonathan Hey 和 Christopher Hey。我们也非常感谢我们的同事，特别是 Phil Charles, Malcolm Coe, Jeff Mandula 以及 Steve King，他们审阅了我们的初稿，并提出了宝贵的意见。我们要感谢南安普敦市的 Maggie Bond 和 Juri Papay，他们在帮助我们获得那些新的照片和授权方面，为我们提供了大量宝贵的帮助。我们也感谢剑桥大学出版社的 Rufus Neale 和 Simon Mitton，是他们提出了这本书的创意，还有 Simon Capelin 和 Jacqueline Garget 等这一项目的其他人员，这一复杂项目的整个过程中，他们都很高兴地为我们提供了大量帮助。最后，Tony Hey 希望在这里特别感谢英国工商部的 Ray Browne 和南安普顿大学的 Juri Papay，感谢他们对科学事业的极大热情，也感谢他们投入的精力和实质支持，帮助我成功地完成了这一本书。

xii

4

Prologue　序言

　　诗人们总说,科学家看不见星星的美丽——星星在科学家眼里仅仅是一堆 ^{xiii} 聚集的气体原子。没有什么是"仅仅是"。我能看见沙漠夜空里的星星,也能感觉到它们。但是我是不是看见的比别人少,或者多些? 广袤的天空激起了我的幻想——盯着这个旋转的天穹,我用我的小眼睛能捕捉一百万年以前发出的光……或者可以通过帕洛马山(美国加利福尼亚州西南部。——译者注)上的大眼睛(望远镜)来观测这些星星,望远镜能把大量从同一光源发射的光聚集到一起,也许本来这些光就是在一起的。这是一幅什么图像,或者说这意味着什么,或者说为什么这样? 我们知道一点宇宙,并不影响宇宙的神秘性。因为宇宙比以前任何一个艺术家能想象的都要奇妙得多。为什么现在的诗人们不说这个呢?

　　最后,请允许我说明我讲这门课的主要目的。我的目的不是让你们如何应付考试,甚至不是让你们掌握这些知识,以便更好地为今后的你们面临的工业或军事工作服务。我最希望的是,你们能够像真正的物理学家们一样,欣赏到这个世界的美妙。物理学家们看待这个世界的方式,我相信,是这个现代化时代真正文化内涵的主要部分。(也许有一些别的学科的科学家会反对我的说法,但我相信他们绝对是错误的。)也许你们学会的不仅仅是如何欣赏这种文化,甚至也愿意参加到这场人类思想诞生以来的最伟大的探索中来。

——理查德·费曼

路 线 图

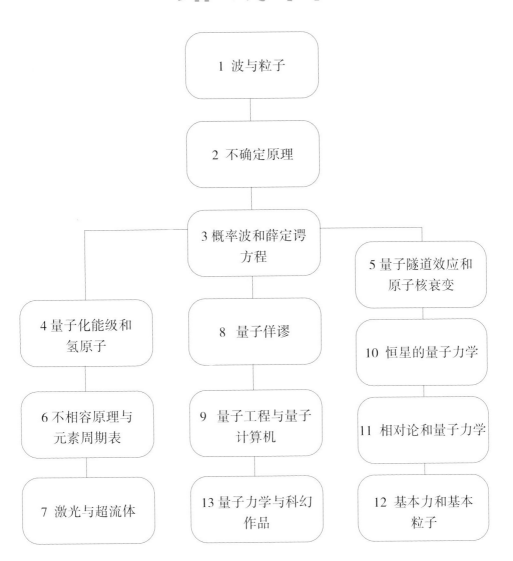

这本书的所有章节都相互关联,分成三条主线。大致说来,左边的主线与固态物质遵循的量子力学理论有关;右边的主线与解释恒星和基本粒子性质的量子力学理论有关;中间主线讨论量子佯谬和量子工程学,后面谈了这些理论在科幻作品中的实现。

Contents 目录

第一章　波与粒子

> ……我想我可以相当有把握地说，没有人理解量子力学。
>
> ——理查德·费曼

科学与实验

艾萨克·牛顿(Isaac Newton) (1642—1727) 在 1704 年出版了他的著作《光学》，解释了彩虹的出现，并提出了光的"粒子"理论。在他的 1687 年出版的著作《自然哲学的数学原理》(*Mathematical Principles of Natural Philosophy*) 中，牛顿建立了力学和引力的基本理论。这些理论一直到十九世纪中叶都是整个科学体系的基础

　　科学是对我们每天看见的东西的一种特别解释。它起源于一个问题的出现和我们的好奇心。有些东西让科学家觉得奇怪。他们不能用通常的理论解释。更努力的思考或者更仔细的观察也许能够解决这个问题。但是如果这样仍然不行的话，科学家们的想象力就被激发了。科学家们会问：是不是我们需要以一种完全不同的方式来看待这个问题？科学家们永远在寻找更好的解释。更好的意思是，任何一种新的解释不仅仅要讲清楚新的问题，还需要与以前所有仍然有效的各种解释相容。任何一种科学解释或者"理论"的标志是，它必须能够作出成功的预言。也就是说，任何严肃的科学理论，必须在任意指定的一组条件下，预言将会发生什么情况。任何一种新的科学理论，除了必须成功地解释科学家们已经观察到的各种现象以外，还必须能够正确预言没有做过的试验的结果。只有做到这一点，该理论才会被科学家们广泛接受。对新的科学思想的严格检验，正是区别科学与其他知识类学科的关键，比如历史学、经济学、或者是某些伪科学比如占星学。

　　在十七世纪的时候，艾萨克·牛顿和其他一些伟大

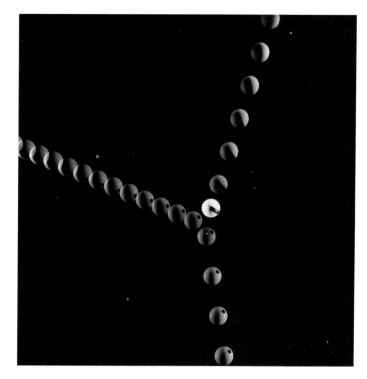

图 1.1 一个台球碰撞的多次曝光照片。台球的运动完全可以用牛顿定理计算出来，但是我们通过观察电视上的斯诺克比赛，或者自己玩的时候，根据感觉就可以判断台球会怎么运动

的科学家，提出了一套能够描述物体运动的美妙的理论。这一整套理论框架被称为"经典力学"，涵盖的范围是包括台球到行星在内的所有物体的运动。牛顿这套用力、动量、加速度等术语描述的运动理论，最后被归纳为"牛顿运动定理"。我们日常用的各种机械设备、玩具等，都是根据这套理论制造出来的，因此我们在日常生活中很熟悉经典力学的这些原理。比如，我们都知道如何预测两个台球互相碰撞的结果。也许经典力学最叹为观止的应用应该是太空探测。到现在这个时候，如果看见宇航员和航天飞机并排飘浮在太空中，而不是悲剧性地往下掉到地球上，谁也不会感到奇怪了。而在一百年以前，这些并不是那么"显然"的。在朱尔斯·维纳（Jules Verne）的著名科幻小说《月球旅行记》（*A Trip Around the Moon*）中，空间飞行器上的一名乘客很惊奇地发现，他们扔在飞行器外面的，发射的时候死去的一条狗的尸体，与他们一起，一直并排飞行到月球。今天，也许你对牛顿理论的细节不了解，但你知道它是对的。这是我们日常经验的一部分。

图 1.2 1984 年 2 月 7 日，宇航员布鲁斯·麦克坎德勒斯（Bruce McCandless）在人类第一次无系留太空行走活动中，漂浮在太空中。原则上可以说，宇航员是在航天飞机旁边独立绕地球飞行的一个航天器。麦克坎德勒斯后来说："这对 Neil（尼尔·阿姆斯特朗）来说也许是一小步，但对我来说简直是一大飞跃！"

图 1.3 朱尔斯·维纳（Jules Verne）1865 年出版的著名科幻小说《月球旅行记》中，狗在"卫星"发射的时候就死了，并被扔在飞行器外边。空间飞行器上的一名乘客很惊奇地发现，狗的尸体与他们一起，一直并排飞行到月球

在我们的大多数人接触到量子力学的时候，所有这些日常经验，都会成为理解量子力学基本概念的障碍。在研究原子和分子时，很小尺寸上的物质并不按照我们熟知的方式运动。经典力学已经不够用了，我们需要一套崭新的不一样的理论。这套理论就是量子力学。这套理论非常巧妙，它不仅仅有效地解释很小尺度上量子范畴内的各种现象，在大尺度上，它的预言与牛顿经典力学也完全相同。一个原子是一个典型的量子体系，从经典力学出发将完全无法理解。根据一般的看法，像太阳系里面行星绕着太阳运行一样，原子中电子围绕原子核在轨道上运行。可实际上，带负电荷的电子绕带正电荷的原子核运行，这样一个简单模型是不稳定的！根据经典物理的理论，电子将螺旋地向中心运动，结果就是，原子崩溃了。这样一个很好的让人听起来感觉舒服的模型，甚至不能保证真实原子的稳定存在，更不用说预言原子有什么性质了。重要的是，首先我们必须明白，根本就不存在一个能描述原子里面电子行为

的简单图像。这是进入量子力学领域的初学者面临的第一个障碍：量子物质的行为跟你以前见过的任何东西都不一样，这是一个不可避免又让人很不舒服的事实。

　　那么我们怎么才能让你相信量子力学是不可缺少的，也是有用的呢？是这样，物理学家，就象一个好侦探一样，仔细分析各种证据，遵循福尔摩斯（Sherlock Holmes）说过的一句格言："当你把不可能的事情都排除了以后，剩下的选择，不管看起来多么不太可能，一定是对的。"虽然如此，二十世纪的物理学家们还是极不情愿地相信了，整座辉煌的经典物理大厦在描述原子行为的时候，连"差不多正确"都不是，而是必须完全推倒重来。在物理学家们试图理解光的原理的时候，实验给他们带来的疑惑，比任何其他事情都更能使他们痛苦地认识到这一点的正确性。

图1.4　水中两个振荡源产生的干涉图案

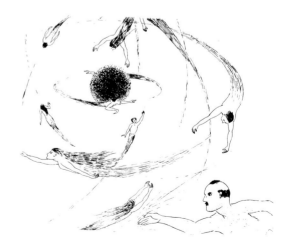

图1.5　乔治·伽莫夫 (George Gamow) 在他的书《汤普金斯先生探索原子》(Mr. Tompkins Explores The Atom) 中的一幅原子行星模型的怪异的图

光与量子力学

托马斯·杨（Thomas Young 1773—1829）是一个神童，两岁的时候就能阅读，青年时期就学会了十几种语言。他关于视觉的研究和确立光的波动理论两项工作使他名垂青史。除此之外，他还是第一个在破译埃及古代象形文字方面作出重要贡献的学者。

在十七世纪，艾萨克·牛顿认为光应该是粒子流，就像机关枪射出的子弹一样。由于牛顿的德高望重，除了一些微弱的反对声音以外，这种观点一直持续到十九世纪。十九世纪托马斯·杨（Thomas Young）和其他一些人决定性地证明了，光的粒子理论是错误的。他们认为，光更应该是一种波动。关于波，我们熟悉的一种特性是"干涉"，这是物理学家在描述两列波相遇时用到的术语。例如，图1.4中我们演示了在水的表面两个水波源产生的"干涉"图案。托马斯·杨利用他的著名的"双缝"实验装置制造出两个光波源，并观测到光也有类似的干涉图案。

唉！可是物理学家们并没有高兴很长时间。十九世纪末进行的一些实验，发现了一些新的实验现象，不能用光的波动理论解释。这些实验里面，最著名的就是所谓的"光电效应"。紫外光照射在带负电荷的金属上，金属会失去电子，可是用可见光却不会出现这一效应。这个疑难是阿尔伯特·爱因斯坦在提出"相对论"的同一年解决的，后来他因提出相对论而名声大振。他对光电效应的解释，复兴了以前的光的粒子论。金属的放电是由于金属所带电子被能量集中在一些小"束"内的光打出了金属，我们现在称这些光束为"光子"。根据爱因斯坦的理论，紫外光光子的能量比可见光光子的高，因此无论有多少可见光光子照射在金属上，没有任何一个光子都有足够的能量把电子打出来。

物理学经过了几十年的困惑，直到二十世纪20年代，一些物理学先驱如海森堡，薛定谔和狄拉克等提出了量子力学理论，才为解决这个疑难找到了一条出路。这一理论能够为光、原子以及更多别的东西的怪诞性质提供一个合理的解释。但是这种成功是有代价的。我们必须放弃用日常熟悉的术语，如波和粒子，来描绘原子尺度上物体的运动的想法。一个"光子"跟我们见到过的任何东西都不一样。当然，这也并不是说，量子力学充满了各种模糊的概念，不能精确预言任何现象。相反，量子力学是唯一能对原子和亚原子体系作出明确并正确预言的理论，就像经典力学能准确预测台球、火箭和行星的运行一样。对于量子物质来说，困难在于，它们的运动不像台球那样，可以通过某种精确的绘图方式展示出来。我们不能把光子画成图，能做的只是把光子的行为总结为：光子的本质是量子力学的。

6

J. J. 汤姆森（1856—1940）测量了电子的电荷质量比，确立了电子是自然界的一种新的基本粒子。他被授予1906年的诺贝尔奖

从某种意义上说，大自然对我们是友好的。因为，以经典物理的眼光看，光子和电子是非常不同的两类物质。可是我们注意到，在量子力学领域，光子和电子，实际上包括所有其他量子物质，都按照同样奇怪的量子力学方式运动。这对我们不能准确描绘量子物质至少是某种补偿！在我们认识电子的过程中，有一个很有意思的小插曲。1897 年，J. J. 汤姆森测量了电子的电荷质量比，从而确立了电子是自然界的一种新的基本粒子。三十年后，他的儿子，G. P. 汤姆森，同美国物理学家戴维森（Davisson）和盖末（Germer）合作，做了一系列精彩的实验，决定性地证明了电子的行为其实跟波一样。后来历史学家麦克斯·崔墨（Max Jammer）写道："有人也许想说，父亲汤姆森因为发现电子是粒子而获得了诺贝尔奖，而儿子汤姆森（也应该）因为发现电子是波而获奖。"

我们这本书的一个意图是，能够让哪怕是最不上心的读者也能真正地意识到，量子力学能够解释和预言多么巨大范围内不同领域的物理体系。德布罗意、薛定谔、海森堡等这些人表面上看起来很荒谬的想法，现在已经导致了很多崭新的技术的诞生。这些技术的出现完全依赖于我们的量子力学先驱们的发现。以硅芯片技术为代表的现代电子工业，就是以叫作半导体的材料的量子理论为基础的。同样，大量激光设备和器件的出现，仅仅是当我们在量子原理层次明白了光如何从原子上发射出来的机制之后，才成为可能，而这方面最早的工作正是爱因斯坦在1916 年做的。只有搞清了大量量子紧密堆积在一起的行为之后，我们才能理解从超导体到中子星在内的各种不同物质的性质。还有，虽然刚开始量子力学是用来解决关于原子如何存在等原理性问题的，但在用于解释位于原子中心的微小的原子核的行为时，量子力学也是同样适用的，并且这方面的研究还导致了我们对放射性和核反应的理解。当然，众所周知，这些理论是一把双刃剑。我们不只是知道了星星如何发光，也知道了如何利用可怕的核武器来摧毁地球上所有的文明。

在我们解释量子力学怎么让这些所有的东西成为可能之前，我们首先必须解释清楚，原子尺度上，物质奇怪的量子力学行为。这一任务显然很艰难，因为我们没有与量子行为的数学描述相关的准确类比。当然，如果同时使用类比和对比，我们仍然可以说清一些问题。托马斯·杨的"双缝干涉"实验最早是

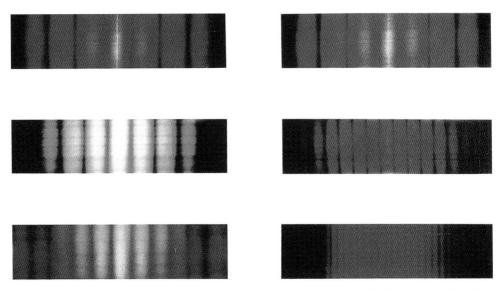

图1.6 光的双缝干涉条纹，通常用来演示光的波动性质。左边的图中，随着光的波长变短，光的颜色从红色变成蓝色，干涉条纹间距变小。右边的图中，对于红光，干涉条纹间距的减小是通过增加双缝之间的距离实现的

在一块屏幕上刻两道槽，从而产生两个光源，光源互相干涉就产生了他的著名的"干涉条纹"——一系列相间的明暗线条（图1.6）。我们可以描绘出用子弹，或者水波，或者电子做类似"双缝"实验的结果，通过比较三种不同东西实验的结果，我们可以让大家体会到量子力学的一些本质特性。量子力学教科书中有很多种实验的详细讨论，但这里的双缝实验已经能足够揭示量子力学的所有神秘之处了。量子物理的所有问题和佯谬都可以通过这个简单的实验演示。

　　在我们开始以前，有几点建议。为了避免走进令人灰心的心理死胡同，请尽量满足于接受观察到的实验事实。尽量不要提"但是怎么会是那样呢？"这样的问题。理查德·费曼都说过："没有人明白量子力学"。我们能告诉你的是，大自然就是那么样的。没有人知道为什么。只有当我们让你信服量子力学真的没有问题之后，我们才会探讨量子力学究竟讲了关于物理实在的哪些原理，并将继续讨论薛定谔的猫，爱因斯坦与骰子等。

双缝实验

　　这一节第一次就看完可能会相当难。如果是这样，可以只看一眼图，然后

直接跳到下一章。

子弹

源：一架不稳定的机关枪射击，射出的子弹的轨迹在一个锥形内，所有的子弹速度相同但方向随机。

屏：上面刻有两条平行狭缝的装甲板。

监测器：用来收集子弹的小沙盒。

结果：机关枪以固定速率射击，我们在给定的时间段内，能够统计任何一个沙盒里的子弹数。通过两条狭缝的子弹可以直接通过缝，或者与缝的某一个边碰撞，但最后都必须落到一个沙盒内。假定我们用的子弹都是用很硬的金属制成的，不会碰撞后分成几片，这样我们在沙盒里发现的子弹都是完整的，不会有半个的情况出现。另外，永远不会有两颗子弹同时到达沙盒，因为我们只有一架机关枪，每颗子弹都是一个单一的可以区分的"块"。

如果我们在实验进行一个小时后数每个沙盒里的子弹，我们就能看出子弹"到达沙盒的概率"怎么随着沙盒的位置变化。在任意指定位置上子弹的总数显然是通过狭缝1和狭缝2所射到这个位置的子弹数目的和。图1.7显示了"到达沙盒的概率"如何随着沙盒的位置变化。我们称这一结果为 P_{12}，即在两个狭缝都打开时射到沙盒的子弹的概率分布。图1.7中也显示了狭缝2关闭的结果，我们把它叫作 P_1，狭缝1关闭的结果叫作 P_2。从图上看，显然，把曲线 P_1 和 P_2 叠加起来就可以得到曲线 P_{12}，我们可以写成如下数学等式：

$$P_{12} = P_1 + P_2$$

出于我们待会儿就会明白的理由，我们把这种结果叫作无干涉类型。

水波

源：一块掉进一个大水池的石头。

屏：一道有两个缺口的堤坝。

监测器：一排小浮标，随着水波上下浮动，能测出水波在该点的总能量。

结果：水波从波源扩散开来到达防波堤。防波堤的另一面水波从两个缺口向外扩散。如果我们观察那排浮标，一定会有某些位置，从缺口1来的波的波峰与从缺口2来的波峰相遇，引起浮标很剧烈地上下运动。而在其他的一些地方，从一个缺口来的波峰会遇到另一缺口来的波谷，这样这些位置的浮标会一动不动。当然还有一些位置，浮标的运动介于以上两者之间。对于水波来说，在任意给定位置水波的能量与这一点波浪的大小应该是有关系的。实际上，波的能量与这一点波的最大高度的平方成正比。让我们把每秒钟到达浮标的能量称为"波强"，并用符号 I 表示。如果我们将波的最大高度记为 h，我们可以用数学公式写下如下 I 和 h 的关系：

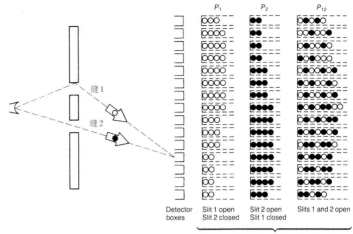

图 1.7 用子弹做的双缝实验。左边是实验的简化图。右边是三次不同实验的结果。通过狭缝 1 的子弹用空心圆圈表示，通过狭缝 2 的子弹用实心圆圈表示。上边标记为 P_1 的列是只有狭缝 1 打开狭缝 2 关闭时射到沙盒里的子弹的分布情况。上边标记为 P_2 的列是狭缝 1 关闭狭缝 2 打开的情形。从图上可以看出，子弹数目最多的盒子与打开的狭缝在一条直线上。两条狭缝都打开的结果是 P_{12}。这时子弹从哪条狭缝过来完全是随机的，盒子里面的子弹也用混杂的实心和空心圆圈表示。值得大家注意且很重要的一点是，两条狭缝都打开时，每个盒子里面子弹的数目，是两次只有一条打开而另一条关闭实验时子弹数目的和。这是显然的，因为我们知道子弹必须穿过两条狭缝中的一条打到小盒子里

$$I = h^2$$

$$强度=高度的平方$$

我们可以看出，与我们用子弹做的实验不同，波的能量不是以确定大小的小块形式到达监测器的。子弹在任何一个特定时间只能打到某一个特定的盒子里。而这里，最终波的高度随着探测器的改变，平滑地从零变化到某一个最大值，因此我们可以看出，原始波的能量扩散开了。图 1.9 中显示了波强随着监测器位置变化的曲线。因为这是两个缺口都打开的波强分布图，我们把它叫作 I_{12}。强度图的数学解释非常简单。沿探测器任何一点水面的波动幅度，是分别从缺口 1 和缺口 2 来的波动幅度的和。如果我们把从缺口 1 来的波的高度标记为 h_1，从缺口 2 来的标记为 h_2，两个缺口都打开时的标记为 h_{12}，最后的结果可以写成如下等式：

图 1.8 水波的波形。(a) 从一条缝出来的水波。(b) 从两条缝出来的干涉图案

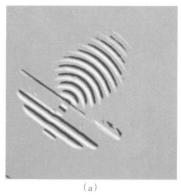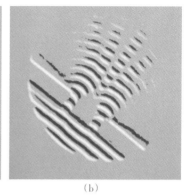

（a）　　　　　　　　　　　　（b）

$$h_{12} = h_1 + h_2$$

我们注意这几个高度值都可以为正也可以为负，具体大小根据相应的波动使水高于还是低于水平面而定。最后的强度是这一高度，也叫"水波振福"的平方，

$$I_{12} = h_{12}{}^2$$

也就是

$$I_{12} = \left(h_1 + h_2\right)^2$$

我们现在可以关掉一个缺口，继续以上实验。这时我们可以得到如图 1.9 所示的结果。我们将缺口 1 打开，缺口 2 关闭实验对应的强度分布图标记为 I_1。曲线 I_1 是缺口 1 形成的水波的波动幅度的平方：

$$I_1 = h_1{}^2$$

类似地，曲线 I_2 是缺口 2 打开，缺口 1 关闭的结果，按照上面的方式，结果表示为：

$$I_2 = h_2{}^2$$

很显然，这两条曲线都没有曲线 I_{12} 摆动得那么剧烈。而且，两个缺口都打开时的曲线 I_{12}，不是两个缺口分别打开时的强度分布 I_1 和 I_2 的简单叠加。数学上，我们可以从下列式子中看出这一点：

$$I_{12} = \left(h_1 + h_2\right)^2$$
$$= \left(h_1 + h_2\right) \times \left(h_1 + h_2\right)$$

这可以展开成

$$I_{12} = h_1{}^2 + 2h_1h_2 + h_2{}^2$$

显然不等于 I_1 与 I_2 的和

$$I_1 + I_2 = h_1^2 + h_2^2$$

对于波动，我们把这种现象叫作干涉。不像在用子弹时实验的，我们可以把两个单缝打开时的实验结果加起来得到双缝都打开的结果。正是因为观测到了光的这种干涉现象，托马斯·杨才断言光一定是一种波动。实际上，生活没有那么简单！下面我们将介绍以电子为对象进行的双缝实验，这个实验如果以光为实验对象的话，结果是相似的。

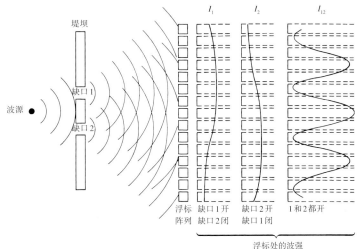

图 1.9 用水波做的双缝实验。探测器是一排随着水波上下运动小浮标，能测出水波在该点的能量。图上画了从每一条缝中扩散开的水波的波峰，可以与图 1.8 做比较。上面标记为 I_1 的列显示了只有缺口 1 打开时波强的平滑变化。请注意这条曲线与图 1.7 中用子弹实验获得的曲线 P_1 非常相似。同样，读出强度最大的探测器与波源缺口 1 在一条直线上。第二列是一条相似的曲线，I_2 是关闭缺口 1 开放缺口 2 得到的。最后一列，I_{12} 显示了两个缺口都打开时的波强变化曲线。这条曲线与用子弹双缝齐开实验时的曲线非常不同，它不等于分别有一个缺口打开时获得的曲线 I_1 和 I_2 的和。这条变化剧烈的强度曲线就是干涉图

电子

源：一支电子"枪"，由一根发热的金属丝和一个能把电子加速的电势场组成，金属丝发热后能够把电子"蒸发"出来。

屏：一块有两条窄缝的薄金属片。

监测器：一块表面涂有磷的屏幕，当有一个电子打到屏幕上时，能发出一次闪光。

结果：闪光表示电子打到了探测器上。电子是一个一个打过来的，每一次只能以单独的、大小一样、一小"块"的方式打到某一个点上，就像子弹一样。如果我们把电子枪的发射强度降低，从而减少每分钟内蒸发出来的电子数目，我们仍然能看到探测屏幕上有同样大小的闪光，但是每分钟内过来的电子数目下降了。同样，就像用子弹实验时那样，我们可以统

13

计在某一给定时间段内任意位置上出现的闪光次数。也像子弹那样，我们能够测量出电子打到探测屏幕上任意一点的概率。量子力学的魔术现在出现了！我们看见的图像（图1.11）就是波的干涉图像，虽然我们已经指出，电子是像子弹一样一个一个打过去的！这已经非常奇怪了，但如果我们进一步分析这一实验结果，事情将变得更神秘。

让我们看一看两条狭缝都打开时，探测屏颜色较深的地方，也就是干涉图案的强度极小处。这些位置上的电子数目，比打开一条狭缝实验时同一位置的电子数目少！如果我们只打开一条狭缝，实验结果如图1.11所示，跟波的

图1.10　电子的一次双缝干涉实验图案

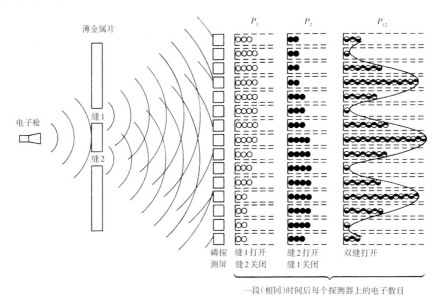

图1.11　电子的双缝干涉实验。电子每次打到涂有磷的探测屏幕上的一点上时，会发出闪光，这像子弹每次都射进某一个小盒子那样，而不是像波那样能量扩散开。标记为 P_1 的列是只有狭缝1打开时的情形。通过狭缝1的电子用空心圆圈表示，就像图1.7中的子弹那样。标记为 P_2 的列是只有狭缝2打开时的情形，通过狭缝2的电子用实心圆圈表示。这两条曲线跟用子弹实验时完全一样。区别体现在第三列 P_{12} 上，也就是两条狭缝都打开时。这个结果就像用水波实验得到的干涉图案，这需要两条狭缝中出现某种波动才能产生，图中画出了所需的波动。因为它不是 P_1 和 P_2 的和，所以我们无法判断电子是从那条狭缝中过来的。正因为我们不知道电子怎么过来的，而电子又的确是像子弹那样打到屏幕上的，所以我们在画电子的时候，把它们画成了一半空心一半实心。像电子这样的量子物质同时具有波动和粒子运动的属性，但又跟波或粒子不一样。这就是量子力学的世纪之谜

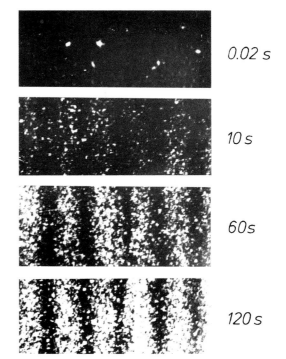

0.02 s

10 s

60s

120 s

图1.12 电子双缝干涉实验的更多细节。虽然有时候干涉图案被看作是波动的证据，但仔细观察可以看出，电子是以小块点状方式打到屏幕上的。第一张照片的曝光时间很短，只有很少几个电子打到屏幕上，它们的分布几乎是完全随机的。从下面的照片可以看出，随着曝光时间的延长，越来越多的电子打到屏幕上，直到出现我们熟悉的干涉图案

情况一样。但是既然电子跟子弹一样打到屏幕上，结果怎么会是这样呢？难 14
道电子通过某种方式被分成了两半，每一半通过一条狭缝？不可能！我们从来
没有发现过半个电子，就像子弹一样，要不打过来了，要不就根本不会出现。
自从量子力学被提出以来，人们就一直在努力解决这一困难。但至今仍然没人
成功。看起来好像是，电子从电子枪里发射出来时是粒子，打到屏幕上的时候
也是粒子，但从打到屏幕上的电子分布来看，电子好像是以波的形式走完这段
路程的！

我们已经知道，干涉曲线的数学表达式可以写成一个很简单的等式。我们
也已经知道，在水波的情况，干涉是因从缺口1和缺口2来的波的波高，也就 15
是波幅的叠加引起的。波的能量强度正比于两个波幅叠加的平方。在电子干涉
情形，这一数学原理也应该是一样的。在电子的情形，我们不能测量实际的电
子波强，而只能测量电子到达的概率。根据干涉曲线的数学公式，我们可以看
出，对于电子干涉，一定存在某种与波的高度对应的量。但是电子波的"高
度"是什么意思？由于这一"高度"的平方一定是相应的概率，所以我们把它
称为"量子概率幅"。我们可以把这一量子"高度"或幅用符号a来表示。这

样，我们的电子到达概率的公式，就会跟水波干涉公式有了完全一样的形式。只是这里我们用 P 表示概率，而不是用 I 表示强度，用 a 表示量子幅，而不是用 h 来表示波高。把符号换过来以后，双缝齐开和关闭一条缝时电子到达屏幕的概率就可以表示为以下等式：

$$P_{12} = \left(a_1 + a_2 \right)^2$$
$$P_1 = a_1{}^2$$
$$P_2 = a_2{}^2$$

并且，跟以前一样，P_{12} 并不等于 P_1 和 P_2 的和：

$$P_{12} \neq P_1 + P_2$$

　　我们可以总结如下：电子打到屏幕上时，有跟波一样的干涉现象，虽然电子跟子弹一样，是以小块的方式打过去的。考虑到这一点，我们可以说，量子物体有时候表现得像波，有时候又表现得像粒子。你会觉得这很神秘。它就是那么神秘！关于量子力学的魔术我们无法解释得更多了，我们只能描述量子的东西表现出来是什么样的。这种描述就是量子力学。

第二章　海森堡和不确定性

一个哲学家曾经说过："同样的条件总是导致同样的结果，这一点是科学存在的基础"。可是，这话不对！

——理查德·费曼

观察电子

我们已经知道，量子力学不允许我们看到量子粒子 ¹⁶的运动，这让我们感觉很不舒服。在一场通常的台球比赛中，我们可以预测每一个球可能会走的路径（图1.1）。图2.1显示了物理学家乔治·伽莫夫想向大家介绍的，如果打量子粒子的台球时，会出现什么样的情况。这张漫

图2.1　在这种图中，乔治·伽莫夫让汤普金斯先生打量子粒子台球。原始的说明是"白球向任意方向运动！"在这样的世界里，量子不确定性是最普通的体验

图 2.2　英国科学家亚当斯 (Adams) 和法国科学家勒维烈（Le Verrier）几乎同时预言了海王星的存在。海王星被发现以后，英法之间关于谁最先发现了海王星有一场争论，这张漫画描述了亚当斯如何偷走了勒维烈的计算结果。勒维烈把他在海王星上的成功应用于解释水星的轨道异常，预言了另一个紧靠太阳的叫作火神星（Vulcan）的行星的存在。这当然并不是水星轨道异常的正确解释。这一异常后来用爱因斯坦的广义相对论才能解决（参见我们的系列书籍《爱因斯坦的镜子》(Einstein's Mirror)）

画，除了说明在量子力学中，路径这一概念不再有效之外，还说明了量子力学和经典力学的另一巨大差别：白球的精确位置是不可知的。不确定性被引进了物理学，代替了牛顿力学中的确定性。

一直到十九世纪，物理学家们都能解释大量各种不同的，从行星到台球等物体的实验观测结果。如果观测到的结果与经典力学的预言不一样，为了解释二者的差别，他们会检查有什么东西被忽视了。1864年，在弄清了海王星运行轨道的不规则之处以后，物理学家们对整个经典物理大厦信心倍增——随后海王星的发现，更是经典力学打的又一个大胜仗。一直到十九与二十世纪之交，似乎我们观测到的所有物理现象都遵从牛顿定律。如果一个人有一个盒子，里面有一定数目的粒子，只要测量出当时每个粒子的位置和速度，我们就可以预测以后（或者以前）任一时刻任何一个粒子的运动状态。只要速度和位置测量足够精确，我们的预测就可以需要有多么精确就可以有多么精确。这就是经典物理的巨大成功所带来的，关于大自然的决定论观点。"足够精确"可能引起的问题似乎也不是必要的。因为不管怎样，很"明显"，我们在测量任何东西时，精度原则上是没有限制的——只要我们有一个足够精确的测量装置。 18

量子力学彻底抛弃了这种关于将来的决定论观点，物理学的预测出现了本质上的不确定性。这是怎么回事呢？首先，这一点与经典物理学家们的一个似乎是无伤大雅的观点有关，那就是，他们总可以同时以任意精度精确测量一个粒子的位置和速度，可这是不对的！在量子力学中，我们能达到的测量精度有原则上的极限，无论我们造出来的测量设备多么巧妙，多么灵敏。

为了解释这个问题，让我们再一次回到我们的双缝实验。记住我们在讨论电子打到屏幕上时，我们使用了概率的概念。这是因为我们不能断定，一个粒子性的电子肯定会打到哪一点上。我们只能预言电子打到屏幕上任意一点的相对概率。

现在让我们回想用子弹实验的情形。这也是用概率描述的。但是子弹和电子有根本的不同。在子弹情形，我们用概率来描述是因为我们不知道子弹的确切初始方向，因为机关枪不稳定。但是，如果我们把机关枪发出的每一粒子弹的过程拍摄下来，然后用慢镜头重放，我们就可以知道每一粒子弹的弹道。即使我们只看到了弹道的一部分，根据牛顿的理论，我们也足以确定整条弹道。显然，子弹一定会穿过某一条狭缝，我们在重放的镜头中能看出来是哪条。

为什么我们不能对电子作同样的分析呢？让我们来想象，为了确定电子从哪条缝中通过，我们会怎么做。为了在电子刚刚通过一条狭缝时看到它，我们必须照射一些光给它，并观察反射回来的光线。因此，我们需要对实验装置作一点改动，在狭缝后面加一个光源（图2.3）。我们把实验设计为，只要有一个电子通过狭缝1，我们就会在狭缝1后面看见一道闪光，对狭缝2也一样。现在我们来做实验，我们能发现什么呢？当然，第一个重要的结果是， 20

19

我们不会看见两条狭缝后面同时出现半道闪光。闪光总是完整的，不管是在狭缝1后面，还是狭缝2后面。现在我们就可以根据电子通过哪条狭缝，把打到屏幕上的电子分成两组。量子力学的这些废话有什么意义呢？显然，电子要么通过狭缝1，要么通过狭缝2。在我们观察电子的时候，情况确实是这样。但是，但我们再回过头来看电子打到屏幕上的图案时，奇怪，干涉图案不见了！实验结果变得和我们用子弹做的实验一样！

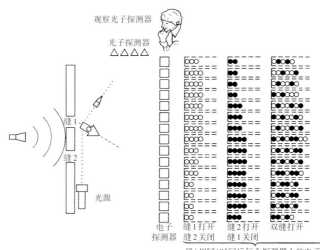

图2.3 双缝实验中，为了判断电子从哪一条缝里过来的实验装置图。以光子形式存在的光，指向狭缝。图中一个光子，用子弹表示，击中缝1后面的一个电子，电子的运动受到轻微的干扰，散射后的光子被光子探测器捕获。只打开一条缝时得到的电子图案，几乎跟以前没有在缝后面观察电子时的图案完全相同。当把两条缝都打开时，奇怪的现象出现了。没有干涉图案了！光子和电子碰撞时给电子的轻轻一推，总是正好足够把干涉图案完全破坏！我们现在可以肯定电子时是从哪条缝里出来的了，但是现在的电子就跟子弹一样。观察到的图案分别由狭缝1和狭缝2得到的图的简单叠加

21 令人吃惊的是，打开和不打开用来观察电子的光源将导致不同的结果！这一明显的疑惑来自于光子本身的量子属性。让我们回想一下第一章中讨论过的光电效应。光，跟电子一样，是以确定的叫光子的能量块的方式过来的。为了看见一个物体，必须至少有一个光子从这个物体上反弹回来。这正是问题的症结。但我们将光照射到子弹上时，子弹的运动不会发生可以察觉的变化，因为一个单个光子的能量与子弹的能量相比太小了。而电子却是非常细小脆弱的量子对象。光照在电子上会给电子一个猛击，从而显著地改变电子自身的运动状态。更仔细的分析发现，这一扰动总是正好足够破坏整个干涉图案。

你也许会想，我们可以把光关得非常小，以至于这种扰动非常小，不会破坏干涉图案。这种想法没有考虑光的工作方式。如果我们减小光强，我们只是减少了每秒钟内发射的光子数，而没有降低每个光子所带的能量。如果我们只有数目很少的几个光子，电子就有很大可能在没有被观测到的条件下溜过来。

这样我们就必须将打到屏幕上的电子分出另外一类。这一类电子就是我们没有看见，也不能断定是从缝1还是缝2过来的电子。如果我们观察这类"逃过来"的电子到达屏幕的图形，干涉图案又出现了！

这就是被费曼称之为量子力学思维"逻辑绞索"的情形。如果我们在实验中探测到电子是从哪条缝里过来的，我们就可以肯定地说电子是从哪一条缝出来的。如果我们没有办法知道电子是从哪条缝里出来的，我们就不能说电子是从哪条缝里出来的。

海森堡不确定性原理

量子力学是一套很奇怪又很微妙的理论，这一点是很清楚的。对于双缝实验而言，如果我们知道了电子从哪条缝里出来，干涉图案就被破坏了。这一结果说明了量子物理的一条很普遍的原理，海森堡原理，原理的名称是为了纪念它的发现者，沃纳·海森堡。海森堡第一个指出，量子力学的新定律意味着，实验测量的精度存在原则上的极限。在我们的日常生活中，我们当然可以想象，可以把测量过程设计得非常精巧，保证测量过程本身不产生可察觉的扰动。在量子世界里，这一点是做不到的。光的能量以小块的方式走过来，测量过程本身将不可避免地给我们要测量的物体造成一个显著的扰动。而且，即使在原则上，我们也完全没有办法把这一扰动减小到零。对于微观物体来说，这样的扰动是无法忽略的。这就是海森堡不确定性原理的本质。

沃纳·海森堡（1901—1976），在他二十岁出头的时候，就完成了他在量子理论原理方面的工作。1932年因发现不确定性原理而被授予诺贝尔奖

不确定性原理可以写成精确的数学形式。在我们讨论经典物理的绝定论物理观的时候，我们谈到了测量一个盒子里面每一个粒子的位置和速度。以后，我们会经常把这群粒子和装它们的盒子，叫作一个"系统"，测量是针对这个系统的测量。物理学家们经常用符号 x 表示一个粒子的位置，但他们一般不用速度或者速率的概念，而是更喜欢用"动量"的概念。动量是粒子的质量乘以它的速率，这是一个日常生活中大家都很熟悉的量。一辆以每小时10千米速度运动的汽车，比一个以同样速度运动的足球动量更大（因此这辆汽车撞上什么东西的时候，造成的破坏也更大！）。物理学家通常用符号 p 表示动量。在测量一个量子体系的时候，我们不可能把 x 和 p 测量到像我

马克斯·普朗克（1858—1947）在大约 1900 年时的照片。他第一个引进能量量子化的思想来研究黑体辐射问题，并彻底解决了这一问题。他工作的重要性得到了大家的一致认可，1918 年他被授予诺贝尔物理奖。但是他对自己的工作引起的量子革命一直很不痛快

们希望的那样准确。总会有一些很小的误差或者不确定性，△x 和 △p，分别对应相应的测量误差。海森堡的发现在于（这一发现确保量子力学不会本质上不自洽），位置测量的不确定性 △x，与动量的不确定性 △p，是不可分割地关联在一起的。如果你想非常精确地测量一个粒子的位置，你将不可避免地严重干扰整个系统，从而导致动量的很大不确定性。为什么会这样呢？情况是这样的，为了精确测定粒子的位置，就必须使用波长很短的光，因为光的波长决定了我们能将粒子定位在某一范围内的最小长度。很短波长的光有很高的频率。这正是让我们左右为难的情况。因为根据最早由马克斯·普朗克（Max Planck）提出的公式，光子的能量与它的频率直接相关。公式本身非常简单，光子的能量与频率成正比。我们可以用把光子的能量 E 和频率 f 的关系写成如下公式：

$$E = hf$$

光子能量 E = 普朗克常数 h × 频率 f

其中的比例常数 h，就叫作普朗克常数。有了这一公式，我们再回到位置的精确测量的问题。可以看出，为了精确定位粒子，我们必须使用高频率的光，频率是一个很大的值 f。但是，这么高频率的光以高能光子的形式打到量子系统上时，会给量子体系一个很大的推力。出于类似的原因，如果想精确测量动量，我们只能给体系一个很小的推动。根据普朗克的公式，这就意味着只能使用很低频率的光。而低频意味着很长的波长，这样反过来又意味着位置测量的很大不确定性！

根据海森堡的不确定性原理，位置与动量测量的不确定性可以表述为以下形式：

$$\triangle x \times \triangle p \approx h$$

位置不确定性 × 动量不确定性 ≈ 普朗克常数

这一公式把我们上面讨论的关系表达为数学形式。如果你想让位置不确定性 △x 很小，那么动量不确定性 △p，就不可能也很小。如果两样都很小，△x 乘以 △p 的值就不会满足海森堡公式，因为公式要求两个不确定性的乘积必须永远约等于普朗克常数 h。请注意，这已经是我们在量子力学公式中，第二次见到这个神秘的常数了。普朗克常数可以通过光电效应实验测量。它的数值非常小，

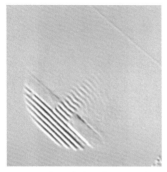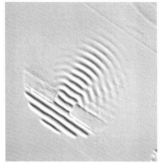

图2.4 这一系列图片展示了波怎么通过一个狭缝向外传播。波这种方式的传播叫作"衍射",波长越长,衍射越明显。这一效应将限制光学仪器对被观察物体细节的分辨能力

以至于在日常生活,比如汽车和台球等的观测中,海森堡不确定性原理产生的影响完全可以忽略。比如,如果一颗子弹重50克,速度测出来是每秒300米,不确定性为万分之一。根据海森堡不确定性原理,将这一子弹动量的不确定性,乘以子弹的"巨大"质量,我们可以算出,位置测量精度原则上的不确定性,比一个原子核的直径还要小上万亿倍。如果我们考虑的不是子弹,而是一个电子以同样的速度,不确定性运动。动量的不确定性就是速度的不确定性乘以电子的质量。由于电子的质量比子弹小得多,普朗克常数和海森堡不确定性原理,给电子位置测量的精确度,带来了有现实意义的限制。根据海森堡的公式,我们可以算出,电子位置测量精度的极限大于一个原子直径的一百万倍,这在原子尺度上显然是一个很大的限制了。

关于海森堡和他的不确定性原理,有一个很有意思的小故事。在他进行不确定性原理方面的工作的前几年,海森堡在慕尼黑接受著名理论物理学家阿诺德·索末菲尔德(Arnold Sommerfeld)的指导,做博士毕业论文。在一次口试中,海森堡与他的一位考官,非常著名的实验物理学家威尔海姆·维恩(Wilhelm Wien)发生了冲突,因为他回答不出关于光学仪器的分辨能力的一些相当基本的问题。结果,仅仅是在索末菲尔德的特别请求下,维恩才让海森堡通过了考试,而且给的是一个刚刚能够及格的分数。几年后,海森堡对经典光学基本概念的无知给他带来了报应。为了解释他最新提出的不确定性原理,他设想了一台叫作"伽马射线显微镜"的虚拟显微镜,可以用很短波长的伽马射线光观察电子。不幸的是,海森堡忘掉了那场让他不舒服的口试给他的教训,他的分析根本就没有考虑显微镜的分辨能力。这个问题后来被另一位伟大的物理学家尼尔斯·玻尔,发现了,玻尔好心地告诉了他这一点,才让他在自己的

24

论文中补上了这个大漏洞。

不确定性与照相术

  量子过程的或然性或者统计性本质，不仅仅体现在电子的性质上，通过光的性质也能看出来。想象一下，我们在一个黑夜里观察一颗很暗的星星。我们能看见星星，是因为从星星来的光，使我们眼睛里面视网膜上的化学物质发生变化。为了保证这些化学反应能够进行，光的能量必须以确定范围的小块的形式——光子，到达视网膜。眼睛是一个很好的光子探测器：一个光子就可以激发一个视网膜细胞。当然，一般情况下，很多光子还没有到达视网膜，就被眼睛吸收了。出于这一原因，大约只有百分之几进入眼睛的光子真正被眼睛探测到。显然，看东西这种化学反应过程必须是可逆的——实际上，大约十分之一秒以后视觉细胞就会回到它以前的正常状态。照相术通过把这种化学变化永久保存在感光乳剂里，克服了眼睛的这种限制。

  跟在眼睛中一样，单个光子就能够使胶卷上特别制备的一层感光物质发生化学变化。这种感光乳剂中的活性成分是什么？如果你知道这个问题的答案，你就可以回答问答节目《繁琐的追逐》（*Trivial Pursuit*）里面的一个问题。问题是："世界上使用银最多的公司是哪一家？"答案是"柯达公司"。感光胶片里面有很多银化合物颗粒，颗粒里面的银是"离子化"的。一个银离子就是失去了一个电子的银原子，电子带负电荷。正常情况下，原子是电中性的，所有电子的负电荷正好被原子核的正电荷完全抵消。这样，一个银离子就带有一个净正电荷。当光子被乳液吸收的时候，有时候会放出一个电子，就像在光电效应中电子被从金属里面打出来一样。这个电子会被一个银离子吸引，结合形成一个中性的银原子。游离出来的银原子被含有银离子的化合物所包围，这是不稳定的。银原子很容易放出电子，重新变成银离子。如果在它变成银离子之前，又有一些光子在它的附近产生了另外几个银原子，这时就会形成一个由几个银原子组成的稳定"显影中心"。每个乳液颗粒含有数十亿个银离子。胶片在显影时，中性的银原子微簇将导致颗粒里面所有其他银离子还原银原子，并析出成为不透明的金属银颗粒。怎么才能利用照相术帮助我们看到非常微弱的星星呢？这种光线非常微弱的星星，因为照射到地球上的光子数量很少，在胶片上形成显影中心的机会也就非常小。但是如果我们等待的时间长一些，就可以增加显影底版上的曝光量，就会有更多的光子过来，形成显影中心的可能性就会增加。图 2.5 展示了仙女座星系不同曝光时间的照片。外旋臂的细节用肉眼是看不见的，但是在长曝光时间的照片上就显现出来了。

现在让我们来考虑用相机拍摄普通照片的情况。图 2.6 显示了同一个人在不同曝光量下的几张照片。左上角的照片中，大约有 3000 个光子进了照相机。这些光子中的大部分被吸收了，没有在乳液中产生永久性的变化。显然，3000 个光子不够形成一张可以分辨的图像，照片看起来只是一些或多或少的随机点。右上角的照片大约有 10000 个光子进入，虽然图像还不清晰，一张面部的模糊轮廓已经开始出现了。

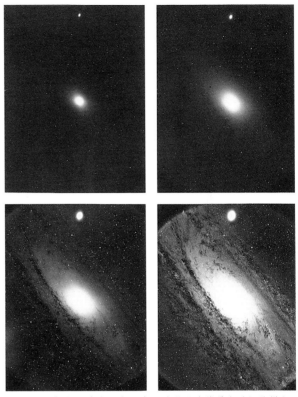

图 2.5　仙女座星系的四张照片。说明了随着曝光时间的增加，可以看见的细节如何增加

随着我们不断增加进入的光子量，图像质量不断改善。最后一张照片大约有 30 000 000 个光子参与了曝光过程。这张照片上，图像强度从一个地方到另外一个地方的变化非常平滑。实际上，我们知道照片是由很多微小的显影中心形成的，一个显影中心又是由很多单光子引起的。而且，虽然在曝光量最低的照片上，各个亮点——代表乳液颗粒中显影中心的位置——所在的位置粗看起来似乎是随机的，但仔细观察，它们的位置并不随机。显影中心更多地在以后图像很亮的地方出现。因此，即使在照一张照片这种非常普通的行动中，我们也能看到光的量子的，随机的自然属性。我们不能肯定地说，光子一定会出现在哪个地方，或者说哪一颗粒中一定会形成显影中心。我们所有的讨论只能限于概率。

正像我们看到的那样，照相乳液对单个光子并不敏感，要形成一个显影中心必须有好几个中性银原子产生。在现在的宇宙学研究中，大家使用了一种新型的探测器，几乎已经完全代替了照相底版。这就是所谓的"电荷耦合装置"

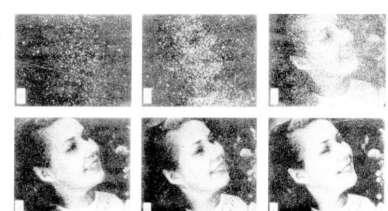

图2.6　这一系列女孩的照片显示，照相是一个量子过程。在第一张照片中，光子数很少，量子效应的随机特征非常明显。随着光子数的增加，照片越来越清晰，直到达到最佳曝光值。这些照片中，参与曝光的光子数从最低的3000一直增加到最后的30 000 000

（Charge coupled Device），简称为"CCD"，它可以探测单个光子。在观测光线非常微弱的星际物体时，它比照相技术效率高得多，从图2.7中可以看出这一点。一个CCD放在一块硅片上，是一个由很多微小的"光子探测器"组成的阵列。在以后的章节中我们会讲到，硅是一类叫作"半导体"的材料的代表。粗略地说，半导体，就是电性质介于金属和绝缘体之间的一类材料，金属能让电流自由通过，而绝缘体不允许电流通过。硅还有一个性质，就是只需要很少的能量，就可以把原子里面的电子打出来。通过仔细调整CCD的工作温度，可以让硅对单个光子的通过非常敏感。每一个"探测器"实际上只是一小块硅，在这块硅上，电子被通过的光子打出来，并被计数。通过测量阵列上每一个位置积累的电荷，就可以得到打到CCD上的光子们所对应的图案。在新的"数字照相机"中，CCD已经开始代替胶片了。即使这种新的CCD技术，也已经受到另一种更新的光电探测器——荷电金属氧化物传感器（Charge Metal Oxide Sensors）（译者注：CMOS是指Complementary Metal Oxide Semiconductor，即互补金属氧化物半导体，是光电器件，没有看到过Charge Metal Oxide Sensors的说法，此处疑为作者之误）——的挑战。这些新的器件生产起来更便宜，因为它们与现代微处理器工业一样，都是基于硅加工技术。但到现在为止，这种新的光电器件还没有CCD器件的成像质量高。

　　现在我们已经看到，在一些诸如胶片照相和现代电子成像之类的普通事件中，量子不确定性原理是如何表现出来的。费曼还提出了另外一种理解量子不确定性的方法。这种方法中，他用到了粒子的"经典"和"量子"路径的概念。后来人们发现，这一深刻的洞察是现代量子理论的重要基石。

图 2.7 胶片成像和 CCD 成像的比较。他们是用同一台 4 米望远镜对天空的同一区域拍摄的。(a) 是一张负片，星星是黑的，天空是白的。(b) 同一区域的 CCD 成像，揭示了多得多的光线微弱恒星与星系。(c) 同一区域的彩色图片，是把四张加了不同颜色滤镜的 CCD 图像结合在一起做成的。这几张照片显示，CCD 器件可以大大改善感光能力

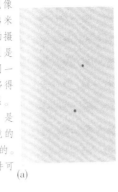 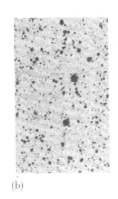 

(a) (b) (c)

费曼的量子路径概念

我们还可以从另一个很有意思的角度来观察经典物理和量子物理之间的相似和不同之处。让我们再来看一看双缝实验，假定我们要计算电子从电子源（S）到达探测屏上某一个点（D）的概率（图 2.8）。为了算出观测到的干涉图案，我们必须把通过路径 1 和 2 的概率幅加在一起

$$a = a_1 + a_2$$

以得到总的量子振幅 a。电子到达任何一点的概率就是振幅的平方：

$$p = (a_1 + a_2)^2$$

为了计算出实验上观测到的干涉图案，这就是我们必须采取的量子力学计算步骤。在下一章我们讨论薛定谔方程的时候，我们还将讨论如何精确计算每条路径的相应振幅这个问题。 [29]

现在让我们只是想当然地接受这个定理，并考虑如果我们把实验设计得稍微复杂一点，情况会怎么样。我们在实验中引入第二块屏，屏上有三条狭缝，见图 2.8(b)。现在从 S 到 D 有了六条可能的路径了，并且，根据量子力学的定理，我们必须把所有这些路径的概率振幅加在一起来得到总的概率幅。

$$a = a_1 + a_2 + a_3 + a_4 + a_5 + a_6$$

总概率幅=每条可能路径概率幅的和

总概率幅的平方就是电子打到 D 的总概率。现在让我们来考虑，如果我们在电子源和探测屏之间插入更多的屏，每块屏上有更多的狭缝，会发生什么情况。为了得到总概率幅，我们必须把所有的更多的可能路径的概率幅全部加起来。我们继续插入屏幕，最后我们会在 S 和 D 之间插满屏幕。如果我们在每一 [30]

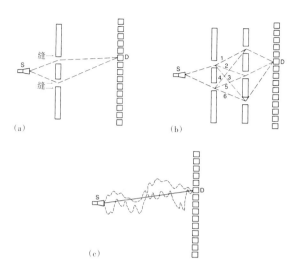

理查德·费曼（1918—1988），在纽约市旁边的长岛中，一个叫 Far Rockaway 的小镇长大。他在理论物理的很多方面都作出了重大贡献。他关于量子振幅的"路径求和"观点，是现代场论的基础。第二次世界大战期间，他在洛斯阿拉莫斯参加了"曼哈顿"工程的工作，这一工程的目标是研制世界上第一颗原子弹。创立量子力学的另一位伟大人物，尼尔斯·玻尔，有了什么新的想法的时候，总是愿意找费曼讨论，因为费曼是洛斯阿拉莫斯唯一的一位不惧他的名声，敢说他的想法很差劲的人。

图 2.8　总量子振幅可以通过把位于电子源 S 和探测屏 D 之间的所有可能路径的量子振幅加在一起得到。(a) 原始的双缝实验，电子有两条可能的路径。(b) 源和探测器之间有两块屏，屏上共有五条缝，可能的路径数目现在变成了六。(c) 插入更多的屏幕，每块屏幕上刻更多的缝，最后就跟完全没有屏幕一样！电子从 S 到 D 的总概率幅就变成了所有可能路径的求和。图上画的两条虚线表示无限多可能的量子路径中的两条。经典粒子的路径是图上的实线

块屏幕上刻上越来越多的缝，最后的效果是，我们插入的屏幕都不见了！根据这一思路，在中间没有任何屏幕和狭缝的时候，费曼发现，电子从 S 走到 D 的总概率振幅就是 S 与 D 之间所有可能路径的概率幅的求和。在图 2.8（c）中我们画了两条这样的可能"量子路径"，以及在没有中间屏幕的情况下，一个子弹从 S 到 D 的直线轨迹。经典物理中，只有这一条可能的路径。在量子物理中，我们必须考虑 S 与 D 之间的所有可能路径，才能计算出电子到达屏幕的正确概率。

　　我们可以看出，针对所有可能量子路径求和的法则，与量子不确定性原理有一定的联系。首先让我们考虑一个经典运动的例子。图 2.9 上我们画了过山车和一部分轨道。如果车子位于轨道的最低点，那么，根据经典物理的理论，车子会永久地停在那里不动，除非我们给它一个推动。为了与后面我们要考虑的量子情形相比较，我们用下列图形的方式来描述车子不动的情况。让我们来想象，用一条横轴表示车子的任意可能位置，纵轴表示不同的时间。这样，一辆不动的车子在这种位置-时间图上就对应一条垂直的线。

　　对于像电子这样的量子物体，情况会怎么样呢？在下一章中我们会详细说

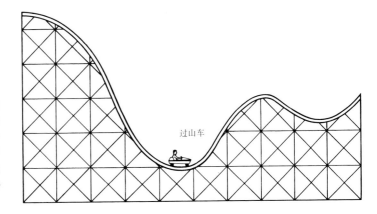

图 2.9　一条过山车轨道上，车子停在最低点。海森堡不确定性原理不允许一辆量子过山车停着不动。这辆过山车必须永远地在最低点附近前后不停地运动

过山车

明，我们可以构造一个合适的电场，电场对电子的限制就像过山车轨道对过山车的限制那样。如果我们把一个电子放在这种电子过山车轨道上，情况会怎么样呢？海森堡不确定性原理禁止电子简单地停在轨道的最低点不动！因为如果这样，我们就同时知道了电子的位置和动量，海森堡告诉我们这是不可能的。那么会发生什么情况呢？根据量子力学，电子必须永恒地绕着轨道最低点前后不停地运动，永远都不能停下来。这种持续不断的运动叫作"零点运动"。这一运动的结果就是，电子的能量永远都不能为零，而是有一个对应的"零点能"。那么电子的位置与时间图画出来应该是什么样的呢？显然不会是像过山车那样一条简单的垂直直线，它应该是某种复杂的，歪歪扭扭的，对应电子的量子不规则运动的曲线。用费曼的量子力学"路径求和"观点来看，可以在计算机模拟中，为这个电子产生一条典型的"量子路径"。图 2.10 就是这种模拟产生的路径的一些例子。

分形：奇妙的数学

　　这里，我们把话题从我们的讨论主线上岔开，简单探讨一下数学曲线的一些奇异行为。图 2.10 所示的量子路径是在一给定时间段内电子位置的"快照"。从（a）到（b）再到（c），我们把同一段时间分成越来越细的时间段。好像我们观察电子运动曲线的时候，不断增加放大倍数。正如我们看到的那样，无论我们放大多少倍，这些量子路径看起来都是锯齿状的。路径（b）的细节比（a）要多一倍，但是请注意，如果把图（b）的一半放大一倍，达到与（a）相同的细致程度，它们看起来是非常相似的。类似地，更细致的图（c）表达的细节要

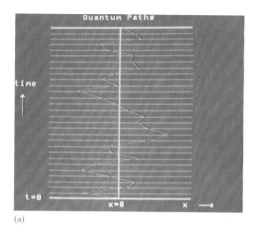

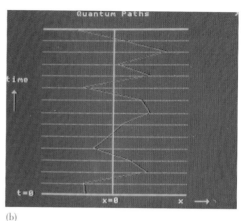

(a)

(b)

图2.10　量子过山车的典型路径。把每隔一定时间过山车的位置连接在一起，构成一条锯齿状线。从(a)到(c)的照片系列演示了时间间隔减小时，这种运动的情况。当我们用越来越短的时间间隔为运动取样时，路径的锯齿行为越来越剧烈。这种在任何时间尺度下都是锯齿形状的特征，正是"分形"的典型特征。这些量子路径的分形维数为1.5

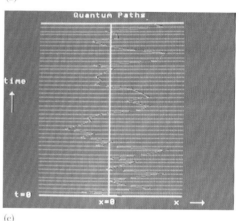

(c)

多两倍，但是如果取中间的一段把它放大三倍，也会跟图（a）非常相似。这就是所谓的"在所有的尺度下看起来都很相似（自相似）"的意思。数学家们在研究某一类很有意思的曲线时，发现了这一特征。根据我们通常的观点，一条线总有一个固定长度。例如，我们可以用米来计量一条跑道的长度。面积与"长度平方"有关，所以一个足球场有一个用"平方米"度量的面积。我们可以把这些总结为，一条线或者一块面积，有用以"长度的维数 D 次方"为单位来表示的一个数量，$D=1$ 的时候是线，$D=2$ 的时候是面积。但是我们在这里碰到的曲线非常不规则，变化非常剧烈，我们只能认为它应该比一条普通的线占据更多的空间。这种曲线叫作"分形"曲线，维数要大于1。

　　一个能够帮助我们理解分形的奇妙特性的，并且深受大家喜爱的例子，是路易斯·理查德森（Lewis Richardson）对英国海岸线长度的测量。我们考虑用一

图 2.11 一张计算机生成的分形景观，画面上展现了一种奇异的、看起来很真实的雾景。很多自然景观的特征可以通过分形模拟出来，这类人造景观在现代科幻电影中已经得到了大量应用

副张开的圆规来测量一段直线的长度，测量点之间有一个固定距离，也就是用某个"步长"来一步步测量。当然，我们得到的一段线的长度，与我们把圆规张开多宽似乎应该没有什么关系。但当我们用这种方法来测量英国海岸线的长度的时候，这一点就不成立了。如果我们把圆规的步长定大一些，在一张分辨率很高的地图上把海岸线测量一遍，并尽可能小心地使用圆规，但结果跟我们用低分辨率的地图测量相比不会有多少差别。因为圆规的步长定得太大了，不可能把小湾、小岬计算在内。只有把圆规的步长定小一些，我们才能算进这些细节。显然，海岸线上两点之间的海岸长度比两点之间的直线距离长，但是，同样很明显，如果我们把用来测量的圆规步长定得越来越小，我们测得的长度就会越来越大。不管我们使用什么样的尺度，海岸线都是不规则的。如果我们考虑的细节越来越多，测得的最后结果也会越来越大。这就是说，海岸线是一条分形曲线，长度取决于我们在什么尺度上度量。这种现象也是一些百科全书在给出一些国家之间的陆地边界线长度时，数据不同的部分原因。例如，西班牙和葡萄牙出版的百科全书，在给出这两个国家之间边境线的长度时，数据之差竟然达到了20%！

　　长度的定义取决于测量所用尺度的大小，这一点当然让我们很不舒服。现代的分形理论，是由 IBM 研究中心的科学家波内特·曼德布罗特（Benoit Mandelbrot）提倡而普及的。他当时就是受到了海岸线长度的测量取决于测量尺度的大小，尺度越小测得长度越大，这一奇怪特征的启发。海岸线在任何尺度下都是不规则的：从远处看，我们似乎把海岸线想象成一条模糊的、宽度不为零的线。曼德布罗特为这种直觉的模糊性提出了一种精确的数学定义。他引入了"分数维"的概念，以描述一条曲线的不规则程度。一条平滑的曲线的分数维数 $D=1$，跟普通的维数一样，而一条曲线越是不规则，越是到处有尖角，它的曼德布罗特分数维数就越接近 $D=2$，$D=2$ 就是一条非常不规则的曲线，差不多把一个二维空间都填满了。从理查德森得到的英国西海岸长度的数据，曼德布罗特能够算出英国海岸线的分形维数大约是 $D=1.2$！图 2.10 所示的不规则的量子路径的分形维数是 $D=1.5$，正好处于一条简单曲线和充满整个二维空间的分形中间。曼德布罗特写了一本很好的关于分形的书，里面有很多计算机生成的漂亮图画，很多图画非常类似自然现象，比如雪花和云朵，书中还有其他一些类型的分形。利用分形原理用计算机生成人造风景，已经是现代电影制造业的一种标准技巧了。图 2.11 就是一个很漂亮的分形"月球景观"的例子。

第三章　薛定谔和物质波

> 我们从什么地方得到的那个(薛定谔)公式？没有什么地方。它不可能从你知道的任何公式推导出来。它是薛定谔脑子里想出来的。

—— 理查德·费曼

德布罗意的物质波

路易斯·德布罗意亲王（1892—1987）出生于法国一个贵族家庭，他的曾祖父在法国大革命的时候被处死在断头台上。德布罗意最早有一个历史学学位，但在第一次世界大战中，他在法国军队服役的时候，对科学产生了兴趣。他曾经驻守在埃菲尔铁塔塔顶上，从事无线电通信工作。他提出了一个表示物质的波和粒子属性之间相互关系的数学表达式，并因此获得1929年的诺贝尔奖。他于1987年3月逝世

　　早期物理学家们关于量子理论的努力，大多与怎么了解光的自然属性有关。光的经典波动理论图像受到了普朗克和爱因斯坦的质疑。他们发现了一些用波动理论不可能解释清楚的实验结果，但是如果把光看成一束粒子流，也就是我们现在说的光子，就很容易理解这些实验。维廉·布拉格（William Bragg），和他的儿子一起，因为利用X射线研究晶体结构的工作，获得了1915年的诺贝尔奖。他曾经把这一物理学上的困难描述为：他不得不绝望地向大家宣布，每周的星期一、三、五他讲授光的粒子学说，而星期二、四、六却要讲授光的波动学说！物理学家们一直在为如何理解光的这些明显矛盾的性质痛苦地挣扎着，直到1924年，路易斯·德布罗意亲王（Prince Louis de Broglie）提出，所有的物质，包括即使我们通常把它们看成粒子的物质，如电子，都应该有波动效应。这种革命性的理论是大家始料未及的，而且，更麻烦的是，这是德布罗意在他的博士论文中提出的。跟大家一样，

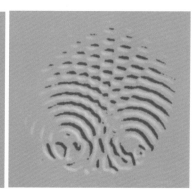

图3.1 这两幅图演示了，随着波源之间距离的增加，干涉图案怎么变化。距离越远，干涉条纹变得越近

物理学家们也不愿意轻易接受任何非常古怪的新想法，特别是在一点支持这种想法的证据都没有的时候。不出大家所料，巴黎的德布罗意论文的答辩会员会显然不知道应该怎么来对待这篇论文。委员会中的一名成员，当时已经是非常著名的物理学家的朗之万（Langevin）教授，按照德布罗意自己的话来说，"probablement un peu étonné par la nouveauté de mes idées"（"可能有点被我的新想法惊呆了"）。但是，朗之万很明智，他向德布罗意另外要了一份论文，寄给了爱因斯坦，咨询他的意见。爱因斯坦对德布罗意的工作很感兴趣，评价说："我相信这是揭开我们物理学最困难谜题的第一道微弱的希望之光"。德布罗意很幸运，答辩委员会作出了正确的决定，把学位授给了他。仅仅几年之后，1927年，美国的物理学家戴维森和盖末（Germer），苏格兰的 G. P. 汤姆森，就非常肯定地发现了电子的波动行为。德布罗意在1929年，戴维森和汤姆森在1937年，都因为在物质波研究中的贡献获得了诺贝尔奖。

如果所有的"粒子"都有波的特性，为什么经过那么多年，物理学家们才观察到这些物质波呢？为什么我们看不见子弹、台球或者甚至是汽车的波的特征呢？跟以前一样，这些问题的关键在于普朗克常数很小。根据德布罗意的理论，这些日常生活中所见到物体的物质波波长非常小。德布罗意认为，一个以一定动量 p 运动的物体，相应的物质波波长由下列表达式给出：

（德布罗意关系）
波长=普朗克常数/动量

在我们讨论海森堡不确定性原理时，我们已经看到，普朗克常数决定了所有量子效应的尺度大小。但是这一非常微小的量怎么就能解释为什么我们观测不到日常生活中的物体的波动性质这个问题呢？这个问题是这样，在我们讨论双缝干涉实验的时候，我们没有指出这一点，也就是，为了看到波动干涉效

图 3.2 汤普金斯先生奇境中的另一幅图，这里普朗克常数比我们现实生活中的实际值大很多。原图的说明中说："理查德爵士正准备射击，教授阻止了他"。教授解释说，"在动物以衍射方式运动的时候，打中它的可能性非常小"

欧文·薛定谔（1887—1961）在维也纳接受教育，第一次世界大战期间他是一个炮兵军官。战后他准备放弃物理学转而研究哲学，但是他申请教授职位的那所大学所在的城市已经不再属于奥地利了。幸运的是，薛定谔继续做他的物理学家，并在1926年发现了量子力学的核心方程。1928年，他接替了马克斯·普朗克在柏林的教授职位。希特勒上台以后，薛定谔离开了德国，最后成为爱尔兰都柏林高等研究所的一名理论物理教授

应，两条缝之间的宽度必须跟相互干涉的物体——光子或者是电子——的波长差不多。由于从枪中发射出来的子弹的德布罗意波长比一个原子还小得多，我们不可能设计出一个能演示子弹（或者任何一种别的日常物体）的干涉效应的实验装置。从另一方面来说，如果我们可以让普朗克常数变大，情况就完全不同了，就像汤普金斯先生在噩梦中那样！

薛定谔方程

在欧文·薛定谔发现他（现在非常著名）的方程的时候，他是在苏黎世工作的一位成就一般的中年奥地利物理学家。苏黎世研究组的组长，德拜（Debye）教授，听到了奇怪的德布罗意波的说法，并请薛定谔向研究组里的其他成员介绍这些观点。薛定谔按要求做了。他讲完的时候，德拜评论说，这些想法看起来都很幼稚，因为要正确地处理波的行为，应该有一个波动方程，用来

37

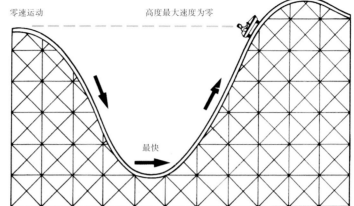

爱尔兰都柏林的高等研究所早期建筑墙上的一块纪念金属圆盘。上面说，爱尔兰总统 Eamon De Valera 发现，给薛定谔建一所研究所，比劝他的三一大学同事们接受薛定谔做该大学的教授更容易。注意，盘上刻的文字用到了早期老式的术语"波动力学"，而不是现在的"量子力学"

图3.3 一辆理想的过山车可以用来演示能量守恒。开始的时候过山车不动，从左边最高点滑下。在这一时刻，车子与运动有关的能量（动能）为零，与高度有关的引力势能最大。车子沿轨道往下滑的时候，势能转化为动能，因此在最低点势能为零，速度和动能最大。车子在爬另一面的坡的时候，逐渐慢下来，并把动能变回为引力势能。在一个理想化的过山车上，没有像轨道发热、发出噪声等形式的能量损失，过山车能爬到跟它开始滑动时一样高的位置

描述波如何从一个地方走到另一个地方。这句话让薛定谔心里一动，走开了，后来他就发现了这个以他名字命名的方程。这是一项非常重大的突破，因为物理学家们可以靠它来计算量子概率波的运动，因而作出精确预言，并可以与实验比较。正像牛顿猜出了描述所有经典物理的简单定理那样，薛定谔也猜出了描述量子物体运动的定理。在我们直接写出薛定谔方程以前，为了让它看起来不像是从帽子里面变出的兔子那样不知道怎么来的，我们先来介绍一下能量守恒原理。能量守恒原理，我们从日常生活中熟悉的物体的运动中就可以看出来。

想象一下，让我们回到过山车那个例子（图3.3）。我们开始的时候不动，从左边山顶出发开始运动。当我们沿轨道滑下来的时候，我们在达到轨道最低点之前，会越滑越快。到底以后，我们会继续在另一面向上滑，但是越滑越慢，直到在某个点停了下来。过山车的这种运动能够说明能量守恒原理。当我们在山坡上开始滑动的时候，我们没有运动，也就是没有"动能"——速度引起的能量。在最低点，我们的速度最大，动能也最大。当在另一面坡向上运动的时候，我们不断地失去动能，直到最后跟开始一样不动。那么动能哪去了呢？当我们爬坡的时候，我们一定把动能都用于把过山车和车上乘客提升到山坡顶端。我们在讨论这

种情况时说，我们在克服地球引力时做了功，当高度增加时，我们说我们的引力"势能"增加了。我们刚开始的时候，没有动能，但我们很高，通过让车子从坡面上滑下来，降低高度，我们能把我们的引力势能转换成车子的动能。总能量是不变的，但能量形式可以变化。原则上，车子会滑到最低点，然后再爬上另一边，到达与最初开始滑下时一样的高度。当然，一辆真实的过山车不会达到开始滑下时的高度，因为有些初始势能会被周围环境以其他的形式吸收，如加热铁轨，产生噪声等。这些就是所谓的摩擦能量损失。为了简化我们讨论的问题，我们不考虑这种能量损失，也就是说，我们认为我们的过山车非常光滑，润滑很好。我们这个过山车的例子，体现的能量守恒可以总结为：总能量，用符号 E 表示，是不变的，但是总能量可能是不同数值的动能和势能的和，动能用 K 表示，势能传统上用 V 表示。这一方程写成 [39]

$$E = K + V$$
总能量=动能+势能

对于过山车来说，这一等式在任何时候，轨道的任何地方都是成立的。

在我们结束这个例子的讨论之前，还要介绍一下另外一种能量守恒公式写法，以后会用到。正像我们在第二章里讲的，一个物体的动量 p 是它的质量 m 乘以它的速度 v：

$$p = mv$$
动量=质量×速度

根据牛顿定理，我们可以发现动能与动量之间有如下我们熟悉的关系：

$$K = p^2/(2m)$$

这样，我们就可以把能量关系表示为

$$K = p^2/(2m) + V$$

这个等式表达了总能量，动量和势能之间的关系。

这些东西又与电子和薛定谔方程有什么关系呢？在前一章我们说过，可以为电子设计一个类似的"过山车轨道"。像电子这样的量子物体仍然遵守能量守恒原理——即使在量子层次，我们也不可能凭空创造或者失去能量。但是，就像真正的过山车的例子那样，能量可以从一种形式转换到另一种形式。在现在这种情况下，相关的势能不是由引力引起的，而是电势能引起。电子带有负电，会被正电荷吸引到自己周围。我们可以用电池和一些金属片造出一个电势能场，势能曲线大致与过山车轨道的形状相同（图3.4）。通过这一系列金属片的电子会被带正电的金属片吸引，并且加速，在接近金属片的时候动能增加。跟过山车一样，这种动能的增加是由相应势能减少来提供的，只

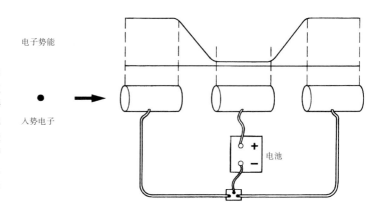

电子势能

图 3.4 产生一个电子过山车的装置。一个金属管道体系接到一个电池上，形成一个电势场，势能曲线画在图的上方。从左边进来的一个电子，被中间带正电的金属管吸引加速，就像我们游艺场里的过山车那样

入势电子

电池

不过这时的势能的形式是电势能。像以前一样，我们把能量关系写成如下等式：

$$E = P^2(2m) + V$$

现在这里的 V 是电势能。

这个方程就是薛定谔的出发点。利用德布罗意的动量与波长的关系式，薛定谔猜出了量子物体在势场中运动的波动方程。他的方程写在下面的方框里。你不能在数学上理解这个方程，也能够读懂这本书的其余部分。我们给你看这个方程的目的不是为了吓唬你。而是，我们希望你相信，在我们这本书以后各章，只需要挥挥手就可以讨论的量子现象中，所有现象背后都有坚实的精确的数学基础。

薛定谔方程

对于一个总能量为 E，沿一维 x 运动，在势场 V 中的粒子，薛定谔方程是：

$$E\psi = -\frac{h^2}{2m}\frac{d^2\psi}{dx^2} + v\psi$$

将概率幅用希腊字母 ψ（读成赛——译者注）表示是一种约定。粒子的质量是 m，（读成拼音 ěi qi bù——译者）是普朗克常数 h 除以 2π。

电子与中子光学

莫雷·盖尔曼（Murray Gell-Mann）生于1929年，在他15岁的时候进入耶鲁大学就读。22岁的时候在麻省理工学院拿到了博士学位，随后于1955年进入位于帕萨迪纳的加州理工大学任教。1969年，盖尔曼因为他在粒子物理方面的诸多贡献，而不仅仅因为他关于夸克是构成物质的最基本层次的理论，被授予诺贝尔物理学奖。1984年，他参与了圣塔菲研究所的创建工作，现在他就在这家研究所工作

当薛定谔那篇著名的文章在1926年发表的时候，实验上还没有观测到物质波的存在。现在，观察"粒子"的波动行为已经很普通了，而且这也是揭示量子世界秘密的新手段的基础。一种应用非常广泛的，利用物质的波动和粒子二元属性（波粒二相性）工作的装置是电子显微镜。普通光学显微镜用玻璃来做透镜，而在电子显微镜中，通过设计一个电磁场让电子发生偏转，就像普通光学显微镜用玻璃透镜来偏转光线一样。为什么电子显微镜很有用？我们能够观测到物体的细节程度，取决于我们在观测中使用的波的波长。粗略地说，我们使用的波长，必须比我们想看到或者说想"分辨"的物体的任何细节的尺度都要小。波长越短，能看到的东西就越精细。光学显微镜不可能分辨比可见光波长小的细节。这样，小于百万分之一米（一个微米）的物体细节就不可能用可见光分辨了。而对于电子来说，根据德布洛伊关系，波长与它的动量有关。并且，随着动量的增加，波长会变小。这样我们仅仅依靠改变电子的速度，就很方便地调整电子显微镜的分辨率。一架典型的电子显微镜，可以用比可见光波长小一百万倍的波长工作。这一波长已经比一个原子小了，如果小心地使用一些技术，电子显微镜能够分辨几个原子大小的细节。电子显微镜实际的分辨率，要受到一些技术原因的限制，比如透镜系统的缺陷、仪器和原子自身的振动等。但是电子显微镜仍然为我们提供了一个精彩世界的图像，这些东西光学显微镜完全看不到。图3.5—图3.7是一些电子显微镜照片的生动示例。

电子显微镜能生成被观测物体的图片，这些图片很容易解读。但是，电子束还可以在不生成物体的直观图像的情况下，直接探测物质的深层内部结构。利用特别研制的加速器，电子可以加速到非常接近光速。这样高动量的电子，可以用来探索非常微小尺度的物理世界。通过研究电子被质子散射的图案，我们可以推测质子内部结构的细节。这种最先由位于加利福尼亚的斯坦福直线加速器（SLAC，见图3.8和图3.9）实现的电子散射实验，可以让我们看到质子内部。实验结果非常令人吃惊。这些实验结果，没有像预先估计的那样，发现质子的所有正电荷都均匀地分布在它的体积之内，而是发现，电荷集中在质子内

41

乔治·茨威格（George Zweig）是加州理工学院的一名学生，拿到博士学位以后，他到了位于瑞士日内瓦的CERN（欧洲粒子物理研究所）工作。在那里，他独立于盖尔曼，提出了现在被叫作基本粒子的夸克模型的理论。茨威格现在在洛斯阿拉莫斯国家实验室从事生物物理方面的研究工作。

部更小的一些组成部分上。而且，这些更小的东西并不拥有跟电子或质子同样数量的电荷，而是电子或质子电荷的三分之一或三分之二。这些微小的，有非常奇怪电荷数的更小成分被命名为夸克。莫雷·盖尔曼和乔治·茨威格最先提出，它们是构成物质的最基本的结构。盖尔曼在加利福尼亚州帕萨迪纳市的加州理工学院工作，当时已经是一位非常著名的物理学家了。而茨威格当时还默默无闻。他在加州理工学院拿到博士学位后去了欧洲，在日内瓦的欧洲粒子物理研究所（CERN）的粒子物理实验室工作。在他的开拓性的文章中，他最先把这种新的基本组分叫作微点（ace）。是盖尔曼引入了夸克的叫法，"夸克"一词来源于詹姆士·乔伊斯（James Joyce）的小说，《芬尼根夜未眠》（*Finnegan's Wake*），中一句没有什么意义的话。因为在物质的夸克理论中，质子是由三个夸克构成的，乔伊斯小说中的一句话 "Three quarks for

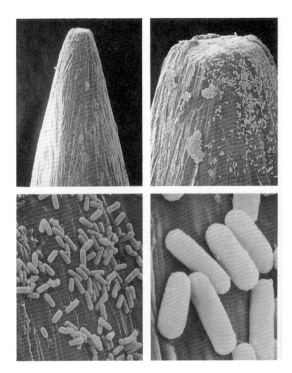

图3.5 一组针尖上细菌让人恶心的照片。放大倍数分别是20倍，100倍，500倍和2500倍

38

图3.6 这张电子显微照片显示了一个粉尘螨（dust mite）家庭，它们看起来好像正安详地在原野里吃草。放大倍率大约是200倍

Muster Mark"（三声鸭叫要 Muster Mark）很合适，因此盖尔曼就用了这个名字，并且流传开来。他不知道在德语里面，夸克的意思是用脱脂牛奶做的奶酪，在口语里面就是垃圾的意思。我们在后面的章节讨论基本粒子物理和原子核中的强力的时候，还要碰到夸克。

关于夸克，或者微点，还有一个很有意思的故事。说明了物理学家们在思考的时候，也免不了会有偏见。在盖尔曼和茨威格提出这一的理论的时候，在关于新的粒子，或者是更基本的粒子的方面，当时流行的是另一套理论。这套理论理论可以粗略地总结为一句口号"原子核内民主"。在这套当时是主流的理论中，所有的粒子都是平等的，没有哪种比另一种更基本。绝大多数物理学家们在这条歧途上走得如此之远，以至于如果有人提出基本粒子由新粒子组成的这样一种组分模型理论，他们会认为简直是异端邪说。盖尔曼预计到夸克模型在美国会遇到很大的阻力，因此有意识地决定把文章发表在欧洲的杂志上，因为他觉得欧洲人的偏见可能不会有那么严重。而茨威格正好相反，当时正在欧洲，却明智地或不明智地，想把他自己觉得是最重要的发现发表在美国的杂志上。他首先必须与 CERN 的管理机构抗争，取得把论文寄往美国杂志的权利。当他最后终于成功地赢得了这场抗争的时候，却发现他的论文最后被拒绝发表。有些美国物理学家更加过分，他们直接把茨威格叫作民科。幸运的是，结局还是美满的。茨威格关于夸克的论文，是物理学历史上未发表论文中最著名的几篇之一。几乎经过了二十年，他的原始论文才最后发表在一本夸克模型方面的有影响论文文集里。今天，在粒子物理领域，夸克是质子的基本组分的概念已经是"非常显然的"，而核内民主理论现在看来是一个大胆的，但误入歧途的理论。

除了电子以外，还有几种别的物质也能表现出波动性质。特别地，自二十

43

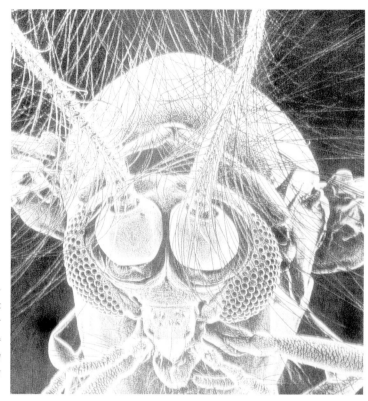

图3.7 这张电子显微照片显示了500倍放大倍数下的一只普通的蚋。夏天可以看到大群这样的蚋，特别是在苏格兰，但幸运的是，它们的大小只有大约两毫米

世纪七十年代后期以来，人们用中子作了一系列与它的波动性有关的漂亮实验。中子，正如它的名字那样，是电中性的。它们的重量和质子差不多，跟质子一样，也是原子核的组成部分。以后的章节中我们会提到中子是在核反应中产生的，核反应堆依靠核反应产生能量。这里我们需要知道的只是，我们能够产生中子束，有了这种中子束就可以做类似的双缝实验。在用中子做的双缝实验中，探测器的位置保持不变，通过改变两条干涉路径中一条路径的有效长度，来观测中子的干涉现象。在其中一束中子经过的路线上插入一个气体盒，调整盒子里面的气体密度，中子的有效路径长度就会发生相应的变化，打到探测器上中子的强度图就会变成干涉图案。中子实验非常灵敏，可以观测中子的薛定谔方程中，非常微小的引力项的效应。

从二十世纪九十年代早期以来，原子的干涉实验也开始有人做了。第一个实验是让一束氦原子通过一块非常小的刻有两道槽的金屏。这两道槽的距离只有大约万分之一米，即大概是可见光的波长大小。一个可以移动的探测器观测过

图 3.8 位于加利福尼亚州，斯坦福的 SLAC 的 2 英里（1 英里 =1.6093 千米）长的加速器，从圣安德鲁斯山开始，从下面穿过圣约瑟到圣弗朗西斯科的高速公路，一直连接到底部的实验室群。那条著名的地震断裂带沿着圣安德鲁斯山脚延伸，复杂的安全装置在地震严重的时候会关闭加速器。在这条 2 英里长的加速器上，电子和正电子能够被加速到接近光速

图 3.9 SLAC 的一个最早的电子探测器。电子束从左边过来，与靶上的质子碰撞。散射后的电子被一个很大的磁场偏转，它们的方向和动量可以由偏转方向测出

来的单个氢原子，慢慢地，我们熟悉的干涉条纹出现了。用比氢更重的原子进行的类似实验也有人做过了。虽然德布罗意的物质波思想的实验验证花了 70 年才完成，他的博士论文答辩委员们显然作了一个正确的决定。

46

最近又有了让人兴奋的新进展。那就是可以用激光（后面的章节中我们会讨论什么是激光）直接把力施加到原子上。用这种办法，我们就可以不必用物质来制造一个屏幕，而是直接构造一个等效的双缝或者多缝装置。控制和操作原子的可能性，导致了一个新研究领域——原子光学——的诞生。在这本书的后面我们将继续讨论这些进展。

第四章　原子与原子核

以经典观点来看，原子根本不可能存在。

——理查德·费曼

卢瑟福的原子核模型

在量子力学出现以前，经典力学既不能解释原子的大小，也不能解释原子的稳定。1911 年由新西兰物理学家欧内斯特·卢瑟福（Ernest Rutherford）最先做的实验，已经证明了，原子的所有正电荷，以及几乎所有的质量，都集中在一个很小的中心上，卢瑟福把这个中心叫作"原子核"。原子的绝大部分是空的！我们已经知道一些原子、原子核以及其他一些量子和经典物体的相对大小。卢瑟福早在 1908 年就因为在放射性方面的工作已经获得过诺贝尔奖了，放射性现在我们知道是某些不稳定化学元素"衰变"引起的：原子发出阿尔法、贝塔或者伽马射线等形式的辐射，并且转变成另外一种元素（图 4.1）。大家可以想象，物理学家们花了好些时间才能搞清楚原子里面发生了什么情况。卢瑟福发现，带正电、很重、穿透力很强的阿尔法射线，实际上就是失去了两个电子的氦原子。而贝塔射线实际上就是电子，伽马射线是高能光子。在那个时代，牵涉不同化学元素的研究被认为是化学家的工作，这样卢瑟福有点跳出了自己的领域，获得了诺贝尔化学奖。在他的获奖讲演中，他说道，在他做的放射性研究工作中，他观察到了很多变化，但是没有哪种变化比他自己快——突然从物理学家变成了化学家！

卢瑟福是怎么发现原子核的？他用到了物理学家的一种传统方法，简单地说就是把一个东西朝某个东西扔过去，然后看会发生什么。卢瑟福与他在英国曼彻斯特的同事们一道，把放射源中出来的阿尔法射线射向一片很薄的金箔。

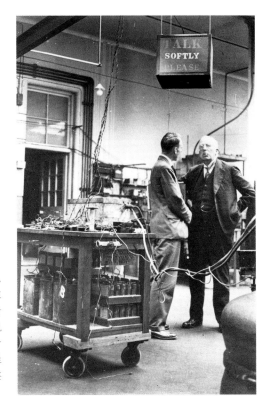

欧内斯特·卢瑟福（1871—1937），生于新西兰，纳尔逊的第一代卢瑟福男爵。这张照片上，他在凯文迪许实验室与 J. Ratcliffe 交谈。卢瑟福的声音很大，会干扰精密的实验仪器，图上"请轻声说话"的牌子是开玩笑地针对他的。卢瑟福是二十世纪最伟大的实验物理学家之一。同他在放射性和原子核物理方面的基础研究一样，他影响了整整一代英国实验物理学家。

图4.1 放射性的种类。(a) 阿尔法粒子是不稳定原子核衰变时放出的氦原子核。最后的"子"核比最初的"父"核要少两个质子和两个中子。这张图上蓝色的圆圈代表质子，空心圆圈代表中子。(b) 贝塔射线是不稳定原子核衰变的时候发出的电子。(c) 伽马射线是原子核从一个"激发"状态转变到一个低能量状态时，放出的高能光子。原子核的质子数和中子数都保持不变

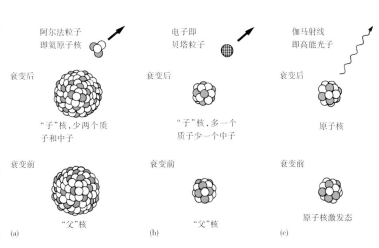

阿尔法粒子即氦原子核

衰变后
"子"核，少两个质子和中子

衰变前
"父"核

(a)

电子即贝塔粒子

衰变后
"子"核，多一个质子少一个中子

衰变前
"父"核

(b)

伽马射线即高能光子

衰变后
原子核

衰变前
原子核激发态

(c)

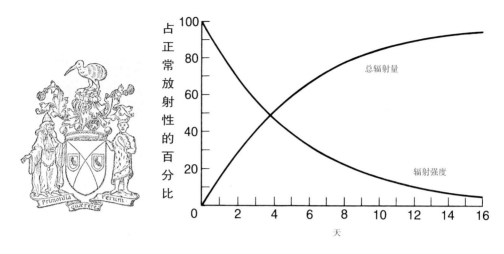

纳尔逊卢瑟福男爵的盾徽。卢瑟福在1931年被授予男爵爵位，他把他的爵位和他诞生的城市，新西兰的纳尔逊，结合到了一起。盾徽顶上的几维鸟，和右边手上拿着木棒的毛利人，都证明了他对新西兰的热爱。注意盾牌上的两条曲线。这两条曲线取自于他一篇关于放射性的著名论文中的一张图。盾牌的左边是赫耳墨斯（Hermes）希腊神话中第三伟大的神，也就是埃及神透特（Thoth，埃及月神）的希腊名字，据传赫耳墨斯掌管像炼金术这样的神秘事物。这是非常合适的，因为从某种意义上讲，卢瑟福正是因为炼金术而获得了诺贝尔奖，虽然这种炼金术是现代的炼金术。他的格言是："追根溯源"。

图4.2 卢瑟福阿尔发射线散射实验简图。原子核的大小大约是原子的十万分之一，这张图上的原子核已经夸大了。但是，仍然可以很明显地看出，原子的绝大部分是空的！只有当一个阿尔法粒子碰巧碰到微小的原子核，才会出现大角度散射，这种情况的可能性非常小

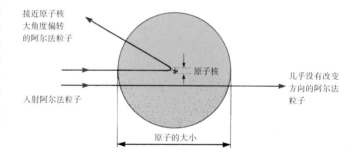

48　然后他们仔细观察阿尔法粒子向什么方向散射。绝大多数时间，阿尔法粒子的前进方向只有很小的改变，但是偶尔，阿尔法粒子会偏转一个很大的角度。实验结果让卢瑟福大吃一惊，他把实验结果形象地描述为：

这是我一生中见过的最难以置信的事情。这就像你把一枚15英寸（1英寸=2.54厘米）的炮弹射向一张薄纸，炮弹会反弹回来打中你自己一样难以置信！

49　卢瑟福被这些实验结果困惑了好几个星期，最后意识到，那些阿尔法粒子只有碰到原子里面的很小但是很致密的物质核心——原子的核，才可能发生那么大的偏转（图4.2）。

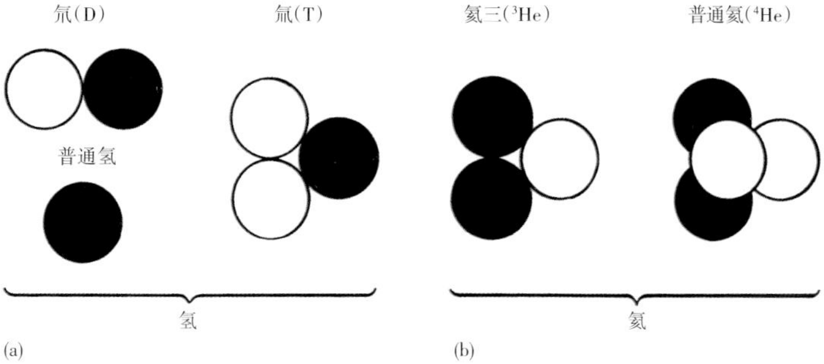

氘(D)　　　　　氚(T)　　　　　氦三(³He)　　　　普通氦(⁴He)

普通氢

图 4.3　氢和氦的同位素。
实心圆圈代表质子，空心
圆圈代表中子。(a)氘，氚
和普通氢。(b) 氦三和普
通氦

（a）　　氢　　　　　　　　　　（b）　　氦

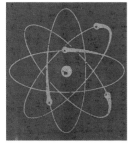

图 4.4 美元原子能委员会
的会徽，是卢瑟福原子模
型的一张示意图。电子围
绕中心的原子核沿轨道运
动，就像太阳系里面的行
星一样

我们现在已经知道，原子核里面含有一种叫质子的粒
子，质子带有一个正电荷，与电子的电荷数量相同极性相
反，还有一种叫作中子的粒子，中子是电中性的。质子和
中子都比电子重大约 2000 倍，因此原子的绝大部分质量都
在原子核内。原子核里面质子和中子数目的不同意味着它
们是不同的元素。质子和中子，被一种比质子间电斥力强很
多的力束缚在原子核的很小的空间内。而且，这些"强力"
只允许某些数目的中子和质子结合在一起形成一个稳定的原
子核。最简单的原子核是氢核，就是一个质子。下一个最简
单的原子核是阿尔法粒子，就是氦原子核，含有两个质子
和两个中子。在一个中性的原子内，原子核带的正电荷被
电子的负电荷精确地平衡。氢原子有一个电子，氦原子有两

个。电子的数目，或者等价地说，质子的数目，决定了不同元素的化学性质。这 50
样，虽然强大的核力允许一种元素有几种不同的原子核，也就是原子核中有不同的中
子数，但是这些"同位素"的化学性质完全相同。例如，普通气体氖的原子核有 10 个
质子和 10 个中子，但自然界也有不同种类的氖，原子核里的中子数分别是 11 或者
12。由于这些氖的同位素质子数相同，当然电子数也就相同，因此它们的化学性 51
质完全一样。类似地，氢有两种非常稀有的同位素，原子核里面分别含有一个和
两个中子。这两种氢的同位素分别叫作"氘"和"氚"，以后我们会知道，它们在恒
星的核反应和核武器中都非常重要。有些同位素，特别是一些重元素的同位素，不
稳定，会通过放射性衰变变成更稳定的元素。以后我们还要讨论这个问题。

卢瑟福把原子描述为一个微型的太阳系，电子绕着原子核在轨道上运行，就
像行星绕太阳运行一样（图 4.4）。电子相对大的轨道，可以解释与原子核相对的，

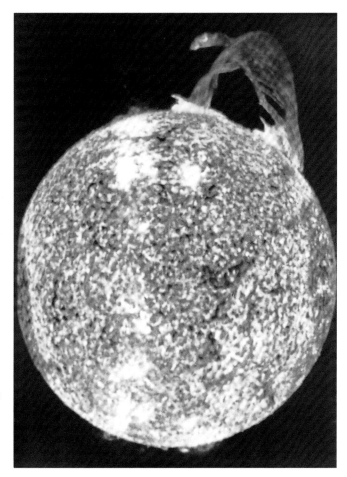

图4.5 太阳发出的光包含整个电磁频谱。光谱的不同部分，告诉了我们发生在太阳上的各种过程的不同方面的故事。特别地，当使用一个滤镜，只允许与某一特定元素的特定光谱线对应的波长的光通过的时候，看到的图像能揭示太阳的相应秘密。在这张照片上，我们用氦的一条紫外光来构造太阳在氦光谱段的图像。照片的颜色是计算机加上去的，黄色的部分是发射最强烈的区域。这张照片是天空实验室（Skylab）所拍摄的，拍摄的时候选择了太阳大气底部的一块温度为10 000℃到20 000℃的区域。从照片上看，太阳有很多翻腾的泡泡，还有一个很壮观的物质弧，被太阳的磁力推向太空

原子的相对较大的尺寸。原子的整体是电中性的，电子被带正电的原子核吸引，沿着绕原子核的轨道运动。不幸的是，对于经典物理来说，这种模型根本不成立。为了绕原子核运动，电子的运动方向就不能是一条直线，也就是说，电子为了保持在轨道上，必须不停地改变方向。也就是电子必须一直不停地在朝原子核加速。但是根据已经确立的电磁学理论，一个带电粒子加速的时候会辐射出光。因此经典物理预言，在很短的时间内，电子会通过辐射失去能量，直到螺旋着掉进原子核里。

在经典物理的框架内，这些困难是无法解决的。这时候，一个叫作尼尔斯·玻尔的丹麦青年物理学家，又往十九世纪的物理学的火葬堆上加了更多的柴火。玻尔当时在曼彻斯特与卢瑟福一起工作，他大胆地认识到，即使有明显的困难，

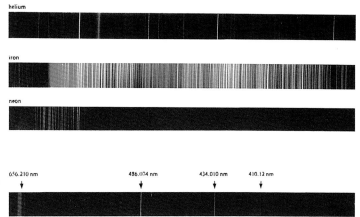

图 4.6 元素的特征光谱，通过对气态原子放电测出。从上到下分别是氦，铁，氖，氢。气体放出来的光通过一个分光仪的棱镜，分解成不同波长。每一种元素都有自己唯一的光谱线，这些光谱线可以作为"指纹"来判断某种元素的存在。最下面是氢的光谱，注意与铁相比，氢的光谱是多么的简单

原子的行星模型也一定有可取之处。因而他设计了一种"秘诀书"，为特殊的稳定电子轨道提出了一些规则。这时，经典物理已经不起作用了。那么玻尔根据什么原则制定这些规则？为什么物理学家们会严肃地看待这些规则？为了回答这些问题，我们要先讨论一下经典物理的另一个困难，并介绍一个叫约翰·雅可布·巴尔末（Johann Jakob Balmer）的瑞士数学教师。

物理学家们曾经在一个玻璃管子里装上不同的气体，然后在里面弄出电火花来玩。他们发现，每种气体发出的光都有一种特征"光谱"——只有一定波长的光存在。这种光谱叫作线光谱，可以用来测定不同的元素。实际上，氦元素最早就是从太阳来的光中发现的。图 4.5 显示了用氦光看太阳时的景象。有些线光谱非常简单，比如氢、氦和碱金属的光谱，但是大多数元素的线光谱都很复杂（图 4.6）。经典物理连原子的稳定性都说不清楚，更不用说去解释原子光谱的细节了。正是在这一点上，一位有点意思的人物，约翰·雅可布·巴尔末，作出了贡献，并让自己的名字在所有的物理教科书中永垂不朽。巴尔末是一个数学教师，业余时间迷恋公式和数字。他相信，整个世界被某种"统一的和谐"统治，他的人生目标就是，找到用数字来表达这些和谐关系的表达式。1865 年，巴尔末 40 岁的时候，写了一篇文章，解释先知伊齐基尔（Ezekiel）看见的神殿。20 年后，利用安德斯·乔纳斯·埃斯特朗（Anders Jonas Angstrom）测量的氢的头四条光谱的频率数据，巴尔末写下了一个著名的公式，即巴尔末公式：

$$\lambda = \frac{(364.5)\,n^2}{(n^2 - 4)}$$

52

尼尔斯·玻尔（1885—1962）同卢瑟福一起工作时，深受卢瑟福的影响，也是在这段时间，他建立了自己的原子模型。在讲到量子理论的时候，玻尔非常注意遣词用句准确无误。可是适得其反，在他的第一次报告中，他表达得非常不清晰。可是毫无疑问，他仍然是二十世纪中最有影响的物理学家之一。玻尔被认为是量子力学诠释问题的"圣人"。后来在一场著名的，延续了很多年的论战中，他和爱因斯坦讨论了量子力学的哲学基础。爱因斯坦至死都不相信玻尔的观点。

λ是以纳米为单位的波长，n取3，4，5和6。这一公式与实验符合得非常好，但是一直无法解释。直到有一天，尼尔斯·玻尔的朋友和同事汉斯·马里乌斯·汉森（Hans Marius Hansen）把这个公式拿给玻尔看。玻尔说，他知道这个公式以后，"什么事情都清楚了"。他允许的电子轨道不仅仅能解释巴尔末的原始公式，还预言了氢不同波长的一些新线光谱。这些新线光谱由一个与巴尔末公式类似的公式给出，只是分母变成了$(n^2 - m^2)$，m是除了巴尔末公式中的2以外的整数。这些新的谱线被观测到以后，物理学家们不得不认真考虑玻尔的模型，虽然这一模型显然是任意地修改了物理定律。玻尔的模型是1913年提出的，直到1926年，薛定谔才能用新的量子力学解释玻尔的理论。

量子化的能级

玻尔对氢光谱的解释有一个关键，即电子只能在围绕原子核的某些特定轨道上运行。如果我们暂时不考虑所有的轨道都会因为电子辐射能量而不稳定这个问题，那么每条轨道的都对应电子的某一能量状态，我们把这种情况叫作能量的"量子化"。这与我们的日常经验完全不同。在前一章的过山车例子中，我们可以让车子在最低点附近以任何高度来回走个不停——这等价于过山车以任何能量运动（图3.3）。量子力学怎么能有稳定的能量量子化的轨道呢？

这两个问题的答案的关键在于电子的波动性质。根据量子力学，电子允许的能量，是在某一合适的势场下，由薛定谔波动方程的解决定的。幸运的是，我们不用费尽周折去解薛定谔方程，也能看出能量量子化是怎么来的。想象一个跟我们的过山车例子差不多的一个势场，两边的坡道又高又陡，底部又宽又平，这样我们就有一个跟盒子差不多的东西（势阱），电子被关在里面。要找到这一量子体系允许的能级，类似于找到一根两端固定的绳子上允许的波的运动方式（图4.7）。对于电子，势阱两边的陡坡就相当于震荡绳子的固定两端，与绳子波动对应的是电子的概率波。对于绳子来说，从图4.7上我们可以清楚地发现，只有某些特定的"波长"才能适合固定的两端。而且，对于绳子，正

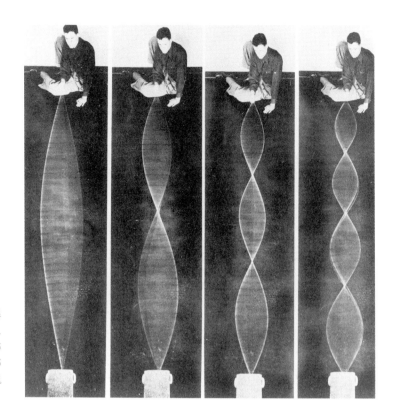

图4.7 绳子的驻波。曝光时间比振动周期长，所以照片上光最强的部分是绳子移动最慢的部分。注意有几个位置绳子不动

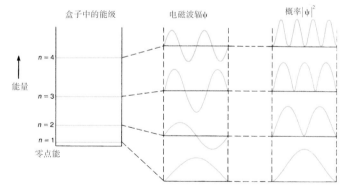

图4.8 一个盒子里面量子粒子的能级用一个量子数"n"表示。中间的图是相应的波形，右边的图是粒子的概率分布图。概率分布是概率波幅的平方

是这些波长——"基波"，波长最长的波，和"谐波"，波长短一些的波——决定了我们听到的声音的频率。在量子力学中，电子的概率振幅必须正好适合它所在的势阱，但是势阱中允许的波长现在对应电子的某一确定的能量，以及特定的概率分布模式。这就是玻尔能量量子化的缘由。经典情形，一个盒子里的

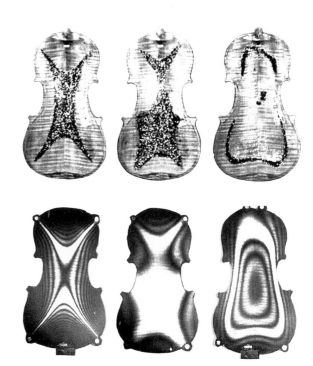

图4.9　小提琴的振动模式。上面的三张图是把很轻的粉末撒在提琴上拍的照片，粉末会聚集在没有振动或振动很小的区域。下面的三张图振动模式与上面的三张图相同，但利用激光干涉效应拍摄。白色对应振动微弱的区域。激光干涉效应显然灵敏得多

球可以以任意能量运动，量子情形，一个盒子里的电子只能有某几个允许的能量值。

　　这个盒子里的电子模型，说明了量子力学的几个常见特点。我们可以从类似的绳子驻波实验中，猜出电子概率幅的形式。图4.8中我们画出了这些"波函数"，还有相应的电子能量刻度。第一点要注意的是，电子的最低能量不是零。电子位置的不确定性不能超过盒子的大小，因此根据海森堡不确定性原理的要求，电子必须有一个最低的能量。即使电子处在最低的能量状态——我们说这时的电子处于"基态"——电子也不能待着不动，而是必须不停地到处乱跑。在前面的章节中讨论费曼量子路径和海森堡不确定性原理的时候，已经见到过这种效应了。这种所谓的"零点能"是量子体系的一种正常效应，这种效应能够解释为什么液态氦在冷却到温度仅比绝对零度高一点点的时候，也不会冻结成固体。不像其他气体，氦原子之间几乎没有分子间作用力，我们在第六章中将看到这一点。正是因为氦原子之间的键非常微弱，在绝对零度附近，原子的纯量子力学运动（零点运动）就足够阻止氦冻结为固体了。

　　另一点要注意的是，盒子里面电子的概率幅不仅仅在两端为零，对高能级态，中间有些位置也会为零。对于振动的绳子，这些"波节"——绳子没有运

57

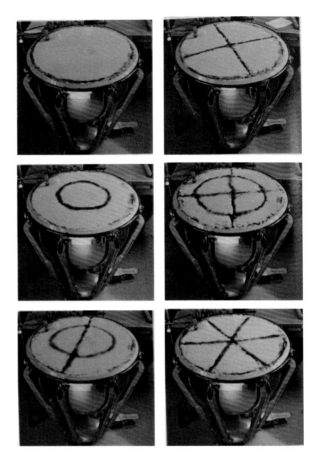

图4.10　一张定音鼓，上面撒有粉末。图上显示了定音鼓很多振动模式中的六种。粉末集中在振动最弱的"波节"处，这些模式与盒子中电子的量子概率分布很相似

动的地方——的存在并不令人吃惊。但是对于电子来说，这意味着在盒子里面的某些地方，我们不可能找到电子！在盒子里面不同位置找到电子的相对概率，由量子概率幅的平方给出（图4.8）。从图上我们可以看出，不仅仅允许的能量量子化了，在盒子里面在不同位置发现电子的概率，也随电子能量的不同而不同。这些都跟我们日常生活中关于粒子的直觉很不一样，但是如果我们承认电子有波动性质，情况就只能这样。

　　从这个例子中，我们体会到的最后一点是：在讨论量子能级和相应的波函数的时候，把不同的能级按照某种方式标记出来会带来很大方便。因此，我们将基态指定一个"量子数"为 $n = 1$，第一激发态指定为 $n = 2$，等等。在这个例子中，这种标记似乎只是一个琐碎的小事，但是用量子数来标记能级和量子概率幅是量子力学的一个通行做法。当然，在实际研究工作中，大多数我们感兴

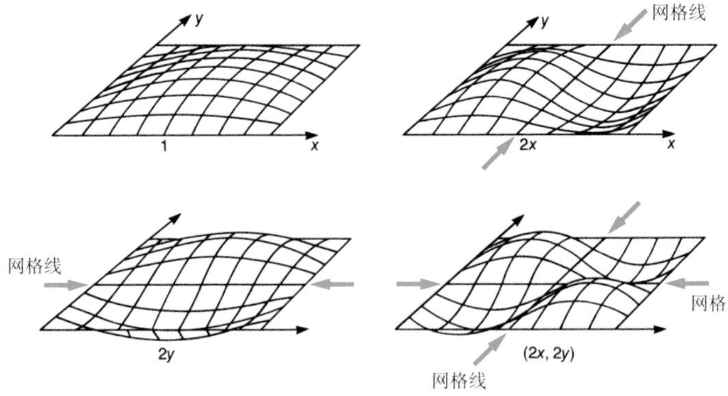

图 4.11　一张方鼓的振动模式。鼓面由用线构成的网格表示，以清楚演示鼓与振动的绳子之间的对应关系

趣的问题不会有盒子里的电子这个例子那么简单，要找到能级和波函数都会很困难。但是不管怎样，总的原则是没有问题的，解实际问题的薛定谔方程，类似于找到比绳子复杂的物体的波动模式。图 4.9 和图 4.10 中显示了一些我们熟悉物体的振动模式。从这些复杂一点的振动中，我们还可以体会到盒子例子中没有表现出来的一个特点。图 4.11 中我们显示了一个方鼓的振动模式。电子处在一个二维盒子里这一量子问题的解与这个鼓类似。如果我们希望根据能量大小标记波函数，我们会碰到一个问题。对于最低能量状态，只有一个可能的波函数，我们可以为其指定为一个单一的量子数 *n* = 1。可是对于第一"激发态"，我们有两个选择。如果我们把两个方向标记为 x 和 y，我们发现可以选择把 x 方向的运动激发到第一谐振态，让 y 方向的运动保持在基态（图 4.11，右上角），或者让 x 方向的运动保持在基态，把 y 方向的运动激发到第一谐振态（图 4.11，左下角）。对于这个方鼓来说，这两种情况的能量是一模一样的。因此我们需要另一个量子数来区别这种对应一条能级的，两个可能的波函数。在方盒子情形，我们可以把它们都指定为 *n* = 2，再加上一个标记 x 或者 y 来区分哪个方向被激发。这样，我们就可以把波函数标记为 2x 和 2y。物理学家们把这种同一能量对应不止一个可能状态的情况叫作"简并"（degenerate）。这是物理学家把日常生活中常用的词（degenerate 是退化的意思——译者注）用于特别物理意义的另一个例子。我们在讨论氢原子波函数时，会碰到类似的能级简并情况。在三维情形，如果我们发现至少需要三个量子数才能标记所有的量子态，一点也不奇怪。

　　我们把关在盒子里的电子和绳子的驻波来类比，看起来好像是人为的。令人瞩目的是，最近我们控制原子的能力有了很大的进步，这使我们能够直接在材料的表面构造一个这样的电子盒。随着扫描隧道显微镜（scanning tunneling microscope, STM）的发明，物理学家已经能在物体表面上移动单个原子。在第五章中我们会详细讨论这种扫描隧道显微镜。发明这种技术的一位先驱是唐·艾格勒 (Don Eigler)，他是位于加利福尼亚的 IBM 阿尔马登研究中心的一位科学家。艾格勒和他的研究组，用一台 STM 将一些铁原子在铜的表面上围成了一个"电子围栏"（图 4.12）。围栏的直径大约是 7 个原子大小，将一些材料表面的电子围在里面，就像我们的方鼓一样。利用 STM，他们还看见了圆形围栏里面的电子密度分布。这种分布就是圆鼓波动模式中的驻波模式（图 4.13）。以后我们还会讨论有关原子操作的最新进展，以及"纳米科技"。

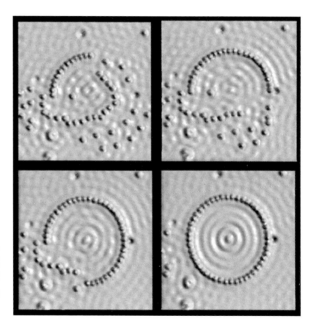

图 4.12　电子围栏的制作过程。这些图像显示了利用铁原子在铜表面上制造一个圆形围栏的中间过程。实验是唐·艾格勒带领的一个 IBM 的研究小组完成的

氢原子

薛定谔方程得到了大家几乎是迅速而广泛的认可，其中的一个原因是，经过了十余年在黑暗中的摸索，物理学家们终于又一次可以利用标准的数学手段进行计算了。人们不再像以前那样，必须遵守玻尔的奇怪约定，而是通过三维波动问题中的频率必须受到限制这一点，很容易地理解了氢原子的能级问题。而且更令人吃惊的是，计算结果的精确度非常高。著名意大利物理学家恩里

61

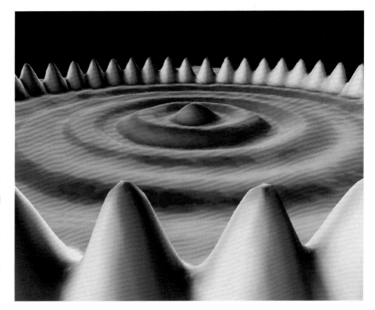

图 4.13　量子围栏里面的
电子密度波。这一张 STM
图显示了铜表面上 48 个
铁原子构成的一个圆圈。
铜是电的良导体，表面电
子被限制在铁原子环内。
这张 STM 图显示了围栏内
电子密度的驻波图案

科·费米（Enrico Fermi），在作一个关于新量子力学的演讲时，经常那么说：
"它怎么能符合得那么好呢！"但是它就是有那么好，而且我们现在也可以理解
玻尔的量子化约定和原子的稳定性了。

氢原子，是一个由一个带正电的相对较重的质子，和一个非常轻带负电的
电子组成的一个量子体系。电子被质子吸引，离质子越近，吸引力越大。以经
典的眼光来看，没有什么东西能够阻止电子能量不断降低，直到电子最后掉到
质子上。但以量子力学的观点来看，我们知道海森堡不确定性原理不允许电子
待着不运动。电子所处的能级，可以通过解一个含静电势的薛定谔方程得到，
静电势对应着质子和电子之间的吸引力。虽然具体的数学过程很复杂，但计算
出来的能谱结果与盒子里面的电子的能谱很相似（图 4.14）。考虑我们在第二章
中讨论过的，普朗克的著名光子能量与频率之间的关系

$$E_{光子} = hf$$

我们已经能够理解巴尔末的神秘的光谱公式了。氢原子中的电子，就它自
己来说，趋向于拥有最低可能的能量，也就是电子将占据最低能级，对应的能
量量子数 $n = 1$。可是，如果原子受到了干扰，比如与别的原子碰撞，或者被光
照射，电子可能会被激发到能量更高的能级上去，也就是能量量子数 n 更大的
能级上。电子在这些能级上时，原子的能量比平常高，过一段时间，原子会退
激发，回到原来的基态。形象地说，我们的电子跳（跃迁）到了一条低能级

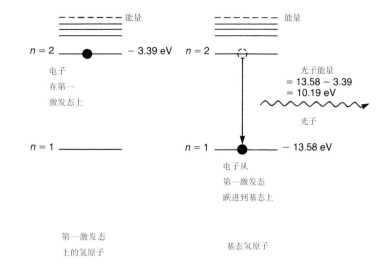

图4.14 氢原子的电子从第一激发态（n=2）跃迁到基态（n=1），同时放出一个光子。图上别的线代表氢原子的其他一些激发能级。激发态能级之间的距离（图上没有画出来）越来越近，直到达到电离能（图上显示为虚线）为止。电子的能量达到电离能大小时，就足以克服质子的吸引而离开原子核，留下一个带正电荷的氢离子，也就是一个质子

上。为了保证能量守恒，多出来的能量以光子的形式放出，放出的能量大小是 63

$$E_{光子} = E_{初态} - E_{末态}$$

由于光子的频率和波长遵守经典波的频率波长公式

$$c = f \times \lambda$$

光速 = 频率 × 波长

我们现在就可以预言光谱线的波长。薛定谔的计算结果与巴尔末和玻尔的结果一模一样，也就是

$$\frac{1}{\lambda} = R\left(\frac{1}{n_f^{\,2}} - \frac{1}{n_i^{\,2}}\right)$$

这里的 R 是一个与电子的质量和电荷、普朗克常数、核的电荷等有关的常数。整数 n_f 和 n_i 分别是初态和末态的能量量子数。图4.15 显示了不同的光谱是怎么来的。巴尔末原始的公式中，$n_f^{\,2} = 4$，是电子跳到 n=2 能级上产生的光谱线。这些"光子转换"牵涉光子的能量对应于光谱可见光部分的谱线。在巴尔末发现氢原子光谱规律的时代，人们只知道这一个可见光范围内的"谱系"。与跳转到 n=1 的基态有关的光子转换能量很高，也就是说相应的光子能量很高。因而产生的光谱线位于光谱的紫外区域。这一谱系叫赖曼（Lyman）谱系，赖曼 64 是这一谱系的发现者。类似地，帕邢（Paschen）谱系和布喇开（Brackett）谱系对应的光子能量处于光谱的红外波段，分别是电子跃迁到 $n_f = 3$ 和 $n_f = 4$ 的能

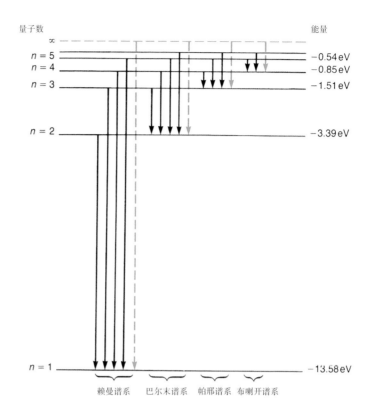

图 4.15　氢的能级图，显示光谱线的"谱系"是怎么产生的。每一根带箭头的线代表一种可能的跃迁，会放出一个光子，光子的能量等于跃迁初态和末态的能量差。巴尔末谱系对应到能级 $n = 2$ 的跃迁，只有这一谱系放出光子的能量在可见光波长范围内。赖曼谱系对应着到基态 $n = 1$ 的跃迁，放出的相应高能光子的能量对应紫外波段的谱线。帕邢和布喇开谱系的光子能量低得多，对应位于红外波段的谱线。图上显示的虚线，对应捕获一个自由电子的电离能

级产生的。

　　这一张能级图也能解释光是如何被原子吸收的。光要被吸收，不仅仅光子的能量必须正好等于两条能级之差，电子也必须正好处在能吸收这个光子的能级上。在通常的温度下，气体里面原子的碰撞一般不足以激发很多的原子，因为基态与第一激发态之间的能量差很大。因此在室温下，大多数原子都处于基态。就像我们已经看见的那样，基态与任何一个激发态之间的能量差都很大，相应的光子的频率处于紫外波段，而不是可见光波段。因此，可见光可以直接穿透很多气体，而不被吸收，因为几乎所有的原子都需要能量更大的光子，才能从基态激发到激发态。这就是为什么大多数气体对可见光来说是透明的的原因。

　　我们也可以用这个原因来解释天文照片上星云所表现出来的绚丽色彩。图 4.16 是我们的银河系中的一个叫猎户座星云的巨大的气体星云的照片。在星云内部，炽热的恒星持续不断地辐射出数目巨大的紫外线光子。这些光子的能量很高，可以直接把电子从氢原子中打出来，留下一个带正电的"离子"。但电

图4.16 猎户座星云，是一大块发光的氢云，里面有大量刚诞生不久的恒星。星云中的红色说明了存在氢原子中电子从 $n = 3$ 能级到 $n = 2$ 能级的跃迁

子和质子重新结合的时候，电子逐级通过各条能级并不断放出光子而失去能量。星云中的红颜色，对应电子从 $n = 3$ 能级跃迁到 $n = 2$ 能级产生的，属于图4.15所示的巴尔末谱系的一条光谱线。

波函数与量子数

到目前为止，我们只讨论了一些简单量子体系的量子数。为了深入地了解各种化学元素的量子性质，我们必须更多地了解氢原子的有关波函数和量子数的概念。在后面的第六章中，我们会详细讨论其他元素的性质。因为这些讨论比较难理解，你们最好简单地翻阅一下这一章内容，不要陷在里面！我们已经警告过你了，下面是我们的讨论。我们先来看一看与氢原子的能级对应的电子概率振幅，也就是氢原子的波函数。电子的基态波函数，能量量子数为 $n=1$，看起来非常平滑和对称，从每个方向看都是一样的。在任何一个地方发现电子的概率与这个地方波函数的平方成正比。从图4.17中我们可以看到，通过氢原子中心的一个切面的电子概率密度分布是怎么样的。这种概率密度对应的是一个不随时间变化的驻波波形。这个驻波就回答了电子在玻尔轨道上为什么不辐射这个问题。电子不是一个围绕质子呼啸旋转的粒子，而是一个不动的概率波

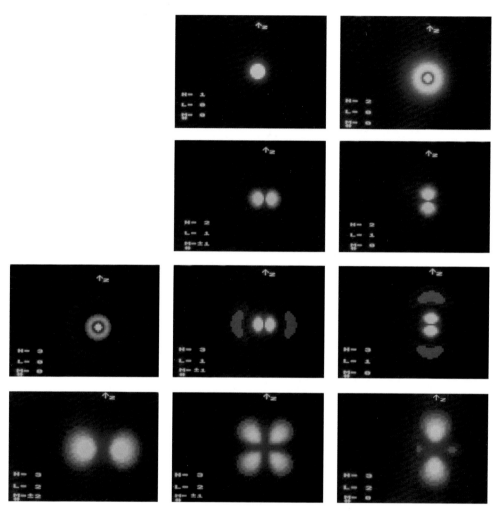

图4.17 氢原子中电子的概率分布。计算机生成的图像显示了最低几条能级的概率分布切面图。图上明亮的区域对应发现电子可能性大的区域。不同的能级态用量子数 N, L 和 M 标记。图上有 $N = 1$, $N = 2$ 和 $N = 3$ 的所有态的概率分布图。注意，$M = \pm 1$ 和 $M = \pm 2$ 的图是一样的。

形，这样就没有电子被加速这种情况了。

如果仔细考察激发态能级，我们会发现，像前面说的方鼓那样，能级会发生简并，也就是好几个波函数对应同一个能量值。因此很自然，我们需要一些新的量子数来标记这些波函数。这些额外的量子数，对应另一个量子化的经典物理量——"角动量"。下面的几个段落中我们将稍微详细地介绍这些新的量子数。如果你们发现这些内容很难理解，就跳过它们直接看下一节。角动量，就像它的名字那样，与平常我们碰到的动量概念有关。在研究某个物体围绕一个中心旋转的时候，比如行星绕太阳运动时，角动量是一个很重要的量。设想把一个球系在一根绳子的一端，手握另外一端不停地挥动，让球转起来，这时球的角动量就是普通的动量乘以绳子的长度：

$$L = r \times P$$

角动量=绳子长度×普通动量

对于一根长度固定的绳子，球转得越快，球的角动量越大。角动量是一个很重要的概念，因为跟能量一样，在经典体系和量子体系中，角动量都是守恒的。在我们这个例子中，假如在转动的时候减小绳子的长度，会发生什么情况呢？由于角动量守恒，绳子的长度 r 减小，球的普通动量 P 必须增加，因此球的转动会加快。在用量子力学处理氢原子的时候，角动量也必须守恒，就像这个经典例子一样。当然，在量子情形，我们不允许角动量任意取值。量子力学的 67 角动量是量子化的，跟能量一样。

玻尔猜测的氢原子的稳定轨道，就是满足如下条件的轨道：角动量只允许是普朗克常数除以 2π 的整数倍。令人惊奇的是，虽然玻尔根据这一假定算出了正确的能级，但后来薛定谔对氢原子求解的时候却发现，玻尔的猜测并不完全正确。那就是，氢原子基态的角动量为零，这跟玻尔的猜测完全不同！但不管 68 怎样，角动量的确是量子化的，可以用两个量子数，L 和 M 来描述。这样，对于 $n = 2$ 的能级，我们发现了四个简并的波函数，各自的概率分布情况见图 4.17。注意 $n = 2$，$L = 1$，$M = +1$ 和 $M = -1$ 的波函数的概率分布是一样的，用同一张图片表示。标记为 "$n = 2$，$L = 0$，$M = 0$" 的波函数角动量为零。这张图跟各量子数为 "$n = 1$，$L = 0$，$M = 0$" 的基态波函数一样，是球对称的。基态波函数的角动量也为零。另外三个波函数各有一个单位的角动量，角动量量子数 $L = 1$。对于角动量量子数 $L = 1$ 的态，第二个角动量量子数 M 可以有三种可能，也就是 $M = +1$，0，和 -1。这三种可能大致对应于电子转动轴的三个可能方向，通常我们把这三个方向标记为 x，y 和 z。现在让我们考虑那个系在绳子上的球，想象它绕图上垂直的 "z 轴" 旋转。球会在 x 轴和 y 轴形成的一个平面 69 上运动。在量子力学中，这种情形对应于 $M = +1$ 的态，它的概率分布 "圆盘" 主要集中在 x-y 平面上。$M = -1$ 的态对应于电子绕着负的 z 轴方向旋转的状态，同样，概率圆盘也在 x-y 平面上。$M = 0$ 的态对应于概率圆盘沿着 z 轴方向，转动轴在 x-y 平面上的电子波函数。在处理分子的化学性质的时候，为了方便理解，我们稍微修改一下这三个 $L = 1$ 态的标记方法。如果我们把这三个不同 M 量子数的波函数排列组合一下，可以得到概率圆盘分别指向 x，y，和 z 轴方向的

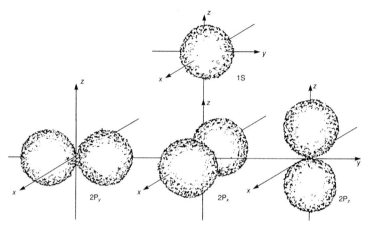

图 4.18　氢原子几个最低能级的等概率面三维视图。1S态是球对称的，角动量量子数为零（$L = 0$），2P态共有三个，它们的能量相同，角动量量子数都是1（$L = 1$）。三种分别沿x，y，和z轴方向的"P波"的等概率面如图所示。这三个哑铃状概率分布的"耳垂"分别沿着x，y，和z方向，对应相应的Px，Py，和Pz态

三个简并波函数。这样处理之后，我们不再使用量子数M来标记，而是把这三个$L = 1$的态分别用x，y，和z来标记。图4.18显示了用这种方式标记的三个$L = 1$态的概率分布。

图4.17上除了$L = 1$和$L = 0$的态外，还有下一个能量量子数的态，角动量量子数$L = 2$。对于$L = 2$的波函数，M量子数有五个可能的值：$M = +2$，$+1$，0，-1，和-2，大致对应转动轴从正z方向转到负z方向。令人惊奇的是，只要有了这三个量子数，我们就能够理解门捷列夫的元素周期表（我们将在第六章中讨论）里全部元素的化学性质了。当然，氢原子有一点很特别，那就是氢原子只有一个电子。对于电子数目大于1的原子来说，能量量子数n相同，角动量量子数L不同的各个态的能量是不同的，也就是说能量是不简并的，每个态的能量与n和L都有关。

关于谱线的名称，我们还要作一点补充。像锂，钠，钾这样的碱金属，线光谱同氢原子类似。但是与氢原子不同的是，碱金属量子数n相同L不同的能级是不同的。碱金属元素都有多个类氢原子谱系，对应于不同的角动量。因为最早研究这些谱系的物理学家不知道这些谱系的来源，就相当任意地将这些谱系命名为：S表示尖锐的（sharp），P表示为主的（principal），D表示弥散的（diffuse），F表示基本的（fundamental）等。现在我们已经知道，这些谱系代表到不同角动量末态的跃迁。尖锐的S（谱系）代表到$L = 0$的跃迁，为主的P到$L = 1$，弥散的D到$L = 2$，基本的F到$L = 3$。即使我们后来已经了解了这些谱线的原因，物理学家们和化学家们仍然坚持使用这种因历史原因出现的、意义不明确的符号S，P，D，和F，标记不同角动量的态，而不是直接用它们的角动量量子数，$L = 0$，$L = 1$，$L = 2$，和$L = 3$！

光与原子俘获

汉斯·德梅尔特（Hans Dehmelt）因为俘获单个电子和隔离单个原子的工作，获得了1989年的诺贝尔物理学奖。他还曾俘获过单个的正电子，也就是电子的反粒子，并将它限制在俘获阱里，根据要求跃迁，一直持续了三个多月。与通常大家认为的，量子世界里面只有一些模糊的概率波幅的观点不同，德梅尔特喜欢强调这些被俘获基本粒子的个性和真实性，他还给它们取了名字：原子叫作阿斯特丽德（Astrid），正电子叫作普里西拉（Priscilla）！获得诺贝尔奖以后他说："我的生活是个玫瑰乐园，绝对的玫瑰乐园"。

这一章我们已经讨论了如何利用量子力学来描述单个原子，但到目前为止，我们只讨论了在很多原子中观测到的辐射问题。为了表彰两位德国出生的物理学家，汉斯·德梅尔特（Hans Dehmelt）和沃尔夫冈·保罗（Wolfgang Paul），在单原子观测技术方面的贡献，他们被授予了1989年度的诺贝尔物理学奖。

早在1950年的时候，汉斯·德梅尔特就有了俘获单个电子的想法。他的导师理查德·贝克教授，20世纪40年代在哥廷根大学工作，是他最早在德梅尔特的心里播下了这个想法的种子。当时贝克教授在黑板上画了一个点来表示电子。因为德梅尔特已经在他的量子力学课程中学过，任何量子粒子都不能保持不动，因此这个"不太严重的错误"一直在他的脑海里徘徊了近50年！直到二十多年后的1973年，德梅尔特才成功地利用一种叫作彭宁离子阱（Penning trap）的装置，把一个单个量子粒子隔离了出来。彭宁离子阱是荷兰物理学家弗朗斯·彭宁在1936年发明的，它能把电子限制在真空中两块带负电的金属盘中间。金属盘周围有磁场，用来防止电子从阱的旁边溢出。利用一个带负电的金属叉子可以把电子放置到阱中。通过检测粒子在阱里面的来回振荡阱，可以确认粒子的存在。德梅尔特和他的华盛顿大学的研究组，让电子一个一个不断逃出阱外，直到只留下最后一个电子。开始他们只能让一个电子在阱中保持几天，后来增加到几个星期，再后来到几个月。最后，在电子最后从阱中逃逸出去以前，他们观测"单电子振荡"长达几乎一年的时间。这种观测，使他们能够以史无前例的精度测量单个电子的磁性质。1987年，他们用电子的反粒子（我们会在十一章中讨论），也就是正电子，做了同样的实验。为了强调他们俘获的单个正电子的实在性，德梅尔特给这个正电子取名为"正电子普里西拉"！他写道：

此时此刻，在我们的彭宁离子阱中心的一个直径为大约30微米，高度为大约60微米的一个很小的圆柱形区域内，住着我们的正电子（或者叫作反电子）普里西拉，她已经在里面跳了整整三个月的自发量子芭蕾，和按

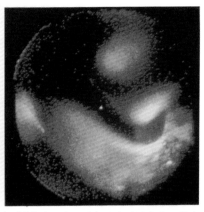

图 4.19　把电场和磁场结合起来，带电的离子可以被限制在一个"阱"中。把一束频率合适的激光照射在这个离子上，我们可以看到这个离子。左边的照片是放在一个一美分硬币上的离子阱，从这可以看出这种装置的大小。右边图中间的那个亮点就是一个被俘获的汞离子

沃尔夫冈·保罗（Wolfgang Paul）（1913—1993）出生于德国的萨克森，在慕尼黑的高级中学学过九年的拉丁语和六年的古希腊语。后来他决定成为一个物理学家，并因此向伟大的德国理论物理学家阿诺德·索末菲尔德请教。索末菲尔德建议他从一个精密机械师的学徒干起。1989年他与汉斯·德梅尔特一起获得了诺贝尔物理学奖，他的贡献是关于粒子俘获技术的研究

照我们要求表演的舞蹈。

当他获得1989年度诺贝尔奖金的时候，汉斯·德梅尔特说他"感觉就像跳舞一样"！

德梅尔特对俘获原子也很感兴趣。为了做到这一点，他使用了由波恩大学的沃尔夫冈·保罗发明的一个实验装置。当从一个原子中拿走一个电子以后，剩下来的部分叫作离子。保罗的离子阱跟彭宁离子阱很相似，只是他是用一个震荡电场而不是磁场来保证被俘获的离子不撞到"墙"上。德梅尔特的第一张单原子照片是1979年在海德堡大学拍摄的。用一束波长合适的激光照射到被俘获的原子上，能够帮助实现这种拍摄。激光的波长必须保证离子能够吸收激光的光子。被激发的离子会向任意方向自发放出一个同样的光子。在激光照射下，这个离子会不断地被激发，自发辐射，结果就是在一秒钟内放出了几亿个光子，这样我们就可以用照相机把它拍下来（图4.19）。到1980年，德梅尔特利用一套很复杂的激光系统，将一个原子在阱中保持了好几天。为了强调这一个原子的实在性，他把它命名为原子阿斯特丽德！他说道：

这个基本粒子有非常明确的身份，原则上它是一种新的东西，因此有必要给它取一个名字，就像宠物会被取上人类的名字一样。

第五章 量子隧道效应

> 在量子力学中，一个东西可以很快地溜过一个从能量角度来看不可能通过的区域。

—— 理查德·费曼

势垒穿透

德布罗意的物质波假定和薛定谔方程最引人注目的成 果之一，就是发现了量子物体可以以"隧穿"的方式穿过势垒（能量垒），对于经典粒子来说，这是不允许的。为了知道什么是势垒，让我们回到以前的过山车例子上，考察范围更大的一段轨道，见图5.1。如果我们让车子从左面位置比较高的一点 A 出发，出发的时候速度为零，不考虑任何小的能量磨擦损失，根据能量守恒定理，我们知道车子会到达高度与出发点相同的另一点 C。当我们经过谷地的小山包 B 的时候，车子会慢下来，因为有一部分动能转化成爬小山包的势能，但是因为我们的出发点很高，我

图5.1 用过山车来说明量子隧道效应的图。如果车子静止从位置A出发，能量守恒定律不允许它走到高于对面山上 C 的位置上。但是在量子理论中，车子有可能"隧穿"通过 C 和 E 之间的禁止区域，而出现的山坡的另一端。对于一个经典的过山车，这是极端不可能的！

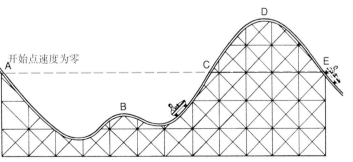

图5.2　在汤普金斯先生的奇境中，当普朗克常数很大时，他的车可以通过隧道效应穿过墙，"就像中世纪的一个很老的鬼魂那样"

们通过了小山包的顶部以后，还能剩下一些动量。可是，如果我们静止从A点出发，我们没有足够的能量翻过山包D到达E点。这就是"势垒"的一个例子，我们说从C到E的区域是"经典禁戒"的区域。

量子"粒子"令人惊奇的一点是，它们跟经典粒子不一样。在一个形状与图5.1一样的"电子过山车"轨道上运动的电子，可以"隧穿"通过能量禁止的区域，并出现在另一边！这种"势垒穿透"或者叫作"量子隧道效应"现在看来已经是一种很平凡的量子效应。它是好些现代电子元器件的理论基础，比如隧道二极管和后来的约瑟夫森结。我们怎么理解这种隧道效应是如何发生的呢？一种思路是利用海森堡不确定性原理。在第二章里我们讨论了在同时测量位置和动量时的不确定性。可是，对时间和能量的测量也存在一个类似的关系：

$$(\Delta E) \times (\Delta t) \approx h$$

因此，虽然经典意义上，我们不可能在不违反能量守恒的前提下改变总能量，但在量子力学里，如果时间不确定性是Δt，我们无法把能量测量得比$\Delta E = h/\Delta t$精确。粗略地说，我们能"借"到一些能量ΔE来越过势垒，只要我们在时间$\Delta t = h/\Delta E$内把能量还回去。如果势垒太高或者太宽，隧穿的可能性就会变得非常小，所有的电子都会反射回去，就像过山车一样。不用说，我们这种定性的讨论，必须通过薛定谔方程的详细计算才能定量地验证，但是不管怎样，这种说法的确能让我们能看出量子隧道效应的本质原因。理解隧道效应还有另一种思路，那就是观察我们熟悉的波的行为，并加以类比。隧穿现象是波动的一个普通属性，如果我们考虑到根据德布罗意的假说，所有的"粒子"都有跟波一样的性质，这种现象才会让人感到奇怪。

波的隧道效应

虽然绳子的波动和水的波动都可以用来演示"波的隧道效应"，但是我们最熟悉的例子也许是看起来像波的光。考虑一束光从空气射入到一块玻璃中，我们看看会发生什么情况。如图 5.3 所示，因为光在玻璃中传播速度比空气中慢，光的波前转了一个角度，也就是光束改变了传播方向。这种光在一个界面上的弯折是一种众所周知的现象，叫作"折射"。现在让我们考虑光从玻璃传播到空气中的情形。光的偏折不是朝向垂线方向，而是偏离垂线方向。如果我们逐渐增大光射到玻璃—空气界面上的入射角，看看出射光会发生什么情况。当入射角增大到某一个"临界"角度的时候，射到空气的光束会紧贴在玻璃表面上。如果我们继续增大入射角，会怎么样？一定是所有的光都从玻璃—空气界面上反射回玻璃，没有光跑到空气里去。这种现象就叫作"全内反射"（也叫作全反射——译者）。这种光的全反射正是光可以高效地、没有额外损失地沿着光学纤维传播的原因。这也是现代纤维光学的基础。

但是所有这些与量子隧道效应又有什么关系？是这样的，当光线以大于临界角的角度射到玻璃表面的时候，虽然没有光线透过玻璃射出到空气中，空气中还是产生了某种波的扰动。不像通常的"传播"波，这种波不携带能量，是一个"不动的"波型，不传送任何光能。两端固定的绳子的波型就是这种不动的波（即驻波——译者）的一个例子。这里碰到的驻波——所谓的"瞬逝波"（evanescent wave）——很特别，波的扰动随着离界面距离的增加而迅速减弱至消失。如果我们把另一块玻璃平行放置在第一块玻璃旁边，就可以看出这一现象与隧道效应之间的关系。当我们把两块玻璃移得很近，让瞬逝波穿过第二块玻璃的表面，一束透射光出现了！两块玻璃距离越近，重新出现的透射光就越强。两块玻璃接近时透射光的增强的原因是，在"被禁止通过"的空气间隙中，瞬逝波的波幅衰减得还不够大。物理学家们把这种现象叫作"受抑全内反射"（frustrated total internal reflection），其实它只是德布罗意波量子隧道效应的光学对应。现代

76

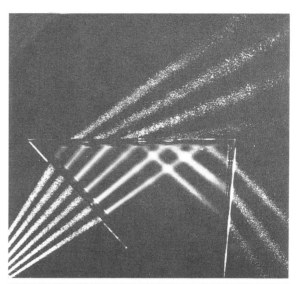

图 5.3　几束光线以不同角度照射到一个棱镜上。可以看出，大于某个"临界"角度以后，光线被完全反射，不能从棱镜中透射出来。最右面那束光完全反射了，别的光既有透射也有反射

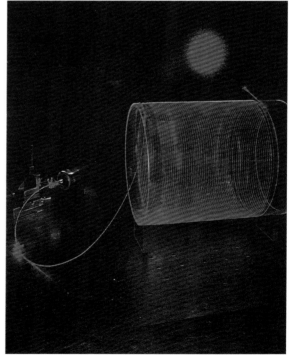

图 5.4　绕在一个鼓上的一根光纤，里面承载着一个氦氖激光器发出的激光。激光因为光纤壁的全反射而被限制在光纤内。这根光纤大约有一百米长，被故意制造得有点缺陷，好让有些光线从光纤壁上漏出来，这样我们就可以通过光纤的上面的红色光看见光纤（否则光纤是透明的，无法看出光纤在哪里——译者）。在一根高质量的光纤中，几乎所有的光都应该从末端出来。在这张照片上，从末端出来的激光照射到一个屏幕上。将光学纤维用于远程通信的先驱性的工作是南安普敦大学的亚列克·甘普林 (Alec Gambling) 和戴维·佩恩 (David Payne) 做的

光学中，这种效应是分光器（beam splitter）的基础。透射光或者反射光的强度，可以通过控制这种仪器中禁戒间隙的宽度来控制。波的隧道效应也可以用其他类

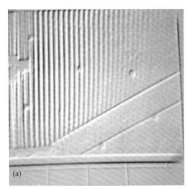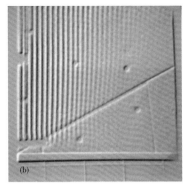

图5.5 水波的隧道效应。(a) 水波的速度取决于水的深度。照片上的水波表示为一排平行的波峰从左向右穿过整张图。两条斜线是水下面的两块玻璃，它们改变了水的深度。我们可以看出，水波不能通过这个浅水区，而是在水深变化的界面上遭遇了"全反射"。注意在这个禁区的边上水面有很微弱的扰动，但是这一扰动并不是通常的水波。(b) 这张照片显示的是同样的情况，只是禁区的宽度大大减小。我们现在可以清楚地发现，水波可以"跳过鸿沟"而出现在另一面上。这是一种早就被我们认识了的波动现象，也是量子力学中隧道效应的基础。

型的波来演示。图5.5显示了波动箱的一幅照片，演示的是水波的势垒穿透现象。

量子隧道效应的应用

现在已经有很多常用的器件依靠量子粒子的隧道效应工作。我们这里要讲的[77]一个例子与电子有关，以后我们还会碰到利用阿尔法粒子和电子对的量子隧道效应的应用范例。在金属中，电子是承载电流的，可以相对自由地在金属中运动。金属有一个简单量子力学模型，即带正电的金属离子组成晶格，电子就在这个晶格中的吸引势场中运动。因为让电子离开金属原子需要能量，因此一定存在一个势垒"峰"把电子留在原子中［图5.6(a)］。如果我们给金属施加一个强电场，电势场会被改变成如图5.6(b)所示。现在仍然有一个势垒阻碍电子自由地离开金属原子，但是电子现在已经可以通过隧道效应越过势垒跑出去了。这种量子力学的隧道效应是"电子场发射显微镜"（electron field emission microscope）的工作基础。近十年中，笼罩在这些装置上面的光环，都因为另一种革命性的功能强大得令人吃惊的设备——"扫描隧道显微镜"（scanning tunneling microscope，也叫作STM）——的出现，而黯然失色。STM是格德·宾里希（Gerd Binnig）和海恩里希·罗雷尔 (Heinrich Rohrer) 研制出来的。

1978年，宾里希刚刚被罗雷尔雇用为IBM苏黎世研究中心的一名研究员。经[79]

78

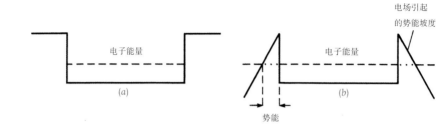

图 5.6　(a) 电子在金属中所处势阱的简图。图中的虚线代表典型的"导电"电子——用来传导电流的电子——的能量。这一能量比势垒低，因此电子不能逃出势阱约束。(b) 这张图显示了在一个强加外电场的影响下，势垒的变化。势垒仍然存在，但是已经很窄，传导电子很容易通过隧道效应逃出金属原子的束缚

格德·宾里希（左）和海恩里希·罗雷尔，他们因为发明了扫描隧道显微镜，即 STM，而被授予 1986 年诺贝尔物理学奖。罗雷尔出生于瑞士，在苏黎世理工学院获得博士学位，攻读学位期间因在瑞士山地步兵团接受军训，学业有过几次中断。因为他的实验设备对振动非常敏感，他学会了在别人都休息了的半夜三更工作。1963 年的时候，罗雷尔进入了 IBM 设在瑞士鲁西利康的研究中心。宾里希出生于德国，最早他觉得物理没有意思，完全是技术性的，一点哲理都没有，也不需要想象。1978 年的时候他在鲁西利康 IBM 研究中心得到了一个职位，与罗雷尔的合作使他恢复了对物理的好奇心。当然，诺贝尔奖也起到了同样的效果！

过与罗雷尔的讨论，宾里希想出了一个利用电子"真空隧道效应"研究材料表面的方法。基本的思想很简单。根据量子力学，在金属表面外侧，会有一个很小但是不为零的机会观测到固体中的电子。就象在上一节里讨论的瞬逝光波一样，这种观测到电子的机会，随着与金属表面距离的增大迅速减小。根据量子力学，如果我们可以将一根尖锐的探针，移到距离金属表面非常近，并且在探针和金属之间加上一个电压，就会有一道隧道电流流过它们之间的间隙，即使在真空中，也会出现这种电流。因为电子的波函数衰减很快，隧道电流的大小将对探针与金属原子之间的距离非常敏感。如果可以精确控制探针与金属表面之间的距离，我们就可以利用这种电流的强弱来测量金属表面各种结构的大小。宾里希和罗雷尔很

图 5.7 隧道扫描显微镜中有一个非常尖锐的探针头，可以非常精确地探测样品表面。当在样品表面和探针之间加上一个高电压的时候，电子可以从针尖隧道穿到被研究的物体表面。这一隧道电流对针尖与物体表面之间的距离非常敏感。在显微镜中，探针扫描物体表面的时候，针尖的高度可以调节，以保持隧道电流恒定。利用这种方法，根据针尖上下移动的距离就可以画出对应物体表面轮廓的细节。这张图示意了针尖上的原子和被观测物体表面，上面还有几个散落的原子

图 5.8 硅表面的 STM 图。每排原子之间的距离小于 2 纳米，在每排原子中，原子间距小于 1 纳米

快意识到，如果他们能研制出一种仪器，精确地和系统地扫描金属表面，他们就可以利用这种效应绘制出整个金属表面的轮廓。虽然这个想法在理论上是可行的，但最终要实现，并成为研究物体表面的强有力工具，还有许多具体的实验困难需要克服。第一个困难是，宾里希和罗雷尔必须制作一个顶端只有几个原子大小的探针。然后他们还必须制造出一种装置，可以可靠地定位和移动探针，控

图5.9　铜表面上的"风景"图。这张图的分辨率很高,能够分清单排原子

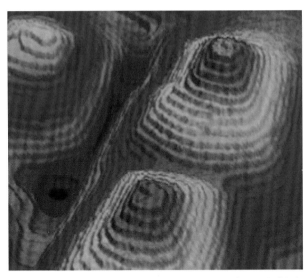

图5.10　这张STM图揭示了锑化镓的螺线结构如何在砷化镓衬底上生长。如果能够生长出这种原子级别的精细结构,我们就可以开发出新一代的光电元件

81　制精度必须达到距离物体表面只有几个原子直径的大小。在他们第一次观察到他们盼望的隧道效应的那一时刻,宾里希说道:

> 那是在一个晚上测量出来的,当时我几乎不敢呼吸,我这样不是因为激动,而主要是为了避免呼吸引起振动,我们终于得到了第一幅清晰的,电流强度I与针尖–表面距离s关系按指数规律变化的隧道电流图。这是1981年3月16日的一个不同寻常的夜晚。

STM最让人吃惊的是它不可思议的灵敏度。宾里希和罗雷尔在报告中说:"距离的变化即使只有一个原子直径,也会引起隧道电流强度变化1000倍"。有了这种新仪器之后,他们说:"我们的显微镜可以让我们一个原子一个原子地'看'物体表面。它能够分辨物体表面大约百分之一原子大小的细节。"也许因为这一装置利用了这种非常奇怪的,叫量子隧道效应的技术,因而大家并没有很快意识到,STM的发明实际上是一项革命性的成果。直到1982年,宾里希和罗雷尔利用STM解决了有关硅表面原子排列方式的一个困扰了大家很长时间的难题,科学家们才相信了STM的强大威力(图5.7和图5.8)。现在,扫描隧道显微镜已

图5.11 一台现代的扫描隧道显微镜（STM）

$t = 0$ $t = 46\,s$ $t = 94\,s$

$t = 141\,s$ $t = 187\,s$ $t = 234\,s$

$t = 281\,s$ $t = 797\,s$ $t = 1036\,s$

图5.12 STM也可以用来跟踪原子的运动。在这一系列照片中（t表示时间，s表示秒），我们看到的是每隔一段时间锗晶体表面图像。$t = 0$的时刻，我们可以看出，有一个地方缺了一个锗原子。在室温下，锗原子的热能足够跳到那个空出的位置，并在原来的位置留下一个新空穴。这一漂亮的序列显示了空穴是怎么在晶体表面上运动的

经开辟了原子尺度下研究的一个新领域，这种技术让我们得到了大量让人瞠目结舌的原子世界的图片（图5.9—图5.12）。关于自己在STM方面的工作，宾里希说道：

　　我忍不住不断地欣赏这些照片。就像进入了一个新的世界。对我来说，这是我科学生涯中不可逾越的光辉顶点，而且，从某种角度来说，也是一个终点。

1986年宾里希和罗雷尔被授予本年度的诺贝尔物理学奖。

宾里希和罗雷尔在他们的STM实验中发现，探针的针尖偶尔也会拣起一个原子。如果再移动针尖，就可以把原子在物体表面来回移动。加利福尼亚阿尔马登IBM研究中心的一个研究小组，利用STM这种移动原子的能力，发展了一项激动人心的新技术。埃哈德·施外泽（Erhard Schweizer）最早利用STM把原子排列成

82

85

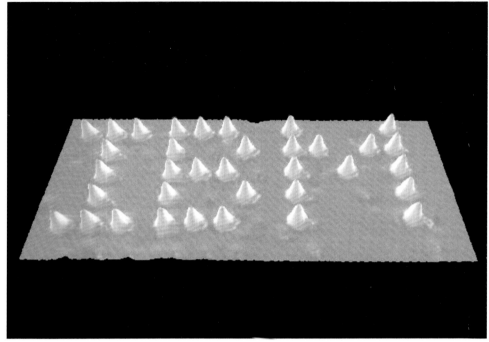

图 5.13　这就是那个著名的用原子排成的 IBM 标志。这张图片是加利福尼亚阿尔马登 IBM 研究中心的唐·艾格勒和埃哈德·施外泽做出来的。他们先在高真空中制备了一块洁净的镍金属表面,往实验装置中导入一些氙气。系统被冷却到绝对零度以上 4 摄氏度,以将热运动的干扰降到最低,然后他们开始寻找单个氙原子的位置。艾格勒和施外泽一发现一个氙原子,就用 STM 的针尖把它拖到合适的位置。他们拼完一个字母大约需要一个小时

2000 年 5 月,卡尔·奎特(Cal Quate),格德·宾里希和克利斯托弗·盖博正在鲁西利康喝着葡萄酒。1986 年,他们三人合写了一篇论文介绍一种新的显微镜——原子力显微镜,又叫 AFM。AFM 跟 STM 一样,使用一根探针以非常接近被研究表面的方式扫描物体表面。当然,这里的探针探测的并不是隧道电流,而是针尖与物体表面之间非常微弱的排斥力或者吸引力。探针位于一根悬臂的顶端,即使悬臂只有很小的偏差,也能探测到

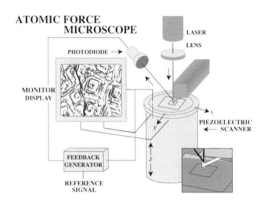

图 5.14 原子力显微镜，即 AFM，是 1986 年发明的。一个很小的悬臂上安装了一个针尖，针尖像 STM 那样扫描物体表面。样品被扫描的时候，针尖与物体表面之间会产生很微小的力，这个力会让悬臂偏移。测量这一偏移量就可以揭示出物体表面的三维形态

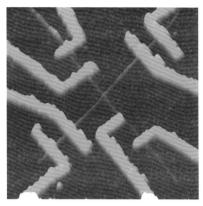

图 5.15 这张 AFM 图显示了在硅表面上排列的两根交错的碳纳米管（图片中心位置）。碳纳米管的直径大约是 1 纳米。纳米技术专家正在试验这些系统，以开发出非常微小的电子器件。

了 "IBM" 的字样（图 5.13），这件事情后来成了头条新闻。他们首先在高真空中制备了一块干净的镍金属表面，为了把热运动的干扰降到最低，他们用液氦把系统冷却到低于绝对温度 4 摄氏度。艾格勒和施外泽随后在实验装置中导入一些氙气，并用 STM 找到吸附到镍金属表面的氙原子。他们把 35 个原子拖到合适的位置上排列起来，最后拼出了 IBM 三个字母，字母 "I" 用了九个原子，"B" 和 "M" 各用了十三个原子。拼完一个字母大约需要一个小时，他们发现，在这样的低的温度下，实验装置非常稳定，因此 "操作每个原子的时候可以花上数天时间都没有问题"。上一章我们已经看到，艾格勒和他的同事也能做出非常好看的量子围栏。我们在第九章讨论量子工程的时候，还会看到他们做的一些别的工作。更多的例子可以访问 IBM 研究中心的网站。

值得一提的是，宾里希和罗雷尔关于 STM 的工作还导致了另一项技术的出现。STM 产生的图像与表面物质的电性质有关；这些电性质可能会很复杂，以至于形成的图像很难解读。1985 年，宾里希访问他的加利福尼亚同事的时候，与他们一起研制了一种新的扫描探测显微镜——原子力显微镜（atomic force microscope），或者叫作 AFM。AFM 不用隧道电流，而是利用了安装在一条悬臂上的一根很尖锐的钻石探针（图 5.14 和图 5.15）。当钻石针尖在物体表面移动的时候，微弱的原子力会使悬臂弯曲，这种弯曲大小是可以检测的。有好几种办法可以测量这种弯曲。宾里希自己使用了一台 STM 来测量悬臂的微小运动。AFM 现在已经成了一种表面分析的标准仪器，是 STM 的重要补充。

83

核物理与阿尔法衰变

84

乔治·伽莫夫（1904—1968）是勇敢无畏的探险家汤普金斯先生的创造者。伽莫夫的曾祖父是一位沙皇将军，他本人是在列宁格勒大学获得的博士学位。

86

他在欧洲的大多数重要科研中心都工作过，最后留在了美国。他除了是一名非常著名的科普作家以外，还在核物理、宇宙学、分子生物学方面都作出了巨大贡献

　　早期的核物理研究中，最大的难题之一，就是如何理解阿尔法衰变。这个困难是这样的：在铀的放射性衰变中，物理学家们测量了从原子核辐射出来的阿尔法粒子的能量，这个能量大约是4MeV。这里我们先简单介绍一下这里使用的能量单位。一个电子伏特，也就是一个"eV"，是一个电子从一个电势山"滑下"一个伏特高度获得的能量。这一能量是原子中典型的电子能级大小。可是对于与原子核有关的过程，有关的能量量级要大很多，一个更方便的能量单位是一百万电子伏特，简写为"MeV"。现在继续我们的故事。卢瑟福，除了在第四章中说过的，发现了原子核的存在以外，还用阿尔法粒子做过很多实验，包括用它们轰击原子。实验中他有很多发现，其中的一个发现是，能量为9MeV的阿尔法粒子被带正电的原子核强烈排斥。也就是说，一个阿尔法粒子要进入一个原子核，看起来似乎需要比4MeV高得多的能量，而4MeV是该原子核在放射性衰变中放出来阿尔法粒子的能量。为了使大家更容易理解这个问题，我们来看一辆这种情况下的过山车是怎么样的。这件事情看起来就像，你正坐在半山腰的轨道上，突然被一辆过山车撞了一下。过山车只可能从山顶下来。可是如果过山车真的是从山顶呼啸下来的，你会被撞得很惨。可是，它只是轻轻碰了你一下！

　　考虑到我们讨论过的隧道效应，这一阿尔法粒子疑难现在看起来显然已经不是问题了。但在1928年的时候，阿尔法衰变的量子隧道效应解释，在由俄罗斯物理学家乔治·伽莫夫（George Gamow），和两个美国物理学家爱德华·康登（Edward Condon）和罗纳德·格尔尼（Ronald Gurney）提出来的时候，还是一个令人震惊的新思想，也是量子力学在原子核研究中的第一次应用。铀最常见的同位素^{238}U的原子核中有92个质子和146个中子，全部拥挤在一个很小的空间之内。核子——就是质子和中子——之间的强大核力，可以被看成是一个提供吸引力的"势阱"，把核子限制在原子核内，就像我们金属导电电子的简单模型一样［图5.6(a)］。原子核内，两个质子和两个中子有时候能形成一个阿尔法粒子。图5.16是这种阿尔法粒子"看见"的势场。这一

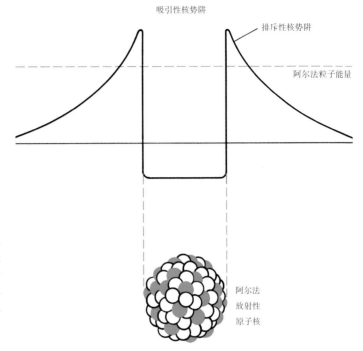

图 5.16 伽莫夫最早提出用量子隧道效应解释阿尔法衰变。因为阿尔法粒子非常稳定，我们可以认为它本来就在原子核里存在，处在一个由别的核子形成的势场之中。阿尔法粒子可以以隧道效应的方式从原子核中跑出来，引起原子核衰变

核势场现在看起来很像强大外电场中的金属电子所在的势场 ［图 5.6(b)］。虽然势垒的高度大约有 30 MeV，阿尔法粒子可以通过隧道效应穿透势垒的束缚，成为一个只有 4 MeV 能量的自由粒子。虽然我们现在对核力的了解比以前已经多得多了，计算的时候也可以采用更真实的原子核势，但用隧道效应来解释的基本思想仍然是正确的。

还有一种很有意思的，与阿尔法衰变相反的效应，柯克克罗夫特（Cock Croft）和沃尔顿（Walton）因为关于这种效应的研究获得了诺贝尔奖。1919 年，卢瑟福还在用阿尔法粒子作实验的时候，看见了第一次人造的原子核反应。他把阿尔法粒子射向氮元素，发现偶尔会有质子出现。根据这一事实，卢瑟福推论，

$$^4_2\text{HE} \quad + ^{14}_7\text{N} \longrightarrow \quad ^{17}_8\text{O} \quad + \quad ^1_1\text{H}$$

氦　　　　　氮　　　　　　　氧　　　　　氢
2个质子　　7个质子　　　　　8个质子　　1个质子
2个中子　　7个中子　　　　　8个中子　　0个中子

柯克克罗夫特（右）和沃尔顿（左），站在
卢瑟福两边

这是一次"核合成"，现在我们知道这一核反应可以写成

图 5.17 显示了这一反应的一张早期照片。卢瑟福在关于这次观测的论文中说

如果实验中，阿尔法粒子——或者任何类似的高速粒子——的能
量更高，我们应该能够看到很多轻元素的原子核被击碎。

后来因为新粒子加速器的发明，卢瑟福的预言实现了。1932 年，查德威克
（James Chadwick）发现中子的同一年，一个叫欧内斯特·劳伦斯（Ernest
89 Lawrence）的美国物理学家，建造了一个叫"回旋加速器"的装置，可以把粒
子加速到几百万个电子伏特。当时，大家都认为，为了让带电粒子射入到原子
核的中心，与原子核发生核反应，入射粒子必须有很多个百万电子伏特的能
量，才能越过势垒。可结果是，当时在英国剑桥工作的柯克克罗夫特和沃尔
顿，用了一个原始得多的加速器，第一次使用人工加速的质子就"打烂了一个
90 原子"，这个入射质子的能量小于 1 MeV。这么低能量的质子也能偶然地依靠隧
道效应进入原子核，引起一次核反应。据说当时有人看见，柯克克罗夫特以一
种很少有的夸张的姿势，走在剑桥的大街上，向碰到的每个人宣布："我们打
烂了原子！"当然，"打烂原子的人"这个称号是媒体叫出来的。柯克克罗夫特
和沃尔顿看见的是第一次人工引起的核反应。这是炼金术士们试图改变原子这
一古老梦想的现代版本。他们通过下列反应把锂变成了氦

$$_1^1\text{HE} + _3^7\text{Li} \longrightarrow _2^4\text{He} + _2^4\text{He}$$

其实劳伦斯在一年前就该做这个实验了。他认为这个实验根本就不值得尝
试，因为他认为必须有很大的能量才能克服原子核周围的电排斥势。当柯克克罗

图5.17　在一个云室中阿尔法粒子留下的径迹。云室中的径迹是一些沿阿尔法粒子经过路线凝结的小水珠。因为阿尔法粒子碰到气体原子的原子核的机会很小，径迹几乎都是笔直的。照片顶端，一根径迹跟别的径迹线相交，看起来是从一根阿尔法粒子径迹上的拐点上出现的。这实际上是一次核反应：氦原子核碰到一个氮原子核，产生了一个质子和一个氧原子核。走向旁边的径迹是质子留下的，很短的往前走的径迹是核反应中产生的氧原子核留下的

利文斯通和劳伦斯站在他们的回旋加速器旁。这个加速器在1937年被用来制造第一种人造元素，锝。锝有43个质子，在自然界中不存在，因为它的所有同位素都是放射性的，寿命不长。

夫特和沃尔顿的结果上了报纸头版头条的时候，劳伦斯正在康涅狄格的一艘小船上度蜜月。看到消息以后，他马上给他在加利福尼亚伯克利的同事詹姆斯·布拉地（James Brady）发了一份电报："柯克克罗夫特和沃尔顿把锂原子裂解了。马上从化学系弄一些锂来，准备用回旋加速器重复。我很快就回来。"布拉地把这份电报给自己的未婚妻看，说："这就是物理学家们在蜜月里考虑的事情"。

关于柯克克罗夫特和沃尔顿的实验，还有一个很重要的补充说明。他们可以预言在实验中观察到的两个阿尔法粒子的能量。这里他们利用了我们熟悉的能量守恒定理，但是是推广的能量守恒定理，他们考虑了反应前后的原子核质量差，

91

图 5.18　柯克克罗夫特和沃尔顿的静电发生器。沃尔顿坐在装置下面的一个笼子里

图 5.19　这是一个高压发生器，是安装在英国哈维尔附近的卢瑟福实验室的 NIMROD 加速器的粒子预注入器

其中用到了爱因斯坦著名的质能关系：

$$E = mc^2$$

能量=质量×光速的平方

这个关系告诉我们，质量是能量的另一种形式，能量的大小 E，等价于任意给定的质量 m，数量上可能需要根据以上关系换算。现在我们把这一关系用到柯克克罗夫特和沃尔顿的核反应上。我们写下核反应方程两边粒子的质量能量，再加上它们的动能。对于一束质子射向静止不动的锂靶这一反应，对应的"质能"方程式如下

质子质量+锂质量+质子动能=2×（氦质量+氦的动能）

代入入射质子的质量和动能，我们可以得到，两个氦原子核的动能应该是 8.5 MeV。注意这比初始质子的动能大得多，这个结果与实验测量值符合得很好。在原子核物理研究中应用能量守恒定理时，物质-能量等价是一个原则。

核反应与爱因斯坦质能关系

柯克克罗夫特和沃尔顿在预言第一次人工核反应中两个阿尔法粒子的能量时，用到了质能关系，这一关系让人们很容易地理解了原子核的"结合能"。

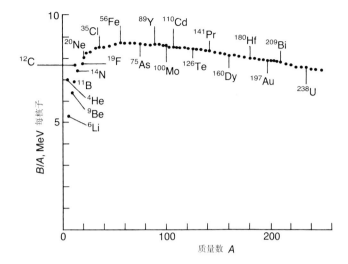

图 5.20　质量数 A，也就是原子核中核子的总数，与核子平均结合能的关系图。"核子"指质子和中子两种粒子。粗略地说，结合能是把一个核子从原子核中拿走所需要的能量。这张图中可以看出，铁是最稳定的原子核，而氦比它附近的元素稳定得多

在普通氢之后的下一个最简单的原子核是氘核，氘是氢的一种比较稀有的同位 93 素，含有一个质子和一个中子。为什么这些核子能待在一个很小的叫原子核的空间之内？现在我们已经知道，有一种很强的吸引性力，叫作核力，将中子和质子结合在一起。它们合在一起形成一个氘核时，比相互分开的两个粒子能量低。利用上面的质能关系，我们可以计算出这一结合能 B：

$$B = m_p c^2 + m_n c^2 - m_D c^2$$

结合能=质子质量能+中子质量能−氘质量能

利用实验上测得的质量值，我们发现氘的结合能大约是 2 MeV。这就是我们把一个质子和一个中子放在一起形成一个氘核时，释放出的能量。幸运的是，核力的作用距离很短，因此不会所有的质子和中子都挤到一块，放出可能的结合能！通过测量所有不同原子核的质量，我们可以用同样的方法计算出每一个原子核的结合能。如果我们用 Z 来表示一个原子核内的质子数目，N 表示中子数目，我们说，这个原子核内"核子"的总数，A 就是这两种核子数目的和

$$A = Z + N$$

在图 5.20 中，我们画出了所有不同原子核的"每个核子的平均结合能"图。我们可以看出，结合能从 2 MeV（就是我们刚才计算出来的氘的结合能）开始，不断上升，到铁的时候达到最大值，即每个核子 8.8 MeV，然后逐渐下降到重核 94 （铀及以上元素）的每个核子 7.5 MeV。注意，阿尔法粒子（氦原子核）与附近的元素相比，特别稳定。这就是为什么在重核中，会形成阿尔法粒子，并通过隧道效应跑出来，因而引起原子核放射性衰变。结合能最大的铁所处的位置说明了，

有两种方式可以把原子核里的能量释放出来。一种是"聚变"，这种方式中两个比铁轻的原子核结合在一起形成一个重核，另一种是"裂变"，一个很重的核裂解成两个较轻的核。这两种过程释放出来的结合能，将以最终生成粒子的动能的形式表现出来。

让我们来考察一个典型的聚变反应的例子。通过研究不同元素的结合能，我们能够找出很多种可能的核反应。要建造一个核聚变反应堆，最有希望的候选核反应应该是所谓的"D-T"反应，也就是氘和氚的反应。它们都是氢的稀有同位素，能够通过以下反应式反应

$$^2H + {}^3H \rightarrow {}^4He + n$$
$$氘 + 氚 \rightarrow 氦 + 中子$$

这一反应潜在能量释放量是 17.6 MeV。但如果用这种方式来发电的话，会有一个问题。那就是很难建立一个环境，让这个反应持续进行。原因来自于我们熟悉的"库仑"排斥力，库仑排斥力会将相互接近的原子核推开。如果用加速器把氘核加速到比库仑排斥势高的能量，很容易引发这一核反应，但是如果用这种方式来大规模产生能量，经济上是不可行的。因此，为了寻找一种经济的核聚变发电方式，人们提出了另外一种不同的想法。这个想法就是，把反应原料加热到非常高的温度，以至于在这种高热气体或者叫作"等离子体"里面发生的普通碰撞中，反应物也有足够的动能发生核反应。怎么才能产生如此高的温度呢？又怎么才能维持这种非常热的等离子体呢？这些问题都为我们带来了难以克服的技术困难。在可以预计的许多年之内，这些困难都很难克服。核聚变会给我们带来一个经济的，环保的，取之不尽的电力供应，但是这一目标，在实现之前我们还有很长的路要走。

正因为很难经济地以核聚变的方式产生能量，因此也许我们会很奇怪，为什么恒星产生能量的基本方式会是这种核聚变反应呢？如果我们知道恒星内部的温度所对应的原子核动能，比它们的库仑势垒要低得多，我们也许会更加迷惑不解了。实际上，仅仅是因为在这种较低的温度下，轻核通过量子隧道效应可以越过库仑势垒，恒星内部的聚变反应才能够进行。可以毫不夸张地说，正是因为量子粒子有这种穿透经典禁区的能力，我们才能存在。

放射性，核裂变和原子弹

放射性是指一个拥有 Z 个质子，N 个中子的原子核变成一个 Z 和 N 数目不同的原子核的过程。很多原子核很稳定，根本不衰变。图 5.21 是所有稳定原子核

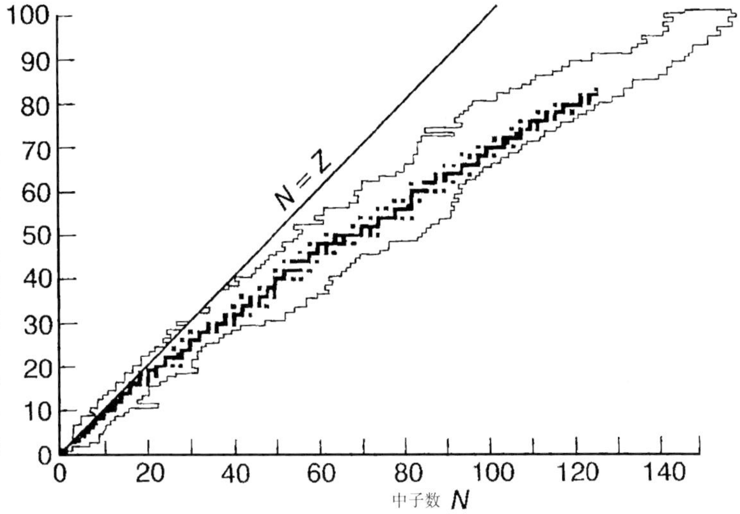

图 5.21 所有观测到的原子核核素图。横轴是中子数，纵轴是质子数。稳定核素用黑色表示，不稳定核素处在图上的边界之内。质量越大的原子核，质子数和中子数也越多。质子带正电，因而会产生一个电排斥能，引起原子核不稳定

和放射性核的图。放射性原子核衰变发出的三种射线，因为历史的原因，分别叫作阿尔法，贝塔和伽马射线。现在我们已经知道阿尔法粒子就是氦原子核。一个原子核放出一个阿尔法粒子后，变成一个质子数 Z 和中子数 N 都减2，质量数 A 减4的新原子核。与阿尔法衰变相比，原子核的贝塔衰变不改变 A 的值，但是一个中子会变成一个质子，并放出一个电子（还有一个反中微子，我们以后会讨论）。一个质子也可以变成一个中子并放出一个反电子，也就是正电子（还有一个中微子）。在第十一章中我们将详细讨论反物质和贝塔衰变过程。最后，经常在漫画书中出现的神乎其神的伽马射线，实际上只不过是能量很高的光子。伽马射线，只不过是在别的放射性衰变过程（阿尔法和贝塔衰变）中，留下来的新原子核处于激发态，而激发态跃迁到低能量态时产生的。除了能级间的能量差不同以外，这些原子核的激发态与氢原子的激发态很类似。对于原子，能级差和光子的能量的大小一般以电子伏特（eV）为单位衡量；对于原子核，相应的能级差和光子能量一般上百万电子伏特（MeV）。

为什么有些原子核稳定，有些有放射性？要详尽解答这个问题，我们必须对核力有深入的了解。幸运的是，一些大概的性质比较容易理解。核子之间的强大吸引力只在一段很短的距离内有效，典型情况下，这段距离要小于一个重核的大小。这就是为什么我们在日常生活中，看不到这种极其强大的力的任何直接作用。另一方面，电磁力比核力弱得多，但是我们周围充满了各种电磁效应，因为它的有效距离比核力大得多。原子核里的所有中子和质子之间，同时

存在两种相互竞争的力，一种是试图把所有核子结合在一起的短程核力，另一种是试图把原子核撕开的质子之间的电荷排斥力。对于轻核来说，核力占很大优势，但对于重核，这两种互相对立的力之间存在着一种非常脆弱的平衡。如果我们不停地往原子核上加中子或者质子，让原子核越来

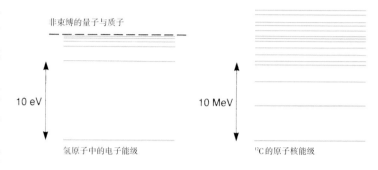

非束缚的量子与质子

10 eV

10 MeV

氢原子中的电子能级

¹²C 的原子核能级

图5.22　氢的原子能级与 ¹²C 的原子核能级之间的比较。原子核结合能比电子在原子中的结合能大约大一百万倍。当原子中的电子从一个能级跃迁到另一个能级的时候，放出或者吸收的光子的典型能量对应可见光波段。在原子核中，核子的轨道不像原子中电子围绕吸引它的原子核运行的轨道那么清楚。每个核子都被认为处在一个由所有其他核子形成的平均吸引势场里独立运动。当一个核子从激发态跃迁到一个能量低一些的态的时候，会放出一个能量很高的光子，这个光子通常叫作伽马射线

越重。电斥力的作用距离很长，每个质子都会受到所有别的质子的排斥。而对于核力来说，原子核很大，核力的力程又很短，每个核子只能受到附近几个核子的强大吸引力。结果，作用于原子核里面所有质子之间的弱一些的库仑排斥力，可以变得与相互吸引的核力的大小差不多，或者比核力还强。这就是为什么在质量数 A 很大的稳定重核中，中子数比质子数多的原因：多出来的中子可以提供更多的吸引性的结合能，而不会带来额外的库仑排斥。如果我们从一个质量数 A 很大的放射性原子核出发，通过贝塔衰变把其中的一个质子转变成一个中子，情况会怎么样？如果是放出一个阿尔法粒子呢？我们会得到一个新的原子核，质子数少了，库仑排斥能也少了。因此，新核应该结合得更紧密，也可能更稳定。这一原则就是原子核稳定曲线的基础。

97　　从这张原子核能级图也能看出，重核可能还有一种比贝塔衰变更令人吃惊的方式来降低自己的能量。玻尔提出，重核似乎应该被当成一个"液滴"，而不是一块容易打碎的固体。在重核中，库仑排斥力和核子之间吸引力的平衡非常脆弱。也许我们往核里加一个中子，整个核液滴就会分裂成两个小一点的液滴，从结合能曲线（图5.20）看，我们可以通过这种反应获得能量。两个轻核中的质子和中子的质量，与它们合在一起构成的重核相比，要少一些。这种可能性，最早是由一个女化学家艾达·诺达克（Ida Noddack）提出来的。当时她

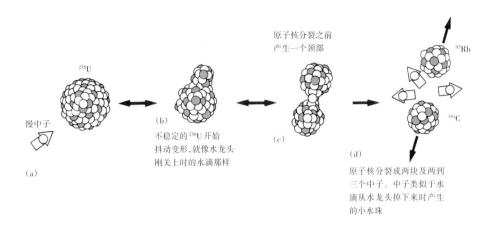

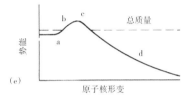

图5.23 原子核裂变的液滴模型示意图。(a)到(d)的裂变过程与量子隧道效应(e)的关系

1920年，莉泽·迈特纳和奥托·哈恩在他们柏林的实验室。迈特纳跟哈恩一起工作了20多年，1938年，希特勒占领了奥地利之后，迈特纳离开了德国。她对哈恩的离奇实验结果的信心，是导致她发现原子核裂变重要原因。

站出来，勇敢地批评了著名物理学家恩里科·费米和他的小组在罗马做的一些实验。费米的研究组用中子来轰击铀，认为会产生了一些新的，质子数 Z 比92大的"超铀"元素。诺达克反对说，费米他们并不能证明铀核的确变重了，而没有分裂成两个比较大的碎片。对诺达克来说也许很不幸，但对这个世界的别的人来说也许很幸运的是——考虑当时第二次世界大战迫在眉睫，没有人听她的建议。相反，著名的德国化学家奥托·哈恩（Otto Hahn）觉得很高兴，因为他可以研究超铀元素了！但让哈恩和他的学生弗里茨·斯特拉斯曼（Fritz Strassman）吃惊的是，他们不得不很不情愿地承认，他们没有找到质子数 Z 比92大的新元素，而只找到了一些质子数 Z 为56的一些钡的同位素。这一发现是1938年底做出的，当时正是第二次世界大战的前夕。因为犹太人受到强烈的敌视，哈恩30年的合作者，曾被爱因斯坦称为德国的居里夫人（Marie Curie）的莉泽·迈特纳（Lise Meitner），被迫逃到了瑞典。哈恩给迈特纳写了一封信，告诉她他得

图 5.24 这张油画上面画的是世界上第一座核反应堆的启用典礼。费米核反应堆以铀和石墨为原料，发生可控的和持续的核反应。由于建筑工人罢工，特别为芝加哥反应堆一号，这是费米取的名字，建造的楼房延误了，因此费米获准在斯塔格体育场（Stagg Field）足球场西面看台下面的双打壁球场内建造了这·反应堆。现在对这一历史遗址的纪念方式是亨利·摩尔（Henry Moore）的一座有点用心不良的雕塑

到的令人困惑的实验结果。迈特纳在那年的圣诞节前后，当时她的一个侄子奥托·弗里希（Otto Frisch）正过来探望她，从哈恩那里得知核反应产物中发现了钯元素。莉泽·迈特纳首先坚信，哈恩是个非常优秀的化学家，不可能在这一点上犯错误。她和弗里希一次在雪中的森林里散步的时候，他们想到了答案。用中子来轰击铀的实验中，费米并没有制造出新的超铀元素，而是，重核"裂变"成了两个较轻的核！他们的结论性论文，是几天后经过多次斯德哥尔摩和哥本哈根之间的长途电话交流后写出来的。证实他们想法的关键实验，是弗里希在仅仅两天之内做出来的。"裂变"这个名词是弗里希借用了生物学家在描述一个细胞分裂成两个细胞时用的词。

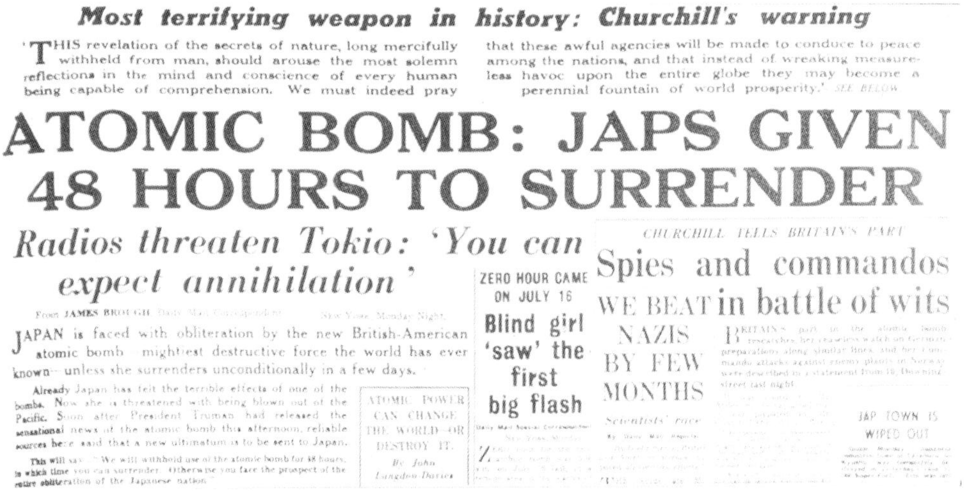

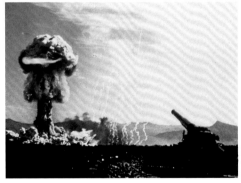

Most terrifying weapon in history: Churchill's warning

'THIS revelation of the secrets of nature, long mercifully withheld from man, should arouse the most solemn reflections in the mind and conscience of every human being capable of comprehension. We must indeed pray that these awful agencies will be made to conduce to peace among the nations, and that instead of wreaking measureless havoc upon the entire globe they may become a perennial fountain of world prosperity.' SEE BELOW

ATOMIC BOMB: JAPS GIVEN 48 HOURS TO SURRENDER

Radios threaten Tokio: 'You can expect annihilation'

From JAMES BROUGH, Daily Mail Correspondent — New York, Monday Night.

JAPAN is faced with obliteration by the new British-American atomic bomb—mightiest destructive force the world has ever known—unless she surrenders unconditionally in a few days.

Already Japan has felt the terrible effects of one of the bombs. Now she is threatened with being blown out of the Pacific. Soon after President Truman had released the sensational news of the atomic bomb this afternoon, reliable sources here said that a new ultimatum is to be sent to Japan.

This will say: "We will withhold use of the atomic bomb for 48 hours, in which time you can surrender. Otherwise you face the prospect of the entire obliteration of the Japanese nation."

ATOMIC POWER CAN CHANGE THE WORLD—OR DESTROY IT. By John Langdon-Davies

ZERO HOUR CAME ON JULY 16

Blind girl 'saw' the first big flash

Daily Mail Special Correspondent

CHURCHILL TELLS BRITAIN'S PART

Spies and commandos in battle of wits

WE BEAT NAZIS BY FEW MONTHS

Scientists' race

By Daily Mail Reporter

BRITAIN'S part in the atomic bomb researches, her ceaseless watch on German preparations along similar lines, and her commando attacks against enemy plants in Norway were described in a statement from 10, Downing Street last night.

JAP TOWN IS WIPED OUT

图5.25　报纸头条新闻公布将对日本人使用原子弹的最后通牒

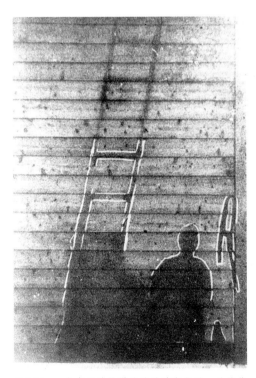

图5.26　一名在长崎执勤的哨兵被汽化了，虽然他离爆炸中心的距离还有3.5千米

100

图5.27　1953年在内华达沙漠中进行的一次核炮弹试验。炮弹是由一门280毫米口径的炮发射的，威力略大于摧毁广岛的那颗原子弹

图 5.28 在广岛扔下第一颗原子弹的 B-29 轰炸机的飞行员是保罗·提贝兹（Paul Tibbets）。后来提贝兹把这架轰炸机以他母亲的名字命名为嗯洛拉·盖（Enola Gay）

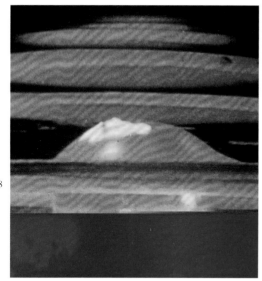

图 5.29 核爆炸试验中升起蘑菇云时令人恐怖的照片

98

这种原子核裂变过程，可以看作是一个量子隧道效应过程，跟我们这章前面讨论过的各种情况类似。一个马上就要裂变的原子核，可以画成如图 5.1 所示的过山车位势。这里有两个谷——即能量最低点，其中一个比另一个低。经典情况下，待在位置较高谷里静止不动的粒子会一直待在那里。量子情况下，这种态不是完全稳定的，系统有可能通过隧道效应达到真正的能量最低态。这种"假的"极小态叫作"亚稳定"态，裂变就可以看成这种态的隧道效应过程（图 5.23）。

关于原子核裂变，还有两点需要交代。其一与真正的超铀元素的发现有关。这些超铀元素是额德·麦克米兰（Ed McMillan）在二十世纪 40 年代初，用劳伦斯的回旋加速器发现的的。因为太阳系的行星中，天王星后面是海王星和冥王星，所以，最先发现的两个超铀元素，质子数 Z 分别为 93 和 94，被命名为镎和钚（天王星的英文名是 Uranus，铀的英文名是 Uranium，词根是一样的，海王星是 Neptune，冥王星是 Pluto，分别与镎 neptunium 和钚 plutonium 同词根——译者注）。这两种新元素都不稳定，但是他们中的钚，后来在邪恶的核武器制造中得到了应用。

第二点就是核武器的发明。在核反应中，因为质能转换而释放出的能量大约是化学反应的一百万倍，显然具有作为能量来源或者武器的巨大潜力。迈特纳和弗里希没有提到的关于核裂变的至关重要的一点是，"链式反应"的可能性。除了分裂成两大碎块以外，一个典型的裂变反应还会放出几个自由中子：

$$_{92}^{235}U + n \rightarrow _{37}^{93}Rb + _{55}^{141}Cs + 2n$$

铀的稀有同位素，$_{92}^{235}U$，裂变成铷和铯，再加上两个额外的中子。哈恩和斯 99
特拉斯曼观测到的钡，是不稳定的铯同位素经放射性衰变而来的。这两个中子每个都可以引发另一次裂变反应。这些裂变反应中产生的中子接着又可以引发更多的裂变反应，……因而引起一次裂变反应的雪崩，也就是，发生了一次"链式反应"。这种链式反应既可以以一种可控的方式进行，比如在核反应堆 101
里，引起裂变反应的的中子数目是可调的，又可以像原子弹那样，产生一次灾难性的爆炸。为了让链式反应持续进行，你必须有合适的核原料。最常见的铀的同位素是 ^{238}U，但是只有稀有的同位素 ^{235}U 才可以用来制造原子弹。超铀元素 102
钚，可以利用常见的铀同位素 ^{238}U 通过核反应来生产，也可以用来制造原子弹。在新墨西哥沙漠崔尼特区（Trinity site）爆炸的第一颗原子弹，就是用钚制造的。1945 年 4 月 9 日，在长崎投下的原子弹"胖子"，也是用钚制造的。1945 年 4 月 15 日，在广岛投下的原子弹"小男孩"，是用位于田纳西的橡树岭铀分离工厂生产的 ^{235}U 制造的。

在第二次世界大战期间，研制出能够发生可控链式裂变反应的核反应堆， 103
是生产钚的至关重要的条件。1942 年，费米在芝加哥建造了第一座人造核反应堆。94 号元素钚的发现者，格伦·瑟伯格（Glen Seaborg），被要求从成吨的混合有其他放射性衰变产物的 ^{238}U 中提炼出钚来。钚的最大丰度只有大约百万分之二百五十，瑟伯格要做的工作相当于，从每 2 吨的铀反应堆产物中，能提炼出大约相当于一枚美国 1 角硬币的钚。实际上，费米的核反应堆也许不是世界上第一座核反应堆，大自然中早就有了！我们相信，在两亿年前的非洲，曾经工作着一座以天然铀矿为燃料的，自然形成的核裂变反应堆。

反射性年代测定

几乎我们身边的所有东西都会有轻微的反射性。我们呼吸的空气，我们花园里的泥土，大多数建筑材料，甚至是我们的身体，都含有放射性元素。这种放射性元素很多源自于自然界存在的铀元素和钍元素。平均说来，我们地球的地壳表面1英尺深的泥土内，每平方英里有8吨铀和12吨钍。铀和钍分别是两条复杂的放射性元素衰变链的两个起点，这些元素最后都会衰变成为铅的稳定同位数。这两条衰变链会产生氡气的同位素，氡气的同位素被我们吸进肺里吸收后，会很危险，能致癌。据说，"每一个在捷克斯洛伐克的Joachimstal铀矿工作十年以上的矿工都已经死于肺癌了"。现代铀矿井中都有强大的通风系

图5.30 宇宙射线多级散射的云室照片。原始的高能粒子从顶部往下走，穿过云室中一系列铜板的时候，产生了大量次级粒子

统，用来把这些气体排走。这也是我们不要把我们的房子建造得太密封的一个原因。

如果有一个样品，里面有大量的某一种放射性元素，我们无法预言什么时候哪一个具体的原子核将衰变。但是，通过测量样品在某一给定时间内发生的衰变数，我们能够计算出每个原子核在下一秒钟内衰变的可能性。我们可以定量地计算出这种衰变的概率，并把它叫作"半寿命"，也就是样品的一半衰变成别的元素所需要的时间。不同元素的半寿命值范围很广：从 ^{238}U 的45亿年，到镭的1600年，氡的3.8天，到钋的远小于1秒钟。这意味着，如果45亿年前形成的某种材料含有纯铀，到现在就只剩下一半了，其他的都已经转变成了铅。通过测量一块岩石标本中不同同位素的相对含量，我们就可以估计出岩石的年龄。这种技术已经被广泛用来测定月球岩石、陨石以及地表岩石的年龄。利用从地球很多不同区域采集的岩石标本，我们可以大致计算出地球的年龄大

图 5.31 据信，加利福尼亚怀特山区干燥和贫瘠的土地上生长的狐尾松，是最古老的生物。有些树已经有4000年了

约是40亿年。地球形成的时候，地球上含有的铀和钍来自于叫作超新星的剧烈恒星爆炸。

放射性还有一种重要来源，就是来自于外层空间的所谓"宇宙射线"。在地球表面上，每秒钟大约有100亿个中微子穿过你的手指甲（大约1平方厘米）。幸运的是，中微子很少与别的东西发生作用，因此它们对我们的健康不构成危害。潜在危害更大的是宇宙射线中的μ介子——跟很重的电子差不多的基本粒子，在海平面上大约每秒每平方厘米会有一个μ介子通过。μ介子是在大气层顶端，原始宇宙射线粒子（能量非常高的质子）与空气中的分子碰撞产生的。几乎所有的原始宇宙射线都被大气层吸收了，只有相对危害较少的μ介子能到达地面。不管怎么样，这种持续不断的宇宙射线轰击，是所有生物体内存在放射性的部分原因。这是因为人类和其他所有生物体体内都含有碳，我们呼吸的空气中的二氧化碳含有部分同位素碳14（^{14}C）。这种同位素的半寿命是5730年，如果没有宇宙射线碰撞的补充，它们早就衰变完了。我们的身体中都有少量的^{14}C。如果动物或者植物死亡了，尸体就不再吸收新的^{14}C了，^{14}C逐渐衰变，不再得到补充。这就是在考古学中，放射性^{14}C年代测定方法的基础，可测年代范围能达到几万年。这种方法是威拉德·李比（Willard Libby）在1948年左右发现的，他的发现引起了一场"放射性^{14}C革命"，因为他们发现很多东西的年代比以前大家认为的要早得多。这种方法有一个问题，那就是，宇宙线轰击地球的强度在那么长的时间内并不是恒定的。结果，在任意时间段内放射性^{14}C的数目，要与现在仍然活着的最古老的树的年轮比较，进行校正，才可以采用。据信，加利福尼亚的怀特山区生长着的狐尾松，就是我们要找的这种古树。这两种方法的联合使用导致了"第二次放射性^{14}C革命"，因为大家发现有些东西的年代更早。放射性^{14}C方法对于测定距今不超过大约35000年的考古年代很有效。如果要测定数百万年的年代，就要用到钾的一种性同位素到氩的衰变。

第六章 泡利与元素

> 正是因为电子不能聚集在一起,桌子以及所有别的东西才能坚实存在。

——理查德·费曼

电子自旋与泡利不相容原理

狄米特里·门捷列夫(1834—1907)。他生活在一个大家庭里,兄弟姐妹共有14到17人,他是那么多兄弟姐妹里面年纪最小的。因为他是一个非常著名的化学家,所以他的许多不被东正教认可的行为没有受到应有的惩罚,当时的俄国沙皇政府也容忍了他的许多自由观点和对学生运动的支持。1876年,他甚至可以跟他的妻子离婚,并娶了一个年轻的艺术系的学生,而没有受到当局的追究。他最让人觉得可爱的一个怪癖也许是,一年只理一次发!

　　一个世纪以前,俄罗斯化学家,狄米特里·门捷列夫(Dimitri Mendeleev),设计了一张教学辅导用表,用来帮助被无机化学折磨的学生们。他意识到,当时已知的63种化学元素的性质,随着它们原子重量的增加而"周期性"地变化。也就是说,化学性质相似的元素在原子质量上并不接近,而是当质量增加的时候,同一家族元素的质量很有规律地递增。例如,锂元素的原子核里面有三个质子,是碱金属元素——碱金属是一种柔软的银色物质,很容易发生化学反应,生成碱金属氧化物或者氢氧化物。下一个碱金属元素是钠,有十一个质子,然后是钾,十九个质子,等等,质量越来越大。门捷列夫把所有的元素分成很规律的几个组,他的分组方法后来就被称为元素的"周期表"。所有优秀的理论都应该给出预言,元素周期理论也不例外。根据已经观察到的规律性,门捷列夫意识到他的周期表并不完整。因此,他在他的表中为当时还没有发现的一些元素留下了一些空格。在他一生之中,他很满意地看着镓、钪、锗等元素

ОПЫТЪ СИСТЕМЫ ЭЛЕМЕНТОВЪ,

ОСНОВАННОЙ НА ИХЪ АТОМНОМЪ ВѢСѢ И ХИМИЧЕСКОМЪ СХОДСТВѢ.

```
                              Ti = 50      Zr = 90      ? = 180.
                              V = 51       Nb = 94      Ta = 182.
                              Cr = 52      Mo = 96      W = 186.
                              Mn = 55      Rh = 104,4   Pt = 197,4.
                              Fe = 56      Ru = 104,4   Ir = 198.
                          Ni = Co = 59     Pl = 106,6   Os = 199.
         H = 1                             Cu = 63,4    Ag = 108    Hg = 200
              Be = 9,4  Mg = 24            Zn = 65,2    Cd = 112
              B = 11    Al = 27,4   ? = 68              Ur = 116    Au = 197?
              C = 12    Si = 28     ? = 70              Sn = 118
              N = 14    P = 31      As = 75             Sb = 122    Bi = 210?
              O = 16    S = 32      Se = 79,4           Te = 128?
              F = 19    Cl = 35,5   Br = 80             I = 127
   Li = 7  Na = 23      K = 39      Rb = 85,4   Cs = 133            Tl = 204
                        Ca = 40     Sr = 87,6   Ba = 137            Pb = 207.
                        ? = 45      Ce = 92
                      ?Er = 56      La = 94
                      ?Yi = 60      Di = 95
                      ?In = 75,6    Th = 118?
```

图 6.1 门捷列夫在 1869 年写给物理学家和化学家们的一篇论文——《元素的实验体系》。这张表和我们现在的"元素周期表"的最大差别（不考虑方向）是因为门捷列夫当时还不知道惰性气体如氦和氖的存在。

一个一个地被发现，填入他表中的空格。尽管元素周期理论很成功，但是在 50 多年后奥地利物理学家沃尔夫冈·泡利提出他的著名的"不相容原理"之前，元素的周期性一直是个谜。有了泡利不相容原理，科学家们不仅能够理解为什么有不同类型的固体，如金属、绝缘体、半导体等，也让核物理学家解释了原子核里出现的类似"周期性"。原子核的周期性表现为，某些原子核特别稳定，很难衰变。这些特别稳定的原子核含有的质子数或中子数为 2，8，20，28，50，82 或 126，这些数字就是所谓的"核幻数"。在我们讨论量子力学怎么让我们理解门捷列夫的元素周期表之前，我们必须先看一看跟泡利有关的另一大发现，这一发现是从完全相反的角度出发的！

众所周知，在经典电磁学中，通有电流的线圈就象磁铁一样拥有一个磁场。在原子的玻尔轨道上运动的电子，就像一个小线圈一样有旋转电流，因此我们应该能够计算出它的磁学性质。1897 年，在玻尔提出他的原子模型的很久以前，彼特·塞曼（Pieter Zeeman），把发光的原子放进磁场中时，发现它们发

108

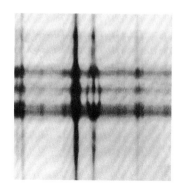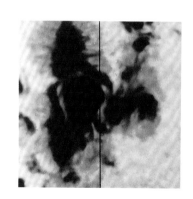

图 6.2　塞曼效应可以用来确认太阳上磁场的存在。右边是太阳黑子群的一张照片，从这个黑子群发出的光的光谱有塞曼分裂，如左图

沃尔夫冈·泡利（Wolfgang Pauli, 1900—1958），还是十几岁的时候就写过一篇关于广义相对论的经典论文。他出生于澳大利亚，是一个化学教授的儿子。他在 1925 年提出了泡利不相容原理，解释了很多化学现象，也使元素周期表变得可以理解。泡利的这一对量子力学的根本性贡献，很晚才被大家普遍接受，并于 1945 年被授予了诺贝尔物理学奖。中微子的存在也是他提出来的，是为了解答放射性衰变中发生的一些令人百思不得其解的现象。泡利预言作出了 20 年之后，才在实验上证实了中微子的存在，但这之前物理学家们早已接受泡利的观点了。这张照片中，泡利和他的夫人正在出席斯德哥尔摩的诺贝尔奖授奖仪式。

出的光谱线会分裂。塞曼最早的观测结果可以用处在玻尔轨道上的电子具有不同的角动量来解释。但是塞曼后来的观测结果，也就是出现了很多的分裂谱线，用这种理论就解释不通了。用物理学家们的行话来说，这一神秘现象叫作"反常塞曼效应"。泡利有很多脍炙人口的故事，我们在这里要讲一个关于他的故事，来说明当时这个问题有多么神秘，多么令人不解。一天，泡利的一个朋友看见他坐在哥本哈根一个公园的长凳上，神情沮丧，就问他，什么东西让他不高兴了。泡利回答说："当一个人想起反常塞曼效应的时候，怎么能高兴起来呢？"

　　这一疑难的解答是乔治·乌伦贝克（George Uhlenbeck）和山姆·戈德斯米

恩里科·费米（1901—1954），在他们那一代人中是很不平凡的，他同时在理论物理和实验物理方面做出了杰出的工作。在他的早期实验工作中，用刚刚发现的中子去引发人工核反应。1938年他获得了诺贝尔物理学奖，并因此逃离法西斯的意大利，到美国定居。作为战争时代原子弹计划的一部分，费米建造了第一个核反应堆。这种能够自己持续进行的核裂变反应投入运行以后，康普顿在一封密码电报中说："那位意大利航海家已经进入了一个新世界"。

特（Sam Goudsmit）提出的。他们认为，电子除了绕原子核运动的轨道角动量外，还有一个"自旋"角动量，就像地球绕着太阳旋转的时候同时自转一样。这个想法是在1925年提出来的，也就是薛定谔提出他的波动方程的前一年。到那时为止，关于原子的理论还是一些让人糊里糊涂的经典理论加上玻尔的量子规则。乌伦贝克和哥德斯米特把他们的论文拿给他们的指导教授，艾伦弗斯特（Ehrenfest），向他请教。艾伦弗斯特建议他们问一问著名的专家洛伦茨（Lorentz）。洛伦茨考虑了一个星期之后，小心地向他们指出，一个经典图像的旋转电子，有很多非常严重的困难。乌伦贝克和哥德斯米特因此很快跑到艾伦弗斯特那里，要求撤回论文，但是只听到艾伦弗斯特对他们说："我很久以前就把你们的论文寄出去了，你们还很年轻，犯错误也无所谓。"最后，当然，他们的想法是对的，塞曼效应的所有奇怪观测结果都是因为电子具有自旋角动量。但是，就像玻尔轨道一样，要理解量子力学的自旋模型，不能太从字面上来理解经典意义上的旋转电子这个模型。乌伦贝克和哥德斯米特比另一个叫克龙里西（Kronig）的青年物理学家幸运，克龙里西大约在相同的时间，有相同的想法。他很不幸地就这一想法请教泡利，而泡利告诉他这种经典想法不可能正确。

在我们开始关于泡利不相容原理和元素周期表的讨论之前，还要提到另一个与电子自旋角动量有关的发现。我们在第四章说过，角动量是量子化的，转动轴只能指向某些方向。泡利提出了这种"空间量子化"的概念，并由斯特恩（Otto Stern）和格拉赫（Gerlach）进行的一次著名实验证实。对于一个电子，空间量子化要求它只有两个旋转方向：要么顺时针，要么逆时针。我们通常把顺时针旋转的电子叫作"自旋向上"的电子，逆时针旋转为"自旋向下"。电子的这一属性，为泡利理解原子结构提供了最后一个线索。

需要泡利解释的最本质的问题是尼尔斯·玻尔提出来的。这个问题是，如果原子中电子的能量的确是量子化的，为什么一个原子中所有的电子不都处在

图 6.3　盒子里的电子。电子根据泡利不相容原理填布能级。(a) 盒子中有一个电子。这个电子可以自旋向上或者向下。(b) 盒子中有两个电子。两个电子都可以待在基态，但是它们的自旋方向必须相反。(c) 盒子里有三个电子。基态已经满了，第三个电子必须填入最低的激发态

能量最低的轨道呢？显然，电子不能都在能量最低的轨道上，因为如果这样，所有的元素的化学性质都应该差不多。而且，我们以后还要看到，正是原子激发态波函数的形状，才允许原子可以互相结合形成分子的。如果所有的电子都处在对称的，能量最低的轨道上，就我们所知，分子根本就不会形成，当然就更不可能出现生命！泡利用它的不相容原理解答了这个问题。这一原理断定，每个量子态只允许存在一个电子。考虑一下如果在一个盒子里，这一原理意味着什么（图 6.3），盒子里的量子化的能级我们已在第四章讨论过。盒子里面只有一个电子的时候，系统能量最低的态（基态）是电子处在 $n=1$ 能级上的态，电子自旋可以向上，也可以向下。当往盒子里面加进第二个电子的时候，我们必须遵守泡利不相容原理。这个电子可以处在 $n=1$ 的能级上，只要它的自旋与第一个电子相反。然而，当第三个电子放进盒子的时候，就不能进入 $n=1$ 的能级了，因为这条能级已经满了。这个电子无论自旋向上还是向下放进 $n=1$ 能级，都会导致有两个电子的量子数完全相同，而这是泡利不相容原理不允许的。因此它必须作出下一个最佳选择，也就是填入下一个能量最低的空能级，在这里是 $n=2$ 能级的两个可能自旋状态中的一个。如此往上一个个填入。就像在本章开始费曼说的那样，正是泡利不相容原理，所有的东西才会变硬。本质上，泡利不相容原理是说，所有的"物质"不会被压缩到一个点，而是必须占据一定空间。所有的"像物质的"量子粒子都服从不相容原理，这种粒子叫作"费米子"，以纪念恩里科·费米，费米是最早意识到泡利原理的真正含义的几个科学家之一。实际上，还有另外一类的量子"粒子"，我们把这一类粒子叫作"像辐射的"的粒子，比如光子，这类粒子不遵守泡利不相容原理。我们把这类粒子叫作"玻色子"，以纪念印度物理学家萨地扬德拉·玻色（Satyendra Bose），是他第一个考虑到这种可能性。与费米子相反，只要可能，玻色子更愿

奥托·斯特恩（1888—1969）是二十世纪最主要的几位实验物理学家之一。他的最重要的工作是用分子束演示了原子的量子特性。1933年，斯特恩受到纳粹德国迫害，移居到了美国。他获得了1943年的诺贝尔奖。

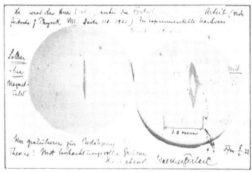

格拉赫寄给尼尔斯·玻尔的明信片，告诉玻尔他们的发现。格拉赫是斯特恩在做他们著名的"空间量子化"实验中的合作者。

意聚集在一起填入能量最低的轨道。我们会在下一章中讨论这种"玻色凝聚"的一些可以观测的效应。

元素

现在，我们除了可以知道自然界为什么有那么多种元素以外，还可以理解所有元素的化学性质。对元素周期表的详尽了解，需要一些有关波函数和量子数的知识。这些我们在第四章最后一节已经讨论过了，而且，就像在那里说的那样，这些问题在第一次接触的时候可能会很困难。因此跟前面一样，我们建议最好很快翻过这一节，不要为这些细节烦恼。这本书的后面部分，只有很少几个地方用到了这一节里面的结论。这里我们要解释，泡利不相容原理怎么说明化学键的不同类型，电子又是怎么填入可以填布的能级而产生不同元素的。对于氢原子，我们在第四章已经看到，薛定谔方程怎么导致了玻尔的量子化能级。对于一个有 Z 个质子的原子核，我们必须加上 Z 个电子，才能形成一个中

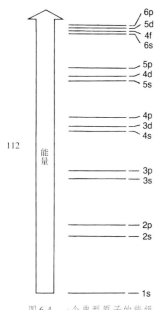

112

能量

6p
5d
4f
6s

5p
4d
5s

4p
3d
4s

3p
3s

2p
2s

1s

图6.4　一个典型原子的能级图。这种能级图，再加上泡利原理，决定了元素周期表的形式

113

性原子，根据泡利原理，这些电子不可能都填入能量最低态。它们必须从最低的$n=1$能级填起，每条能级允许自旋向上和向下两个电子，每条能级用量子数n和两个轨道角动量L和M标记。实际上，代表多电子原子的能级填布顺序的能级图，与氢原子的能级图相比，看起来并不相同。这是因为，每一个电子除了受到原子核的吸引以外，还会受到所有同样带负电的别的电子的排斥。这种事实的一个结果就是，n很大能级上的一个电子（对应一条大的玻尔轨道），只能"看见"原子核电荷的一部分。原子核的一部分正电荷被别的离原子核更近的电子的负电荷屏蔽了。还有，$L=0$，也就是S态上面的电子跟别的$L=1$（P态）或者$L=2$（D态）上面的电子相比，离原子核更近的概率要大得多（图4.18）。因此S电子会感受到更多的原子核电荷，被束缚得更紧。这样，我们可以预计，多电子原子的能级图看起来应该如图6.4所示。为了解释元素周期表，我们现在要做的只是，按照泡利不相容原理的家庭计划把这些能级填满。泡利因此获得了一个绰号叫"原子家政管理官"。

　　一个中性的氢原子有一个电子，通常处于$n=1$，$L=0$的基态，也就是能量最低的1S能级。通过碰撞，或者光照，电子可以被激发到更高的一条能级上。很短一段时间之后，电子会回到基态，并放出一个能量对应光谱上某一条谱线的光子。听起来也许令人吃惊，泡利原理对氢也是有效的。如果我们让另一个氢原子靠近第一个氢原子，会发生什么呢？如果两个电子的自旋都向上，泡利不相容原理将禁止两个氢原子靠近，因为两个电子的波函数会重叠，波函数重叠就意味着两个电子会处在同一量子态。如果两个电子的自旋方向相反，它们就可以互相靠近，并且实际情况是，两个电子在大部分时间都待在两个氢原子核之间。这样就在两个氢原子之间产生了一个束缚力，形成一个稳定的氢分子。这种化学键，也就是两个电子被分子中两个原子共享形成的化学键，叫作共价键。正是泡利不相容原理，说明了为什么氢原子是化学性质活泼的，为什么两个氢原子能够形成一个氢分子H_2。注意，同样是泡利不相容原理，禁止了第三个氢原子与氢分子H_2再形成共价键，因为两个能量最低的自旋态已经都被占据了。

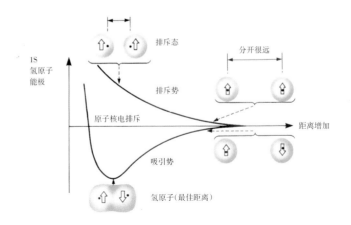

图 6.5　两个氢原子的势能曲线，横轴是两个原子之间的距离。如果两个原子的自旋平行，它们互相排斥，如果自旋相反，它们互相吸引。氢原子的两个1S能级因此分裂成如图所示。如果两个原子距离太近，两个原子核会强烈地排斥对方。这意味着如果两个原子的自旋相反，它们形成的氢分子两个原子之间有一个最佳距离

　　下一个最简单的原子是氦，有两个电子围绕原子核运动。氦原子核带有氢原子核两倍的正电。这两个电子都填布在最低的1S能级上，它们的自旋必须相反［图6.6(a)］。因为1S能级上已经没有地方容纳更多的电子了，泡利不相容原理将趋向于禁止别的电子靠近氦原子，就像它对氢分子H_2那样。因此，我们可以预料到，氦原子的化学性质很不活泼，实际上它就是一种惰性气体。下一个元素，锂，有三个电子围绕原子核，能级结构与氦类似［图6.6(b)］。头两个电子也是以相反的自旋填入1S轨道，形成一个化学惰性的满壳，就像氦一样。第三个电子必须填入最低的未被占据的能级，这里是2S能级。因此，锂有一个电子处于$L=0$的S能级，这说明了它的化学性质为什么与氢类似。例如，锂可以通过共价键形成稳定的Li_2分子，就像氢形成氢分子那样。

　　如果我们继续往上面添加电子，我们会填入越来越高的能级。例如，氮有七个电子。其中的两个填入1S能级，形成一个满壳。另外两个填入2S能级，形成另外一个满壳。剩下三个电子填入2P能级。现在，S态的电子概率分布是球对称的，也就是对它来说不存在一个特殊方向（图4.18）。2S态比1S态占据的空间大，与此相对应的事实是，激发态束缚得没有基态紧密。可是，P态的概率分布不是球对称的。就像我们在第四章中看到的，共有三种可能的P态，分别用x，y，和z来标志。这些标志告诉我们，电子概率分布集中的纺锤体分别朝向x，y，或z方向（图4.18）。为了使三个电子尽可能地相互远离，因而将它们之间的排斥降到最低，氮的三个电子分别将占据三条P轨道，而不是其中的两个电子以相反的自旋方向占据其中一条。这些P态波函数的空间形状，也使我们能够理解那些更复杂分子的空间形态。一个氢原子可以靠近一个氮原

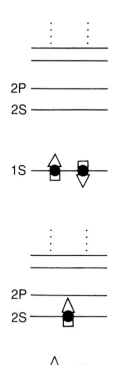

图 6.6　能级图，(a) 氢，(b) 锂

子，并通过三个 P 态波函数中的一个与氮原子结合，只要它的自旋与这个 P 能级上的电子自旋相反。的确，非常清楚，氮原子最多可以与三个氢原子结合，这时 P 壳拥有一个满壳所需要的六个共享电子。图 6.7 显示了氨分子，NH_3 的几何形状，氨分子是由一个氮原子和三个氢原子通过共价键形成的。氮元素显然是个化学性质活泼的元素，能够形成很多种别的化合物。周期表上氮后面一个元素是氧，有四个 P 壳电子。这里，三个 P 轨道中的一条应该已经填满了，因此氧原子只能和两个氢原子相连。水分子（H_2O）就是这么形成的，它的波函数的形式见图 6.8。

　　我现在来考虑周期表中的氖，氖有十个电子，都要根据泡利不相容原理填入各能级。现在 1S，2S 和 2P 壳都已经完全填满了。因此，我们就很容易理解，为什么氖，跟氦一样，是化学惰性的，我们同样也可以理解，为什么这种化学惰性会周期性重复。从图 6.4 显示的能级图中我们可以看出，另外一个惰性元素应该出现在 3S 和 3P 能级都被填满的时候。由于 S 壳需要两个电子，P 壳需要六个电子，因此我们知道这个元素的质子数应该是 $Z=18$，这也就是惰性元素氩。整个元素周期表都可以通过这种方式理解。当元素的外层电子数目相同，量子态也类似的时候，它们的化学性质就会很相似。根据这个原因，锂可以与氧结合形成氧化锂（Li_2O）跟氢与氧化合形成水分子的方式一模一样。

金属，绝缘体与半导体

　　量子力学的伟大成果之一，就是让我们理解了不同种类固体的导电性问题。在固体中，电流是由电子的流动产生的。量子力学在解决这个问题的时候，取得了辉煌的胜利，它解释了为什么会有金属、绝缘体和半导体等不同的材料。可以毫不夸张地说，正是我们对材料的量子力学理解，直接导致了当今的技术革命，同时伴随着从立体声系统和彩色电视到计算机和移动电话这样的各式各样新奇和廉价的消费产品的大量出现。固体的很多性质，比如颜色，硬

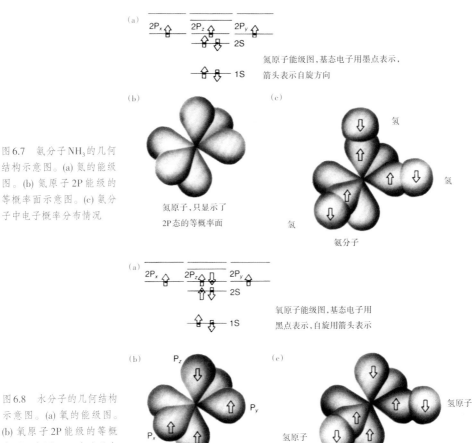

图 6.7　氨分子 NH_3 的几何结构示意图。(a) 氮的能级图。(b) 氮原子 2P 能级的等概率面示意图。(c) 氨分子中电子概率分布情况

图 6.8　水分子的几何结构示意图。(a) 氧的能级图。(b) 氧原子 2P 能级的等概率面示意图。(c) 水分子中电子概率分布情况

度，质地，等等，都可以通过量子力学来理解，但在这里我们只集中讨论它们的导电性问题。一种良好的导体，比如金属铜，必须有很多传导电子，在材料的两端出现电势差的时候，可以带上它们自身的一个电荷自由移动。一块绝缘体，比如玻璃或者聚乙烯，没有传导电子，因此在加上电压的时候，不会有电流出现。实际上还存在第三种类别的材料，也是固体，它们的导电性比绝缘体好得多，但是比金属差很多，这一类材料叫作半导体。锗和硅就是半导体的例子。加利福尼亚的圣约瑟附近一片地区名字就叫硅谷，从这个地名就可以看出这种半导体在新技术中有多么重要。 117

图6.9　地球资源卫星(Landsat)拍摄的圣弗朗西斯科湾的照片，硅谷和圣何塞在右下方。图上可以清晰分辨出，中间靠左位置平行于海岸线倾斜向上的，位于臭名昭著的地震断裂带上的圣安德鲁斯湖。

　　固体的性质，不仅仅取决于它们是什么构成的，跟它们的原子或者分子堆积的方式也很有关系。很多材料中，组成它们的原子按常规方式堆积，就像墙上砖的堆积方式一样。这种原子的常规堆积模式叫作一个"晶体点阵（晶格）"，以这种结构构成的物质就叫作"结晶固体（晶体）"。也有很多别的材料，不是这种晶体结构，但是，就像一堆乱砖一样，仍然有一定的强度和硬度。因为它们没有内在的晶体结构，这类"无定形"固体的性质变化很大，比我们在这章中要讨论的晶体的性质要复杂得多。我们将看到，把所有的原子按一种规则的方式排列，会对原子中电子所允许的能级产生巨大的影响。

　　我们把两个原子靠近，再观察它们的原子能级的变化，就可以大致猜测以常规方式堆积的原子的能级结构。在氢原子的情形，我们知道，根据泡利不相容原理，只有在两个电子的自旋方向相反的时候，两个氢原子才能结合形成一个分子。如果两个电子的自旋平行，泡利不相容原理将禁止它们相互接近，因此它们就不能结合。从能级角度来看，我们可以发现，第一种情况下，两个电子的总能量比两个分立原子中两个电子能量之和低，这就导致了两个原子以共

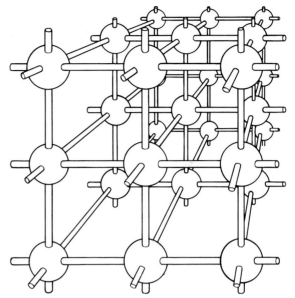

图 6.10 立方晶格中原子的排列形式。图上，小球代表原子的位置，连接小球的小管子代表将原子保持在各自位置上的键的方向。如果是普通食盐，小球交替对应带正电的钠离子（失去一个电子的钠原子）和带负电的氯离子（获得了一个电子的氯原子），之间的距离大约是 2.8 埃（1 埃等于 10^{-10} 米）

价键结合形成分子，而在第二种情况下，两个电子的总能量比两个分立电子的能量和高，因此无法成键（图 6.5）。如果我们让两个钠原子靠近，在钠最外层电子的 3S 能级上也会发生同样的情况。如果我们继续把钠原子一个一个地放到一起，我们会发现，这些钠原子的 3S 能级会继续分裂，逐渐形成一个由很多相距很小的能级组成的"能带"（图 6.13）。这一条能带叫作 3S 能带，因为能带里面的能级是从钠原子的 3S 能级分裂而成的。如果有 N 个原子，3S 能带中就会含有 N 条能级，每条能级可以容纳两个电子，一个自旋向上，一个向下。原子里面能量更低的能级，对应束缚得更紧的电子，它们的波函数占据的空间更小，不同原子间相互重叠不象 3S 能级那样严重。因而这些能带的宽度要小得多。1S 和 2S 能带能够容纳 $2N$ 个电子，对于钠来说，这两条能带都已经占满了。2P 能带可以容纳 $6N$ 个电子（3 个不同的 P 态，每个态可以容纳自旋不同的两个电子，共有 N 个原子），也已经被完全占据了。一个钠原子在 3S 态上只有一个电子，因此，在一块含有 N 个原子的钠金属上，3S 能带中只有 N 个电子，带上的能级只被占据了一半。这些 3S 电子就是传导电子。如果我们在一根钠做的金属丝上加上一个电压，这些传导电子就会获得能量，向着电压的方向加速，我们很容易想象，它们会跳到 3S 能带上空闲的激发能级上。这种金属中传导电子的能级

118

119

图6.11 电子显微镜成像的放大了50倍的普通食盐。明显看得出来的立方结构反映了潜在的点阵结构

图6.12 这片雪花的漂亮对称图案反映了冰中水分子之间的六角键结构

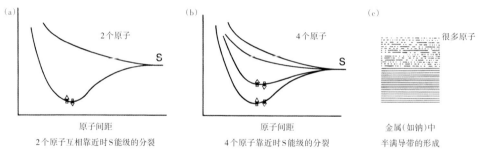

图6.13 最外层壳中只有一个S电子的元素，例如钠元素，发生的能级分裂。(a) 两个原子互相接近时的能级分裂。(b) 4个原子互相接近时的能级分裂。(c) 很多原子互相接近时形成的半满传导能带。

图像，就是为什么金属的很多性质都可以用一个我们在前面讨论过的，盒子中的电子这种简单模型来解释的原因。在氢分子的共价键中，两个电子由两个氢原子共享。从某种角度来说，金属可以看成是共价键的一个极端形式，其中的传导电子被整块金属中所有的原子共享。

我们上面讨论的情况对应金属钠的最低能态，其中的钠离子固定在晶格上。室温下，晶格上的离子还有热运动，表现为在晶格上自己的位置附近来回振动。传导电子会因与格点上的离子碰撞，或因相互之间的碰撞而失去或者获得能量。因此，传导电子并不是正好把3S能带下半部分能级填满，上半部分能级空出来，而是有些电子会被热激发到高一些的能级上。这样就在3S能带的下半部分留下了一些空闲的能级。虽然室温下一次典型的热碰撞牵涉的能量只有

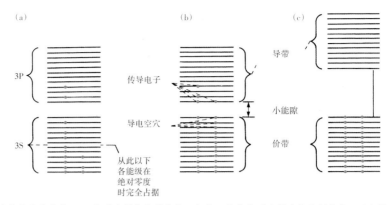

图 6.14　金属，半导体和绝缘体。(a) 典型金属的能带结构，如钠。传导电子有很多的空闲能级可以占据，在常温下，只有很少几个电子可以激发到几乎完全空闲的 3P 能级。(b) 在半导体中，价带已经占满，价带与上面空闲的导带之间的能量间隙很小。常温下，一些电子有足够的能量跨过这个间隙。(c) 在绝缘体中，不同能带之间的能量间隙很大，只有很少数量的电子能够越过这个间隙。因此，绝缘体即使有导电能力，也非常不好

不到一个电子伏特，但钠金属中能带之间的间隙很小，一些 3S 传导电子可以有足够的能量激发到本来空着的 3P 能带上。

　　电子热激发带来的复杂性，并没有显著改变我们的金属导电模型，但是对于绝缘体和半导体的导电性质，电子的热激发就很关键了。让我们来看一看，用这种金属能带图，加上泡利不相容原理，怎么来解释绝缘体的导电性质。假设我们有一种材料，它的基态是一个完全占据的能带加上一个在它上方的完全空闲的能带。如果这两个能带之间的间隙（能隙）很大，几乎没有电子能够通过碰撞而获得足够的能量跳到上面的能带上。因此，当给这种材料加上一个电压时，电子所处能级附近没有空闲的能级让电子获取少量能量跳过去——因为泡利不允许两个电子占据同一个量子态。低的能带已经满了，高的能带又离得太远，电子跳不上去。这就是在绝缘体的情形：在上面的传导能带中，本质上不存在自由传导电子，因此就无法出现传导电流。半导体又是什么呢？它是一种能带结构与绝缘体类似的材料，但是上下两个能带之间的能隙比绝缘体要小得多。在常温下，有显著数目的电子被激发到上面的导带中。当加上一个电压时，上面导带上已经有比较多的电子，电子获取外加电场提供的能量的时候，也有足够的空能级可以利用。下面的能带中也有一些空能级，也可以参与导电过程。这样，半导体能够相当容易地传导电流，而且它们的导电性能跟温度很有关系，这一点与金属和绝缘体不同。

　　上面给出的能带图像，与材料的原子能级强烈相关。因此我们可能期望，

121

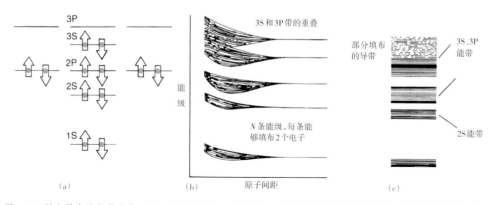

图 6.15　镁金属中的能带重叠。(a) 一个独立的镁原子的能级。(b) N 个镁原子的能级图，横坐标是镁原子之间的距离。(c) 镁的能带结构

金属的电子数是奇数，绝缘体和半导体应该对应轨道被填满的元素。可实际上，镁，3S 轨道是满的，是一种良导体，而碳，只有两个电子在它的 2P 轨道上，是一种绝缘体！这些问题的解答实际出在某些细节上，也就是某些能带可以重叠，造成能带之间的能隙消失。对于镁来说，3S 能带与 3P 能带有重叠部分，形成一个单一的能带，可以容纳 $2N + 6N = 8N$ 个电子（图 6.15）。因为这条能带里面只有 $2N$ 个能级被填充了，所以镁是一种良导体。对于碳来说，当 N 个碳原子聚集在一起的时候，2S 能带和 2P 能带连在了一起形成一个有 $8N$ 个态的能带，跟镁的情况类似。可是，当碳原子进一步接近的时候，这一合成的能带分裂成了两个各有 $4N$ 个态的能带。下面的能带是满的，上面的能带完全是空的，这正是绝缘体的典型特点。锗和硅中的能级与碳类似，但是它们两个能带之间的能隙要比碳小得多，因此这两种元素都是半导体，而不是绝缘体。研究材料能带结构细节的方法，是由瑞士物理学家费利克斯·布拉赫（Felix Bloch）发现的。他求解了一个电子在由带正电的离子构成的点阵势场中运动的薛定谔方程，因而发现了上面所说的能带结构。这个方程是固体量子力学能带论的数学基础。

晶体管与微电子

仅仅是纯半导体本身，并没有很大的实际用途。在纯半导体中，每十亿个原子只有一个原子贡献出了一个能导电的电子。而在金属中，几乎每个原子都

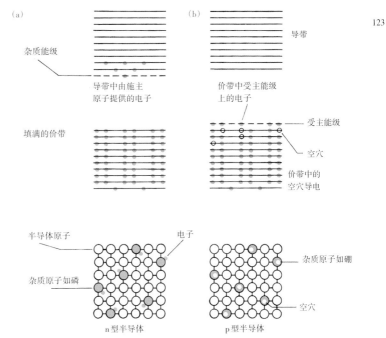

图 6.16 掺有杂质原子的半导体。(a) n 型半导体中掺入的杂质原子有一个额外的电子。这导致了如图所示的有效能级图。(b) p 型半导体中掺入的杂质原子少一个电子，引起一个"空穴"。这种情形下的能级图如图所示

贡献出了一个或者更多的导电电子。这一明显的缺点也是一个很大的优点，因为我们可以根据需要调节半导体的导电性能，调节的办法就是在半导体中掺入大约百万分之一的适当杂质原子。锗和硅都有四个价电子，绝大多数都填入了价带中的 $4N$ 个态中，把价带几乎占满，价带上面是几乎全空的导带。如果我们引入一个杂质，比如磷，磷有五个价电子，那么，因为只需要四个电子形成晶格的四个共价键，多出来的一个电子很容易离开磷原子，成为一个导电电子。类似地，如果我们引入的杂质只有三个价电子，比如硼，在晶格中就会缺一个共价键，这时硼就很容易从价带中俘获一个电子，在价带中留下一个空穴，空穴也可以被用来导电。这两种情形表示在图 6.16 的能级图中。磷原子在紧靠导带下面形成一个施主态（贡献一个电子的态），这些电子只需要一个很小的能量就可以跳到导带上。以这种形式"掺杂"的半导体叫作 n 型半导体，因为这些电子施主放出来的带负电的电子对导电能力有额外的贡献。用硼掺杂的半导体叫作 p 型半导体。硼原子在紧靠几乎填满的价带上方形成一个受主态（接受一个电子的态），在室温下，电子很容易被激发到这些态上。为什么它们被叫作 p 型半导体呢？事情是这样的，就像我们以前说的那样，只有电子能够很容

晶体管的三位发明家，大致在他们做出这项发明的时期。从左到右，他们分别是肖克利，布兰坦和巴丁。巴丁后来因他在超导方面的工作第二次获得了诺贝尔物理学奖。除他之外，还没有第二个人获得过两次诺贝尔物理奖。

易地跳到几个空出来的态上，才可能通过几乎被填满的价带导电。从图6.16可以看出，我们可以不把电流看成电子的流动，而把它等价地看成"空穴"沿相反的方向的流动。因为将一个带负电荷的电子移到左边，等价于将一个正电荷移到右边，我们可以等价地认为电流是带正电的空穴向右流动。在 p 型半导体中，多余的空穴是在价带中产生的，因此我们可以把额外的导电性，归功于我们加到材料里的，带正电的空穴。

　　这么做又有什么用呢？我们这么做的目的是为了把 p 型和 n 型半导体结合在一起，做成一个开关，用来控制电流。最简单的半导体元件是 p-n 结二极管。考察通过 p-n 结的电子和空穴电流，以及 p-n 结两边的能级情况，我们发现，在加上一个电压的时候，电流只可以流向一个方向。因此，这种 p-n 结器件可以用来把交变电流转化为单向电流，这种功能叫作整流。迄今为止，对人类生活影响最大的技术进步，是晶体管的发明。晶体管是美国贝尔电话研究实验室的约翰·巴丁（John Bardeen），沃尔特·布兰坦（Walter Brattain）和威廉·肖克利（William Shockley）发明的。晶体管不是偶然的发明，而是经过大量研究项目联合攻关达到的光辉顶峰。就像巴丁在他的诺贝尔获奖报告中说的那样："这一研究项目的总目标是尽可能完整地理解半导体的各种性质，不是依靠经验公式，而是基于最根本的原子理论。"从德布罗意的概率波理论到现代的计

(a)　　　　　　　　　　　　　　　　　　　(b)

图 6.17　第一个晶体管。(a) 巴丁和布兰坦发明的点接触晶体管的复制品。构成基极的半导体每边长大约是 2 厘米。(b) 肖克利的晶体管，看起来不迷人，但是更容易可靠地生产

算机似乎有很长的距离。图 6.17(a) 中是第一个 "点接触" 晶体管的复制品。这是 1947 年的成果。到了 1951 年，出现了看起来没有那么迷人，但是更可靠的 "pnp" 晶体管见图 [6.17(b)]。这种晶体管中，有一片很薄的 n 型半导体，夹在两层厚一些的 p 型半导体材料之间。"晶体管作用（Transistor action）" 是指，流向一个电极（叫作集电极）的电流，受流向另外一个电极（叫作基极）的电流控制。在 pnp 晶体管情形，通过高阻抗的 "集电极基极" p-n 结的电流，受到通过低阻抗的 "基极发射器" n-p 结的小电流控制。通过详细分析 p-n 结的能级图，和通过两个 p-n 结的电子与空穴流，我们可以理解晶体管作用的原理。晶体管（transistor）这个英文单词，就是把两个单词 transfer 和 resistor 结合在一起造出来的（transfer 的意思是电子或空穴的迁移，resistor 的意思是电阻——译者注），以说明这种效应。

　　人们发现，晶体管是用来做计算机中 "开-关" 二进制逻辑电路的理想器件。此外，由于晶体管的可靠性高，能耗低，再加上别的一些令人难以置信的工艺上的优点，晶体管成了现代微电子工业最基本的组成部分。最早，在位于伍斯特郡马尔文的皇家雷达研究所工作的一名叫 G. W. 邓麦（Dummer）的英国工程师，第一个提出了最关键的思想。他是一个研究电子器件可靠性的专家，当时他主要关心的是，在各种极端条件下雷达设备的性能。邓麦最后意识到，没有必要把电子电路所需要的各种元器件，如晶体管，电阻器（用来阻碍电流

125

杰克·基尔比，因发现了集成电路而获得了 2000 年的诺贝尔物理学奖。正是这一发明导致了硅工业革命，并为摩尔定理做好了准备。基尔比是堪萨斯的一位电气工程师的儿子，被麻省理工学院拒绝后，上了伊利诺伊大学，攻读工程学。基尔比在他第二次世界大战后的第一份工作中，建立了一条小小的晶体管生产线。他在 1958 年 5 月加入德州仪器公司，因为他刚到公司工作，还没有假期，因此此七月的两个星期假期中，他发现几乎只有自己一个人在一个空空如也的工厂中工作。正是在这个假期，他被迫独自一人工作的时候，基尔比想到了单片半导体集成电路的主意

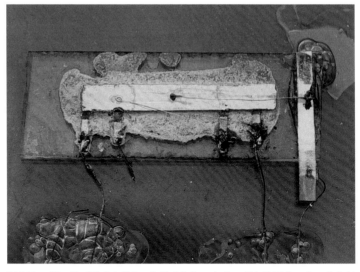

图 6.18　第一块"集成电路"，或者叫芯片。杰克·基尔比不是一个一个地把电路元件独立地制造出来，而是把一个晶体管，一个电容器，和几个电阻器合成在了同一块锗片上

流动），电容器（用来储存电荷）等，一个一个地分别生产出来。如果所有的器件都在同一块半导体上生产出来，同样的一个电路，尺寸可以做得小很多，也更不容易出问题。1952 年 5 月，邓麦写道：

随着晶体管的出现和最近半导体方面研究的进展，现在看来，似乎已经可以设想把电子设备做在一整块固体上，而不必使用导线来连接。这块固体可能由一些绝缘层，导电层，整流器件，放大器件等组成，各种功能电路可以通过切割不同层的不同区域直接连接起来。

这种对现代集成电路的预言，令人吃惊地准确。在 1952 年那个时候，要实现邓麦的想法，还有很多实际的技术困难需要解决。不幸的是，虽然邓麦在 1957 年制造了一个不能工作的硅制"固体电路"，英国当局并不看好这种技术的发展前景。因此，在这个方向的最重要的突破发生在 1959 年的夏天，是为德州仪器公司工作的美国人，杰克·基尔比（Jack Kilby）做出来的。基尔比制造了第一个可以工作的集成电路，或者叫作 IC（图 6.18）。因为集成电路物理上是用很小的硅片做成的，因此在商业上它们被广泛地称为芯片，在报纸上也叫它

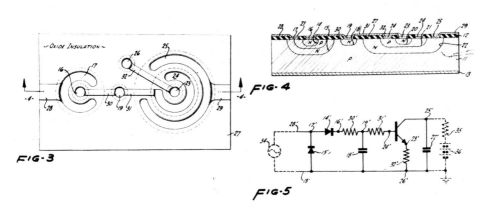

图6.19 诺伊斯利用平面加工过程生产集成电路的专利简图。这是芯片生产技术的关键突破

们微型芯片。一种制造"平面"晶体管的新加工方法被开发出来以后，集成电路才得到了大规模的应用。平面晶体管是瑞士出生的物理学家吉恩·何尼（Jean Hoerni）在1958年下半年发明的。吉恩是仙童半导体公司（Fairchild Semiconductor）的几个发起者之一。有了这一发明，仙童半导体公司的另一个 126 发起者，罗伯特·诺伊斯（Robert Noyce），设计和生产了一种真正可靠的，可以大规模生产的集成电路（图6.19）。利用这些集成电路，仙童公司将一整系列的逻辑芯片投入了电子器件市场。逻辑芯片是计算机的逻辑判断元件。那一年，也就是1962年，标志着集成电路大规模生产的开端。在同一年，还有另一项技术突破，也就是一种更容易制作在大规模生产的芯片中的新型晶体管被发明出来了。这种晶体管叫MOSFET，也就是金属氧化物场效应晶体管（metal-oxide-semiconductor field effect transistor），是由新泽西RCA研究实验室的两位年 127 轻工程师，斯蒂文·霍夫斯坦恩（Steven Hofstein）和弗里德里克·海曼（Frederic Haiman）发明的。芯片研制继续向前发展，新的芯片越来越小，越来越复杂；到1967年，一个芯片中就已经可以集成几千个晶体管了。

计算机发展的不同阶段大致可以用代来划分。第一代计算机开始于20世纪50年代，以第一台成功的工业计算机UNIVAC一号为标志，它是用电子管做出来的。第一台IBM计算机，IBM701，于1953年投入使用；到1956年，IBM已经成为最大的和最赚钱的计算机生产商了，制造了好几百台计算机。到1959年，晶体管获得了大量生产，并被用来替换计算机中昂贵和不可靠的电子管，这就是第二代计算机的出现。伴随这些"硬件"的发展，是计算机编程方式上"软

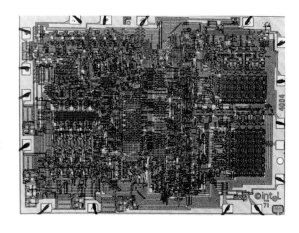

图6.20　第一个微处理器。特德·何夫（Ted Hoff），Intel公司的一名工程师，有了把可编程计算机的所有元件合成到一个芯片上的想法。这块芯片的尺寸是3毫米×4毫米，共有2000多个晶体管

件"的进步。编程序这件事，从根本上说，就是怎样让计算机做你想让它做的事情！到了大约1966年，紧随着第二代计算机的脚步，出现了第三代计算机，其中主要的硬件革新就是集成电路的应用。这一技术进步使第三代计算机更小，更便宜，并且比前几代更可靠。这时最复杂的集成电路芯片上有几十万个晶体管，这么复杂的芯片现在叫作大规模集成电路（large-scale integration），或者简称为LSI。后来还会出现了什么新东西？也许第三代和第四代计算机的最突出的区别是微处理器的出现。1968年，罗伯特·诺伊斯和戈登·摩尔（Gordon Moore）离开了仙童公司，成立了Intel（集成电子产品 integrated electronics 的简称）公司。有一次，为了为一种新的电子计算器研制一套芯片，Intel公司的一名雇员，小特德·何夫，有了一个很好的想法，就是设计一个可编程集成电路芯片（图6.20）。特德设计的微处理器芯片，不是为每一个特定的函数设计一个专用的芯片，而是可以通过编程满足各种应用。Intel公司花了一些时间才意识到自己挖到了一个大金矿。开始他们只想到为计算器或者迷你计算机这样的设备设计微处理器，但是现在，微处理器的应用已经遍及所有领域了：洗衣机，打字机，自动恒温器，视频游戏，个人计算机，等等，这只是我们能说出来的很少几种。第一个微处理器于1971年投放市场，含有大约2000来个晶体管；现在的微处理器上已经可以有几千万个晶体管了。这么高层次的微加工技术简称为VLSI，也就是超大规模集成（very-large-scale integration）的简称。集成电路的这种不可思议的微加工技术有极限吗？在第九章中我们会看到，答案是有，并且这很可能是这种指数增长时代的终结，除非我们找到了新的量子技术来替换现有的半导体技术。

图 6.21 一块芯片的一系列放大倍速逐渐增加的电子显微照片

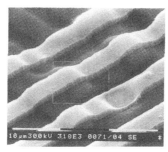

HOW MUCH IS $\sqrt[3]{2589^{16}}$?

The Army's ENIAC can give you the answer in a fraction of a second!

Think that's a stumper? You should see *some* of the ENIAC's problems! Brain twisters that if put to paper would run off this page and feet beyond . . . addition, subtraction, multiplication, division—square root, cube root, any root. Solved by an incredibly complex system of circuits operating 18,000 electronic tubes and tipping the scales at 30 tons!

The ENIAC is symbolic of many amazing Army devices with a brilliant future for you! The new Regular Army needs men with aptitude for scientific work, and as one of the first trained in the post-war era, you stand to get in on the ground floor of important jobs

YOUR REGULAR ARMY SERVES THE NATION AND MANKIND IN WAR AND PEACE

which have never before existed. You'll find that an Army career pays off.

The most attractive fields are filling quickly. Get into the swim while the getting's good! 1½, 2 and 3 year enlistments are open in the Regular Army to ambitious young men 18 to 34 (17 with parents' consent) who are otherwise qualified. If you enlist for 3 years, you may choose your own branch of the service, of those still open. Get full details at your nearest Army Recruiting Station.

A GOOD JOB FOR YOU
U. S. Army
CHOOSE THIS FINE PROFESSION NOW!

图 6.22 宣传 ENIAC 计算机的招贴画。制造 ENIAC 的目的是为美国陆军计算弹道

128　罗伯特·奥本海默和约翰·冯·诺伊曼，1952年，在为普林斯顿高级研究所建造的计算机举行的正式典礼上。奥本海默是第二次世界大战期间洛斯阿拉莫斯曼哈顿计划的主持人。冯·诺伊曼是一位伟大的匈牙利数学家，战前移居到了美国。他在 ENIAC 计算机上完成了第一颗原子弹内爆透镜设计的关键计算。他也是第一个提出存储-运算计算机原理的人，后来人们发现在研制现代的功能强大的计算机的时候，这一原理最重要。在麦肯锡时代，奥本海默被当成危险人物受到了调查，罪名主要是因为反对氢弹的研制。在听证会上，冯·诺伊曼为奥本海默的忠诚和诚实宣誓作证。

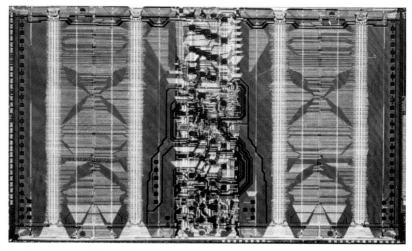

图 6.23　IBM 存储芯片的引人入胜的照片

第七章 量子合作与超流体

……一定存在某种情形，在这种情形
下量子力学的古怪行为会以某种惊人的
形式，在宏观尺度表现出来。

——理查德·费曼

激光

当今这个时代，每个人都听说过激光，激光表演也是
现代摇滚音乐会中常见的节目。激光有非常广泛的应用，
从天文一直到氢的聚变。激光有什么特殊的性质，让它变
得这么有用呢？要回答这个问题，我们先要了解波动的一
个性质，叫"相干性"，对于光子来说，就是很多光子在一
起，以一种特殊的量子力学协同方式，同时行动。在理解
量子"超流体"这样的特殊现象时，这种量子协同是关
键。因此，为了理解激光的特殊性质，我们首先必须了解
什么是相干性。

考虑如图7.1所示的简单波动。我们可以看出，波的波
形每经过一个周期就会重复，而波的频率对应每秒钟发出

图7.1 一列正在传播的波
的系列"照片"。拍摄者站
着不动，每个方框中的箭
头下面是同一个波峰，从
这些方框中可以看出波是
怎么向右运动的。下面的
简图显示了这种波动的波
幅和波长的定义

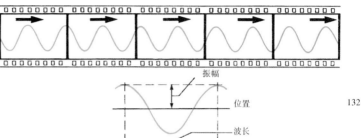

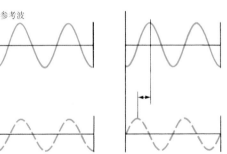
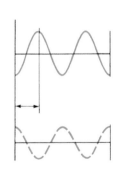

参考波

图 7.2　波长相同的三对波，上面的波是用来对照的，下面的波开始时间不一样

的波长数。如果这列波是绳子上的振动波，绳子上面的每一点只是以某一个波幅上下振动，波幅就是任何一点从开始运动，到开始往回走时经过的距离，也就是每点的最大移动距离。以上这些，就是我们应该了解的关于波的全部知识。现在让我们来考虑，如图 7.2 所示，两列波长相同但开始时间略有差别的波。第一种情况，两列波的波峰和波谷都在同一位置。第二种情况，虚线表示的波在另一列波还没有到达峰值之前就开始下降。第三种情况是另一个极端，一列波的波峰正好是另一列波的波谷。这跟我们在第一章讨论过的干涉类似。我们说在这三种情况中，两列波有不同的相位差。波的相位，是指波上的一个点，走到它上下移动过程中的哪一个位置。如果两列波之间有一个固定的相位差，就像图中显示的那样，我们就说这两列波相干，它们可以表现出通常的干涉效应。两个不同原子光源发出的光，不会表现出干涉效应，我们说它们不相干。它们不相干的原因是，每个光源发出的光都是由很多不同原子发出的，每个原子发出光子的时刻都不一样。也就是，每个光源发出的光，都是由很多相位不同的光波组成的。因此，两个这种光源发出来的光没有固定的相位差，所有微弱的干涉效应都被掩盖了。与此相反，激光有一个显著的特点，就是从许多不同的原子辐射出来的光的相位是相同的。正是激光的这种相干性，才使激光束可以将光能高度集中，聚焦在一个很小的点上。一束功率比一盏普通电灯泡还要小的激光，就可以很容易地在一块金属板上烧出一个洞来。

　　激光的英文单词 "laser" 是 "受激辐射光放大"（light amplification by stimulated emission of radiation）的英文简写。以前我们还没有讨论过原子与光相互作用导致原子受激辐射的过程。但是我们已经见到过这种情形，就是当原子遇到一个能量恰好等于它的一个能级差的光子时，原子中的电子会被"激发"到高能级上。我们有时把这种过程叫作受激吸收（图 7.4）。我们也知道，一个处于激发态的原子的电子会自发地跳回到基态，同时放出一个光子，光子的能量就等于激

查尔斯·汤斯（Charles Townes）于1915年出生在南卡罗林纳州。第二次世界大战期间他为贝尔电话实验室工作，负责设计雷达系统。好像是在1951年的一个早晨，他正在一个饭店门口，等饭店开门吃早饭的时候，突然想到可以用分子方式而不是通常的电路方式来产生微波——短波长的电磁波。到1953年，他利用氨分子制造了一个"微波激射器（maser）"（微波受激辐射放大器，microwave amplification by stimulated emission of radiation）。汤斯进一步设想了使用可见光辐射的类似装置。

发态与基态的能量差。这种激发态原子的退激发过程叫作自发辐射。爱因斯坦早在1916年的时候，就已经发现了与光子有关的第三种辐射过程。那年的十一月，他写信给他的终生挚友米歇尔·安杰罗·贝索（Michele Angelo Besso）："关于辐射的发射和吸收，我头脑里闪过了一束绚丽的光"。爱因斯坦在伯尔尼专利局度过的早年岁月中，贝索是爱因斯坦的"共鸣板"，也是爱因斯坦在他著名的狭义相对论的论文中唯一感谢的人。（当贝索1955年去世的时候，爱因斯坦给他的家人写信道："作为一个凡人我最崇敬他的一点是，他能够几十年如一日，很平和地，也很和谐地与一个女人生活在一起，这是一个艰难的任务，我本人很不体面的失败了两次。"）爱因斯坦已经意识到，如果一个能量合适的光子，照射到一个激发的原子上，原子会被动地跃迁到低能态上。很自然，这种过程就被称为受激辐射。处于激发态的原子当然自己也会或早或迟地跃迁到低能态上，可是受到一个辐射的激励时，这个过程提前发生了。在超过35年的时间内，这种受激辐射过程只是在量子力学教科书中被简略地提到，因为看起来它似乎没有什么实际应用价值。可是，被大家忽视的是，这种方式辐射出来的光具有特殊的性质。通过这一过程幅射出来的光子，与引起辐射光子的相位完全相同。这是因为，原来光波的变化电磁场，引起受激原子的电荷分布同步振荡。发射出来的光子相位完全相同，也就是说它们是相干的，并且，它们的传播方向完全与激发光子相同。

理论非常完美，但是要利用这一机制产生出足够强度的激光，还有许多技术

136

西奥多·哈罗德·麦曼（The-odore Harold Maiman）出生于 1927 年，是一个电气工程师的儿子。他的大学生涯是靠打工修理电器挣钱度过的。在为霍华德·休斯（Howard Hughes）研究实验室工作的时候，他对汤斯发明的微波激射器产生了兴趣，并试图建造一个使用可见光的同类装置。麦曼在 1969 年做出了第一台激光器。

问题需要解决。在常温下，绝大多数原子都处于基态。我们必须找到一种方法，把能量注入到产生激光的材料，让大多数原子处在某个激发态。让更多的原子处于激发态而不是基态，这不是一项简单的事情，这叫布居逆转。如果我们能够做到布居逆转，那么受激辐射过程就可以超过受激吸收过程，我们就可以产生一束净放大的激发光。

世界上第一台激光器使用了一块红宝石晶体，这种晶体是氧化铝晶体，晶体中的一些铝原子被置换为杂质铬原子。图 7.5 是这一系统中铬原子的有关能级。通过泵入能量相当于能级 E_1 和 E_3 之差的光，铬原子被激发到一条很宽的寿命很短的能带上。这些激发原子很快跃迁到

图 7.3　菲亚特位于都灵的米拉菲奥利汽车制造厂的激光焊接设备。图上的激光束，是从焊头顶端一个锥形激光头上发出来的，焊头就在火花辐射点的上方。这束激光由一台 2.5 千瓦的二氧化碳激光器产生

图 7.4 光子与原子中电子的三种可能跃迁过程。(a) 受激吸收和自发辐射过程。第一种情况，一个能量合适的光子被处于基态的电子吸收，电子跃迁到激发态。过了一段时间，电子回到最低的能级，并放出一个能量与被吸收光子相同的光子。这一"退激发"过程叫作自发辐射。(b) 当光子射向一个已处于激发态的原子时，会引起受激辐射。激发光子与跃迁中辐射出来的光子的能量和相位都相同

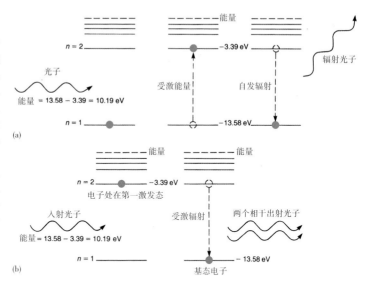

相对寿命长得多的 E_2 能级上，引起布居逆转。当一些处于 E_2 能级的原子自发辐射时，发出的光子就可以引起其他原子的受激辐射。图 7.6 是一台红宝石激光器的示意图。光子可能向任意方向射出，但是那些不是沿着红宝石杆轴方向的光子很快从杆壁射出，不会引起很多的受激辐射。沿着红宝石杆轴方向的光子，将会在杆两端的两块镜子之间来回反射一定次数，因此，这些光子将引发越来越多激发原子的受激辐射，放出同样方向的光子。在红宝石晶体两端是两面反射镜，其中一面是部分反射部分透射的。这样，就会有一束强度很高的相干激光，从这面镜子后面射出来。在这台激光器中，由一道闪光照射产生泵浦作用，引起关键的布居逆转，另外一个关键是必须存在一条特殊的长寿命亚稳能级（图 7.5 中的 E_2）来维持这一逆转。现代激光器可以连续泵浦，并不要求那条用来产生激光的能级有特别的长寿命。

激光束中很多光子可以处于同一量子状态的原因是光子是玻色子。对于费米子，泡利不相容原理要求每个费米子的量子数不同，但是玻色子趋向于聚集在同一个量子态中。下一节我们会进一步讨论玻色子的这一性质。在这一节最后，我们来讲一下激光的两种很不一样的应用。

因为激光这种特殊的性质，我们可以产生一束能量集中，强度很高，时间很短的激光脉冲。利用这种激光，我们可以非常精确地测定月球到地球的距离。阿波罗 14 号宇航员在月球上放置了一个特殊的反射器，图 7.8 是该反射器，旁边是宇

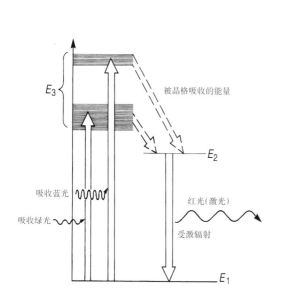

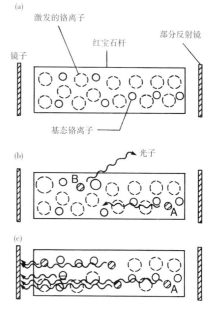

图 7.5　红宝石激光器的能级图。红宝石中的铬原子通过吸收蓝光和绿光，被"泵浦"到两条很宽的激发能带上。这些激发原子很快因与晶格相互作用失去一些能量，跃迁到图上 E_2 这一条寿命比较长的"亚稳态"能级上。这条能级上的电子数将比基态能级上的电子数多，因而形成一个"布居逆转"。从这条能级到基态能级跃迁的受激辐射产生一束红色激光

图 7.6　产生激光的过程。(a) 实现布局逆转以后，激光器中的情况。小圆圈表示基态的铬原子，大一些的用虚线画的圆圈表示激发原子。(b) 两个原子经自发辐射回到基态。一个自发辐射产生的光子从红宝石壁射出，不能引起进一步的受激辐射。当自发辐射发出的光子沿杆的方向射出时，引起了更多的受激辐射，产生光子的相位都相同。(c) 宝石杆两端的反射镜有助于产生平行于杆轴的激光。几个光子在两端的反射镜之间来回反射，在穿过红宝石杆的时候，引起更多的受激辐射

图 7.7　一台红宝石激光器的内部构造。上部粉红色的圆柱体就是红宝石，下部的圆柱体是闪光灯，用来产生布居逆转。两部分都用水来冷却，照片上可以看见通入装置的水管

图7.8 (a) 夏威夷毛伊岛上鲁尔 (Lure, 月球测距装置 Lunar Ranging Experiment) 天文台上看见的月亮。一道激光脉冲通过望远镜射向月球。激光脉冲到达月球的时候，已经扩散到超过两英里见方。一部分光线被阿波罗14号宇航员留在月球表面的一个特殊反射装置反射回来。返回的信号能被探测到。激光脉冲从地球到月球然后返回来经过的时间被精确记录。激光来回的时间大约是2.5秒，这种测量的精度能够把地球到月球的距离确定到几个厘米的误差范围内。(b) 特殊的月球放射器

(a) (b)

登尼斯·加博 (Dennis Gabor, 1900—1975) 出生在布达佩斯特，在德国接受教育。希特勒上台以后，他搬到了英国居住，为位于拉格比的汤普逊－休士顿电器制造公司工作，是一名研究工程师。1948年，他关于全息摄影的最早论文发表在一本电子显微学杂志上，在激光被发明以前，没有什么人注意他的这一工作。他获得了1971年的诺贝尔奖。

航员们留下的足印。一道激光脉冲通过一台大型望远镜射向月球。通过测量从月球上反射回来的光的总飞行时间，可以计算出月球的距离大约是四十万千米，测量的精确度可以达到几个厘米。

激光另一种有趣的应用是三维摄影，又叫"全息摄影"。一束激光通过一个半透镜分成两束。其中一束射向被拍摄物体，散射光被照相底片记录。另一束光不经过与物体的散射，而直接射向照相底片。由于激光是相干的，这两束光会互相干涉。照相底片记录的是这两束光相遇时的 138 干涉图案。这种干涉图案的照相记录叫作全息摄影 (hologram)，英文名字中的holos是希腊词汇，意思是全 139 部。这是因为，全息摄影不像普通摄影那样，只记录光照到照相底片上的强度，全息摄影还包含了散射光的相位信息，因为它记录的是干涉图。因此，全息图包含了从被拍摄物体上过来的所有光学信息。一张全息照片一点也不像

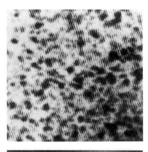

图 7.9　左上角是一幅全息摄影图，看起来脏兮兮的。另外三幅图是分别从三个不同角度观看同一张全息图的照片。我们不仅仅可以从不同角度看到全息图的不同景象，而且，即使只有原始全息图的一小部分，我们也可以看到同样的完整图像，虽然图像的清晰度可能会有所下降。这是因为全息摄影术采用了光的干涉原理

被拍摄物体，它看起来好像是一张脏兮兮的、由很多随机点构成的图。可是，当用激光来照射一张全息图的时候，我们就可以看到被拍摄物体的一张完美的三维复制画面。而且，如果你改变观察位置从不同角度看这张图，你能看见图像里面各种东西的相对位置，就像看见了原始被拍摄物体一样。特别地，全息图上从某个角度看被挡住了的东西，换个角度就可以看见了。全息摄影是匈牙利出生的登尼斯·加博（Dennis Gabor）于 1947 年发明的，当时他在英国的拉格比（Rugby）工作。这一发明在长达十五年的时间内，仅仅被大家当成一个科学上的奇技淫巧。相干性很强的激光出现以后，全息摄影才成为一个价值上亿美元的生意，从医学诊断到轮胎测试等很多行业都有应用。

玻色凝聚与超流体氦

　　我们在第六章已经看到了，泡利不相容原理是怎么对原子中的电子起作用的，并且怎么让我们理解了门捷列夫的元素周期表。所有物质类的基本粒子，比如电子，质子和中子，都服从泡利原理。任意两个费米子（就是刚才说的这些粒子），不可以占据同样的量子态。因此，如果我们考虑把几个电子放在一个盒子势场中，这些电子不能都跑到最低的能级上。而是，它们必须一对一对，每对电子自旋方向相反，填充到量子化的能级上，才能保证没有任何两个

140

萨地扬德拉·玻色（1894—1974）。他写了一篇关于光的量子理论的论文，但被杂志拒绝发表，绝望中，他给爱因斯坦寄了一份论文。爱因斯坦亲自把论文从英语翻译成德语，并安排论文发表。玻色因此一下子从一个无名之辈变成了国际知名的物理学家。

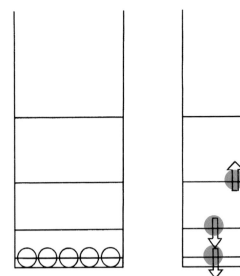

图7.10　在一个量子盒子里的玻色子和费米子。物理体系趋向于拥有最低的能量。对于玻色子，所有玻色子都处在能量最低的基态能级上，就是总能量最低态。光子的行为像玻色子。而费米子是跟电子一样的基本粒子，它们必须服从泡利不相容原理。因此，每条能级最多可以被两个——对应于电子的两种状态（自旋向上和自旋向下）——费米子占据

电子的量子数相同。这就是物质类的基本粒子必须遵从的规则。然而，辐射类的粒子，比如光子，表现很不相同，它们趋向于集中到同一量子状态上。这类粒子叫作玻色子，玻色子的名字是为了纪念印度物理学家萨地扬德拉·玻色。

　　1924年，玻色还是一位年轻的孟加拉物理学家，在科学界几乎没有人知道他。他的第六篇科学论文讨论了普朗克一个著名公式的新的演变，普朗克在引入光子概念和他著名的量子常数h时提出了这一公式。物理史上，有很多第一次被拒绝发表的论文后来变得非常著名。玻色的论文就是这样一篇，但是他运气（或者说眼光）很好，他把论文寄给了爱因斯坦一份，请求爱因斯坦帮助，安排把他的论文发表在一份德国杂志上，"如果他觉得这篇文章有足够的价值"。那段时间，爱因斯坦正沉迷于寻找包括自然界所有力的大统一理论，但是玻色的论文让他暂时放下了手头的工作，也是他研究的主要内容。爱因斯坦亲自把玻色的论文译成了德文，把它寄给玻色说的那份杂志，并在上面附了一张纸条，说他相信玻色的工作是"一个重要的进展"。在后面的几个月中，爱因斯坦连续发表了好几篇文章，延续和澄清了玻色的工作。特别地，爱因斯坦第一个注意到，玻色说的粒子，也就是现在说的玻色子，会"凝聚"到最低的能量态上。我们回头看一下把粒子放到盒子里这一个量子问题，来理解爱因斯坦说的是什么意思。如果我们

141

阿尔伯特·爱因斯坦（1879—1955）在1916年他最辉煌的时候。这时他刚完成他的广义相对论，和关于原子与光的吸收和辐射的工作，原子与光的相互作用我们在这一章里面已经讨论讨论。1921年，爱因斯坦因为他在光电效应方面的工作，获得了诺贝尔奖，这是对量子力学的另外一项重大贡献。虽然爱因斯坦在量子理论的诞生中起了很大的作用，他仍然不喜欢以海森堡和玻尔为首提出的量子力学的正统诠释。这不是说他认为量子力学不行，而是他觉得，现在这种形式的量子理论，认为不确定性起着至关重要的作用，是不完整的。在他写给玻恩的一封信中，爱因斯坦说了他那句著名的话，上帝"不掷骰子"。玻恩第一个提出了薛定谔的波函数的概率解释

放入的粒子不是电子，而是光子，那么最低能量态就是所有的光子都占据最低的能级（图7.10）。在常温下，通过普通的碰撞就可以给玻色子带来足够的能量，使它们的大多数都处于激发态上。可是，当我们把温度降低的时候，爱因斯坦指出："温度低到一定值以后，分子会在没有吸引力的情况下"凝聚""。他继续指出："理论很有意思，但这会是真的吗？"这是在1924年的十二月。玻色给他写信的时候是那一年的六月。

爱因斯坦提出来的玻色子凝聚现象——现在叫作玻色或者玻色-爱因斯坦凝聚——最早被大家认为是一种"纯粹想象出来"现象，并不一定存在实际的观测效应。直到1938年，弗里茨·伦敦（Fritz London）提出，在液氦实验中观察到的一些奇怪的现象，可以用氦原子的玻色凝聚来理解。在我们介绍液氦的古怪行为之前，我们必须先回答一个更基本的问题。我们以前说过，像物质一样的粒子，如电子，质子和中子，都是费米子，那么为什么氦原子会被看成是玻色子呢？原因是这样，通常的氦原子 ^4He 有偶数个费米子：原子核里面有2个中子和2个质子，还有2个轨道电子。实验告诉我们，费米子数目为偶数的元素，表现为玻色子。因此，低温的时候，液态 ^4He 能够发生玻色凝聚，这种行为可以说明液态 ^4He 的非常奇异的"超流体"现象。与此不同，费米子数目为奇数的元素，服从泡利不相容原理，表现为费米子。因此，液体的 ^3He，其原子核中只有1个中子，是1个费米子，不会发生与 ^4He 类似的凝聚，低温下的性质与 ^4He 差别很大，虽然它们的化学性质完全相同。

氦气是所有气体中沸点最低的，也是最后一种液化成功的气体。在低温物理中，温度单位通常用开尔文（符号为K）来表示，而不是摄氏温度。绝对零度定义为开尔文温度的零度，对应 $-273℃$。任何温度都不可能低于绝对零度。在十九世纪末，巴黎，伦敦和克拉科夫的物理学家们激烈竞争，努力产生世界上最低的温度。在很长的一段时间里，人们认为将氢液化应该是迈向绝对零度的最后一步了。1898年，詹姆士·杜瓦

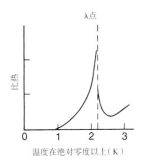

λ点

比热

0　1　2　3
温度在绝对零度以上（K）

图7.11　液氦的λ温度点。在绝对零度2.2 K左右，有一个奇特的变化，这可以通过液氦λ形状的比热曲线看出来

（Sir James Dewar）爵士在伦敦皇家学会上首先宣布，他成功地将氢液化了。在他的实验中，他达到了大约12 K的低温。当时，稀有的氦气已经被发现了，因此，很显然，氦的液化才是真正的目标。1904年，杜瓦估计，液化氦气所需要的温度大约是6 K，但是，直到1908年，在莱登工作的荷兰物理学家卡末林·昂尼斯（Kamerlingh Onnes），才最后成功地将氦液化。实际上，氦的沸点大约是4 K。

现在我们知道，液氦有很多不平凡的性质。即使被冷却到非常接近绝对零度，它还是保持为液态。这是因为氦原子有较大的零点运动，也就是海森堡不确定原理所要求的量子最小来回振荡。而且，在大约2 K的时候，142氦会发生一个戏剧性的变化。沸腾消失了，液氦变得非常稳定。同时别的性质也发生了突然的变化。图7.11是液氦的比热随温度的变化。比热是将1克液氦温度升高1K所需要的热量。因为这条曲线看起来像希腊字母λ，这一温度就叫作λ温度。在λ温度以下，液氦的黏度，突然降低了大约一百万倍。也许最令人目瞪口呆的是，位于λ温度以下的液氦，能够像一片薄膜一样，"爬"上容纳它的容器的周壁（图7.12）！如果把一个烧杯放到一个盛液氦的大容器里，一层薄薄的液氦会很快覆盖烧杯的所有表面。然后，这层液氦会起虹吸管的作用，所有液氦都可以通过这一虹吸管几乎无黏滞地流动。因此，无论刚开始的时候烧杯内外液氦

图7.12　低于λ温度的液氦是一种超流体，有一些非常奇特的性质。这张照片显示，液氦如何爬上容器的壁，流过壁的顶部，再沿着容器外壁往下走，最后在底部形成一个液滴

图 7.13　这张令人惊奇的照片是"喷泉效应"，液氦奇特性质的另一个例子

的高度差是多少，液氦会不停流动直到内外液面平衡！这种"薄膜输运"现象最先是由英国牛津克拉伦敦实验室发现的，柯特·孟德尔松（Kurt Mendelssohn）在回忆发现这一现象那一刻的时候，说：

> 如果把烧杯从液氦中拿上来一点，烧杯中的液面会下降，直到与外面的液面相等。如果把烧杯完全拿出来，液面也会下降，我们可以看到烧杯底部有液氦滴形成，液氦滴会掉回到下面的大容器中。这种景象会让人忍不住瞪大眼睛，再三观察，怀疑看到的是不是真的。我们第一次观察到薄膜输运现象的那天晚上，我记得非常清楚。那时过了晚饭时间已经很久了，我们在楼里到处找人，最后发现了两位还在工作的核物理学家。当他们也看到了这种液滴的时候，我们才敢高兴起来。

　　液氦的所有这些稀奇古怪的特性，都是氦原子凝聚到最低能量态，形成量子超流体的结果。因为，本质上所有的原子都处于同一量子态，因此它们步调一致，协同行动，这正是为什么它会有这种奇特的性质——超流性。就像费曼在这章开始说的那样，这是在宏观尺度上观察到的，量子力学的古怪行为的一

143

(a)

(b)

(c)

道格拉斯·奥谢罗夫(a)，罗伯特·理查森(b)和戴维·李(c)因为发现了³He的超流性，获得了1996年的诺贝尔物理学奖。这是很惊人的发现，因为单个³He原子含有的粒子数目是奇数，通常应该是费米子。但在大约0.002 K——比超流体的液⁴He要冷一千倍——的温度下，³He原子对表现为玻色子，因而使超流体凝聚成为可能。

个令人震撼的例子。如果没有量子力学，没有德布罗意、海森堡、薛定谔等所有其他人，我们就无法解释这些所有的奇怪现象！

关于液氦，还有一个小故事，可以作为我们介绍超导电性的引言。我们说过，液体³He与液体⁴He的行为很不相同，因为³He原子是费米子，不会发生玻色凝聚。实验也应该出现这种结果，但在非常低的某个温度下，大约为0.002 K，液体³He出现了另一种形式的玻色凝聚，在这一温度下，两个³He原子之间的非常微弱的吸引力起作用了，这种吸引力把两个³He原子结合在一起形成一个原子对，这种原子对是一个玻色子。这些³He原子对就可以发生跟单个⁴He原子类似的玻色凝聚。康奈尔大学的戴维·李（David Lee），道格拉斯·奥谢罗夫（Douglas Osheroff）和罗伯特·理查森（Robert Richardson），因为这一发现获得了1996年的诺贝尔物理学奖。

144

冷原子

超流体的液氦需要氦原子间有量子协作。这种类型的玻色–爱因斯坦凝聚发生在原子已经处于液态时。如果是气体，在凝聚为液滴，或者冻结为固体之前，可不可以发生玻色–爱因斯坦凝聚呢？要产生这种凝聚，原子之间的距离必须足够大，以避免凝结成液体，但距离又不能太大，以至于无法产生玻色–爱因斯坦凝聚。最关键的要求是超低温，温度必须低到绝对零度以上不到百万分之一开尔文。1995年，艾里克·康奈尔（Eric Cornell），卡尔·威曼（Karl Wieman）和他们的同事成功地将原子的稀薄气体冷却到足够低的温度，从而发生玻色–爱因斯坦凝聚。所有的原子以量子力学的集体方式协同运动，就像一个单一的个体。可是怎么才能达到如此低的温度呢？这种温度下单个原子移动的速度比乌龟还慢！一个令人吃惊但是关键的冷却方法是，利用两束相互交叉的激光来俘获原子。

我们以前讲过，只有光子的能量正好等于原子中电子两个能级的能量差，原子才可以吸收或者放出光子。光是光子，这一点意味着光的发射过程就像枪发射子弹的过程那样，而光的吸收过程又很像子弹击中目标的过程。这一图像正确地阐明了原子发射或者吸收光子时的反冲行为。在室温下，气体是一群速度不同，运动方向随机的原子。根据标准的气体模型，温度是气体中原子的平均运动速度的衡量。如果我们把气体冷却到接近绝对零度，为了满足海森堡不确定性原理，气体原子的最小速度应该是原子的随机零点运动速度。很显然，为了了解光与原子的相互作用，我们必须考虑原子的运动。

想象一下，有一个原子正在朝一个打过来的光子运动。我们很熟悉日常生活中就能经常碰到的声音的多普勒效应。例如，我们站在一条铁轨旁边，一辆高速火车的鸣笛声，在火车朝我们开过来时，音调会升高，当它远离我们而去时，音调会降低。如果原子朝着过来的光子运动，光子的频率会因光学多普勒效应而升高。因为气体中每个原子的运动速度各不相同，每个原子碰到的光子的频率就会不一样。气体中的原子如果运动速度合适，就会从射过来的激光束中吸收一个光子。原子吸收了光子之后，会因光子的冲击而慢下来一点。当然光子最后将自发辐射出去，但是方向是随机的。因为激光束中有很多光子，所以这一过程就可以不断重复很多次。总的效应有点像原子走进了子弹冰雹中。净效应是，原子沿激光束方向的运动慢下来了，而沿别的任意方向的运动略有加快。

如果我们调整激光的频率，让它对应的能量恰好低于原子的一个能级差。朝激光入射方向运动的原子，引起光子发生多普勒移动，原子正好能够吸收光子，并减慢它们沿激光方向的运动速度。因为气体原子运动方向随机，如果我们想有效地降低原子的运动速度，我们必须利用六台激光器，排列成方向相反的三对，把气体中的原子全部包围起来，如图7.14所示。最后构成的激光束结构叫作"光学糖浆"，因为其中的原子在各个方向都会受到使它们慢下来的力。随着原子速度的下降，我们必须调整激光束的频率，以保证慢下来的原子继续吸收光子，让运动速度进一步下降。这种用激光冷却的第一次实验，是在1985年由朱棣文（Steven Chu）和他的同事在美国新泽西州荷尔德尔（Holmdel）的贝尔实验室实现的。他们将钠原子冷却到了令人震惊的绝对零度以上0.00024K。可是要产生气态的玻色-爱因斯坦凝聚，这一温度还是太高了。而且，仅仅在大约1秒钟之后，重力就会导致陷在光学糖浆里的冷却原子掉出陷阱。这一难题后来被马里兰州国家标准与技术研究所的威廉·菲利浦斯和他的小组，利用一系列磁场解决了。

丹尼尔·克勒普勒（Daniel Kleppner）在二十世纪七十年代开始研究玻色-爱因斯坦凝聚问题。他不是第一个成功实现玻色-爱因斯坦凝聚的人，但是最早实现这一凝聚的所有三个小组都是由他的学生带领的。

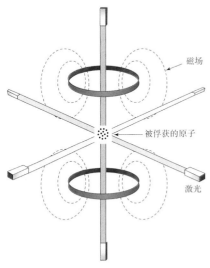

图7.14 磁光陷阱简图。六束激光被用来减慢陷入原子的速度。磁场用来把原子维持在陷阱中

很多原子在磁场中像个小磁铁，有磁性。在一个不均匀的磁场中，小磁体的南北两极受力不同。菲利浦斯和他的小组，修改了光学糖浆装置的设计，在激光原子陷阱的上面和下面各添加了这样一个磁场。修改后的光学陷阱能够将原子保持时间大大延长，他们因此成功地将原子冷却到0.00004K。这一结果很让人迷惑，因为理论预计，利用激光多普勒效应冷却的原理，只可以将原子冷却到大约0.00024K。理论物理学家们并没有费太长时间，就提出了一套理论，解释这一额外的亚多普勒冷却是怎么出现的。法国的克劳德·科恩·塔诺季和他的同事发现，原子吸收或者发射光子的时候，牵涉的电子能级不止一条。他们的理论预言，激光冷却可以将原子的速度降低到单个光子给原子的反冲速度。利用他们这一关于激光冷却的新理论，法国的一个小组将氦原子冷却到了0.00000018K。1995年6月，真正的突破出现了。由科罗拉多大学的艾里克·康奈尔（Eric Cornell）和卡尔·威曼（Carl Weiman）为首的一组物理学家，成功地将一群原子冷却到了绝对零度以上一亿分之二度，并制造出了物质的一种新的量子态。大约两千个原子形成了一个玻色-爱因斯坦凝聚态，它们的行为跟经典单个分立原子很不一样。从某种角度来说，这种凝聚态是原子版本的相干激光。这种凝聚态有什么实际应用还需要我们去研究。

为了表彰他们在超冷原子方面的开拓性工作，朱棣文、克劳德·科恩·塔诺季和威廉·菲利浦斯被授予了1997年度的 147

(a)　　　　　　　　　　　　(b)　　　　　　　　　　　　(c)

1997年度的诺贝尔物理学奖授予了朱棣文(a)，威廉·菲利浦斯(b)和克劳德·科恩·塔诺季（Claude Cohen-Tannoudji）(c)，以表彰他们关于激光俘获和冷却原子的研究工作

诺贝尔物理学奖。除了玻色–爱因斯坦凝聚以外，他们的工作还有许多别的潜在应用。他们发明的这项技术的关键特点是，可以用光来操作物质。这种技术的应用已经为我们带来了更精确的原子钟，也使原子干涉装置，"光学镊子"等设备的研制成为可能。光学镊子利用光学力来控制和操作比原子大的物体，比如DNA链。

149

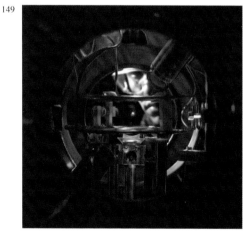

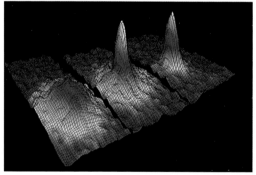

图7.16　被束缚在陷阱里面的铷原子速度分布的伪彩色图。最左面的图显示的是，温度为400 nK左右，刚好在玻色–爱因斯坦凝聚发生之前，铷原子云的情况。中间的图显示的是，温度在200 nK左右，玻色–爱因斯坦凝聚刚刚发生时的情况。右面的图显示的是，进一步冷却到50 nK后，原子云中的大多数原子都已经处于玻色–爱因斯坦凝聚态时的情况（nK＝纳开尔文，即十亿分之一开尔文）

图7.15　被束缚在磁光陷阱里面的钠原子正在发光。透过实验装置，可以看到美国国家标准研究所的克里斯蒂安·赫梅森（Kristian Helmerson）的脸

(a)　　　　　　　　　　　　　　(b)　　　　　　　　　　　　　　(c)

2001 年 10 月，瑞典皇家学会将 2001 年度的诺贝尔物理学奖授予麻省理工学院的沃尔夫冈·克特勒(a)（Wolfgang Ketterle），科罗拉多大学的卡尔·威曼(b)，和位于科罗拉多布尔德（Boulder）的美国国家标准与技术研究所的埃里克·康奈尔(c)。三位物理学家共享了 952738 美元奖金。1995 年，康奈尔和威曼合作，成功地将大约 2000 个原子冷却到接近绝对零度，产生了第一次气体形式的"玻色-爱因斯坦凝聚"。这是物质的一种非常奇怪的状态，许多原子凝聚成一个单个的量子态。四个月后，克特勒利用一块钠原子云产生了由更多原子组成的玻色-爱因斯坦凝聚态。他用一种新的方式布置了用来冷却原子的激光器组，将原子冷却到绝对零度以上仅一亿分之二度

图 7.17　受到扰动的铷原子凝聚态的漩涡"格阵"。铷原子的旋转模式是，每一个原子有一个量子化的旋转（即最小角动量——译者注）。从这些图可以看出，顶部的图上漩涡最少，第二少的是右下方，再到其余两幅，图形越来越复杂，漩涡越来越多

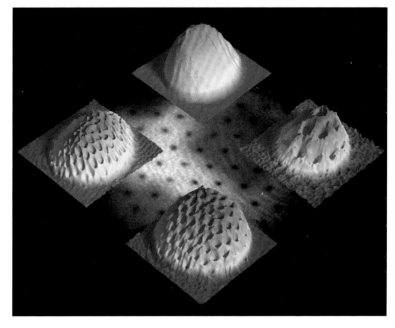

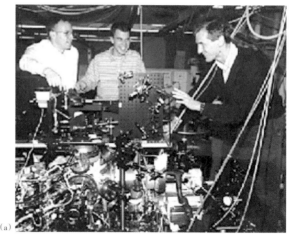

(a)

图 7.18 (a) 麦克尔·安德鲁斯 (Michael Andrews)，马克·奥利弗·缪伊斯（Marc-Oliver Mewes）和沃尔夫冈·克特勒（从左到右），与他们第一次示范原子激光时用的试验设备。(b) 原子激光本质上是运动着的玻色-爱因斯坦凝聚态。第一束原子激光是由重力驱动的。弯月状的原子团是一块扩散着的钠原子玻色-爱因斯坦凝聚态。(c) 因为玻色-爱因斯坦凝聚态中所有的原子占据同样的量子态，两束原子激光重叠时会互相干涉，产生典型的干涉图案

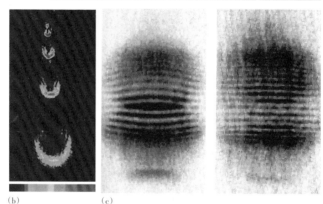

(b)   (c)

超导电性

电子被发现后不久，人们就意识到，金属导电性能的许多性质，可以用电子的运动来解释。电阻是因为金属中的电子与晶格缺陷碰撞散射，以及与晶格原子的振动相互作用带来的。随着温度下降，原子的振动越来越弱，所以，如果不出意外，金属的电阻将逐渐降低，并接近某一个常数。因此，当发现某些金属被冷却到某个临界温度以下，电阻突然降低为零这一现象时，人们大吃一惊。正常情况下，金属的电阻会引起发热和能量损失，而在这种非凡的材料中，电流一旦产生，就可以维持好几年。这种金属被当之无愧地命名为"超导体"。

超导电性是由卡末林·昂尼斯，"绝对零度先生"，于 1911 年在莱登他的实验室中发现的。图 7.20 是汞的电阻随温度变化图，取自于他的原始论文。1933

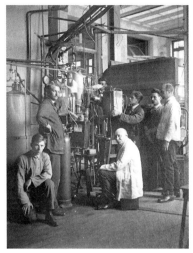

卡末林·昂尼斯（1853—1926）在他的实验室里。实验室位于荷兰的莱登。昂尼斯是第一个将氦液化的人，他因此获得了1913年的诺贝尔奖。他也是第一位观察到超导现象的人。超导就是有些金属的电阻在很低温度下消失的现象

图7.19 超导悬浮。一块小磁铁漂浮在一个超导盘上方。超导盘中流动的超导电流，对磁铁产生一个与重力方向相反的排斥力

年，人们又发现了超导电性的另一个神奇特点。如果把超导体放到一个磁场中，超导体内会产生一个电流，这一电流产生的磁场精确抵消了外加的磁场。之所以能精确抵消，是因为超导体内的电流不会遇到任何阻碍。超导体的这一特点有非常重要的意义。放在一个超导盘上面的一个小磁铁，会因为在超导盘上产生激励磁场而漂浮超导盘的上面（图7.19）。人们很认真地考虑，将超导磁悬浮技术应用到高速列车上的可能性。

怎样才能理解超导电性呢？早在1935年，牛津大学的亨兹·伦敦（Henz London）和弗里兹·伦敦（Fritz London）兄弟——他们在超导方面做了大量的理论和实验工作——就意识到，要理解超导现象，一定要用到量子力学。但是，直到1956年，利昂·库珀（Leon Cooper）才提出了关键的想法。他说，虽然两个电子平常因为带有同性电荷而互相排斥，但在金属中，它们之间也有间接的吸引力，这种吸引力是由晶格上带正电的粒子引起的。粗略地说，位于两个带正电的阳离子之间的一个电子，会把这两个阳离子拉得比平常稍微近一些，另一个电子就会因此受到一个很小的净吸引力。因此，这两个电子就有可能互相靠近形成一个"库珀对"。这种库珀对还有一个奇特之处，就是两个电

148

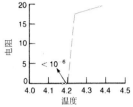

图7.20　卡末林·昂尼斯于1911年发现了超导现象。这幅给人深刻印象的曲线图显示了汞的电阻在温度低于4.2 K时，是如何突然消失的

BCS超导理论中的BCS——约翰·巴丁（中间），利昂·库珀（右）和约翰·施里弗（左）。他们的工作获得了1972年度的诺贝尔奖，巴丁也因此成为在同一学科中获得两次诺贝尔奖的唯一一位物理学家（另一次是与布兰坦和肖克利，他发明了晶体管）。巴丁是另一位著名物理学家尤金·魏格纳（Eugene Wigner）的学生，魏格纳本人获得了1963年度的诺贝尔奖。诺贝尔奖获得者中，有很多这样"父子"关系的例子

子的速度正好相反，整个对表现出来的净动量为零。而且，根据海森堡不确定性原理，由于库珀对的动量是完全确定的，它们一定充满整个空间。每个库珀对占据的空间比一个原子大几千倍。同一空间还被其他数以百万计的库珀对同时占据着。

考虑我们曾经讨论过的³He玻色-爱因斯坦凝聚现象，不难猜出解决超导问题的下一步是什么。那就是，库珀对跟玻色子差不多，能够凝聚形成超导态。这一点说起来容易，但是事实表明，要提出一套关于这种凝聚现象的定量和可以计算的理论，存在很大的困难。这个难题的最后一步是由三位物理学家跨过的，他们后来被大家叫作"BCS"：约翰·巴丁（John Bardeen），利昂·库珀（Leon Cooper）和约翰·施里弗（John Schrieffer）。他们在伊利诺伊大学工作，由于学校办公室不够，巴丁和库珀共用一间办公室。施里弗是巴丁的博士研究生，跟其他理论物理的研究生一样，在旁边的一座楼里有一张办公桌。他们试图发展库珀关于单电子对形成的理论，将它应用到超导材料中的所有电子上。施里弗后来讲到，他们当时想做的是，找到"一个量子力学波函数，让一亿亿对夫妇同时跳舞"。这个问题如此之难，以至于施里弗想把他的博士论文改成一个磁学课题。在这一关键时刻，巴丁正好要去斯德哥尔摩接受他那份发明晶体管的诺贝尔奖金。在这个月中，施里弗猜出了一个可计算的库珀对玻色凝聚的波函数。在接下来的一个月中，B，C和S三个人发现他们的理论可以完全解释所有的实验数据。听起来有点难以置信的是，人们发现，虽然金属在常温下是电的良导体，但在低温下它们的电子-离子作用很弱，不能成为超导体。而室温下的不良导体，

约翰尼斯·乔治·贝德诺兹(a)和卡尔·亚历山大·穆勒 (b) (Johann Bednorz and Alex Muller),是两位在苏黎世附近鲁希里康的IBM研究实验室工作的物理学家,他们因为在陶瓷材料中发现了超导电性,被授予1987年度诺贝尔物理学奖。他们在花了很多年时间尝试了很多种不同的材料之后,终于发现了一类新的超导材料,超导转变温度比常规BCS超导体高得多。

在低温下反而会成为超导体。

在1986年春,约翰尼斯·乔治·贝德诺兹(Johannes Georg Bednorz)和卡尔·亚历山大·穆勒 (Karl Alexander Muller)作出了一项重大发现。他们发现一种陶瓷材料,镧钡铜氧,在绝对零度以上35度时,变成了超导体。这也许不算一个非常惊人的结果,但是这一超导转变温度,已经比传统金属或者合金超导材料高出了十余度。自从这一结果以来,基于氧化铜化合物的超导材料研究取得了长足发展,超导转变温度已经高到绝对零度以上135度。这些被叫作高温超导体的材料,为一种截然不同的新经济的出现和许多崭新应用的研究,提供了辉煌的前景。用液氮冷却材料,和用液氦来冷却相比,就好像用牛奶来代替香槟一样。 152

高温超导材料,是通过采用电子-离子相互作用很强的材料进行实验发现的。这一点,提示我们用常规的

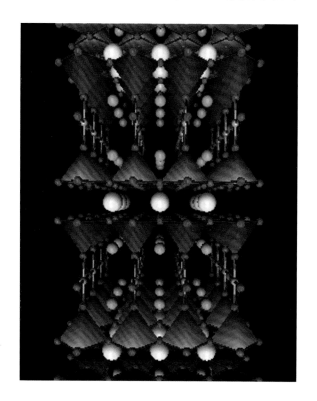

图 7.21 高温超导体复杂晶体结构的计算机成像图

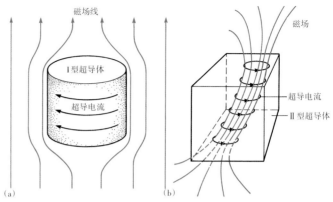

图 7.22　磁场被屏蔽在超导体之外。(a) 在 Ⅰ 型超导体中，比如铅或者锡，磁场被自己引发的超导电流完全排斥在金属之外。(b) 与这种 Ⅰ 型超导体不同，在 Ⅱ 型超导体中，磁场可以很细的小管形式穿过金属

153　库珀对概念可以解释这种超导现象，但是最近的一些实验显示，高温超导机制与经典 BCS 理论有原则的不同。高温超导材料的导电过程发生在氧化铜的原子平面上，上下各有一层绝缘层。在大多数氧化铜化合物中，电荷载流子是空穴（见第六章），因此很难用传统空穴作用理论解释库珀对的形成。高温超导的真正机制我们还不清楚。

超导电性有很多应用。超导电磁铁被用来制备高强度磁场，它不像普通导电线圈做的电磁铁那样会消耗大量电力。要获得很高强度的磁场时，普通电磁铁的电力消耗是一个很大的问题。磁场可以通过磁铁线圈自身的激励产生，但是强度太高的磁场会破坏线圈的超导电性。这一困难可以通过使用所谓的 Ⅱ 型超导体（图 7.22）来部分解决。这种类型的半导体并不是将磁场完全屏蔽在超导体之外，而是允许磁场以很薄的磁通 "管道" 的形式穿过超导体。利用这种超导体线圈做成的电磁铁，可以产生非常强的磁场。超导体能够屏蔽磁场这一性能，也被用来改善电子显微镜的性能。

154　也许超导体最广为人知的应用，应该算 "约瑟夫森结" 和一种叫作 "SQUID"（Superconducting Quantum Interference Device，超导量子干涉装置）的装置。这两种装置都利用了一名英国博士研究生布赖恩·约瑟夫森（Brian Josephson）的 项发现。菲利浦·安德森（Philip Anderson），自己也是一位诺贝尔奖获得者，在回忆起 1962 年他在英国剑桥大学讲授固体物理课程的时候，当时约瑟夫森就是下面的一名学生，说道：

> 我向你保证，对一个正在讲课的教师来说，这是一次很不舒服的经历，因为课堂上讲的任何东西都应该是对的，或者他可以在课后再跟我讨论。

布赖恩·约瑟夫森，在作出令他获得1973年诺贝尔物理学奖的发现的时候，只有二十岁。约瑟夫森当时只是一名学生，正在听由另一位著名物理学家和诺贝尔奖获得者菲利浦·安德森在英国剑桥大学讲授的一门课。一天，在下课后，约瑟夫森给安德森看了他关于超导电子库珀对隧道效应的计算结果。约瑟夫森的理论打开了超导干涉测量的大门，在物理研究上和技术上都得到了广泛的应用。

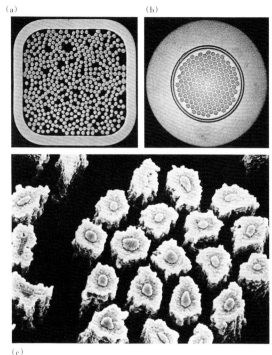

图7.23 用来承载非常大电流的超导电缆的照片蒙太奇。(a) 包含几百根超导电线的钢管。液氦被注入电缆，以保证这些电线的温度足够低，能够维持在超导态。(b) 单根超导电线的放大图，图中可以看出，数千根超导细丝如何被排列成六角形的小束，并被包裹在一层铜外皮中。(c) 超导细丝束的电子显微照片

约瑟夫森当时正在研究超导–绝缘–超导层状结构的量子理论，这种结构中，填充在中间的绝缘层非常薄。他指出，库珀对可以以隧道方式穿过不同层的界面，因而会产生一些非常有趣的效应。其中的一个预言是，即使界面上没有电压，也会出现一个电流。他同样也计算出，在有一个外加磁场和一个恒定的电压加一个高频交变电压的情况下，会发生什么情况。用这种方式实验，可以精确测量基本物理常数之比 h/e（普朗克常数除以电子电荷）。约瑟夫森效应可以用来测量非常微小的电压，也可以用来制造非常灵敏的电磁辐射探测器。在电路中加入一个或多个约瑟夫森结，可以用来制造一种能够极端精确地测量磁场的设备。这种设备就是刚才提到的SQUID（超导量子干涉装置），SQUID现在在非常多的领域中得到了应用，如制药和地质学等。正是因为超导体中库珀对的玻色凝聚效应，才让我们可以在宏观尺度，而不仅限于在原子尺度上观察到量子效应，这些所用的应用也才成为可能。

155

156

克劳斯·冯·克林津被授予1985年度诺贝尔物理学奖，以表彰他发现量子霍尔效应。

量子霍尔效应

与超导效应相关的诺贝尔物理学奖，比物理学其他任何一个方向的诺贝尔奖都多。下面，我们用与超导电性有密切联系的一项新发现——量子霍尔效应——来结束这一章的讨论。经典霍尔效应是在十九世纪由美国物理学家埃德温·霍尔（Edwin Hall）发现的。他发现，如果给有电流通过的晶体结构材料加上一个磁场，传导电子将偏向一边，从而在材料两边形成一个电压，电压方向与电流方向垂直。随着磁场的增强，霍尔电压也会增加。

1980年，克劳斯·冯·克林津（Klaus von Klitzing）和他的同事做了一个实验，他们把电子困在两块半导体之间，因而将电子的运动限制在一个平面上。这实际上模拟了高温超导体上电子的状态。当这个体系被冷却到仅高于绝对零度1~2度时，他们发现，在磁场强度连续平滑加大的情况下，霍尔电压的升高呈不连续的，一步一步的变化。而且，当霍尔电压处于这些台阶上时，材料变成了几乎完美的导体。从技术上讲，这时材料并不是超导体，因为磁场没有被屏蔽在材料之外，但是看起来似乎又的确与超导性有一些关系。也许意义更重大的是量子电阻的发现——霍尔电压除以电流是量子化的。这一量子单位正比于与普朗克常数除以电子电荷的平方。这一电阻单位与原子物理里面的一个基本物理量，也就是所谓的精细结构常数，关系密切。

正是这一现象的发现，导致了克劳斯·冯·克林津在1985年被授予诺贝尔物理学奖。这一发现是在法国格勒诺布尔的国家磁场研究中心作出的。量子霍尔电阻现在已经被用来当作电阻测量设备的校对标准。量子霍尔效应自从被发现以来，已经成为很活跃的一个研究领域，还发现了很多新的相关效应，虽然我们还不能完全解释所有的这些效应。

第八章　量子跃迁

我们在理解由量子力学所呈现的世界时,总是有非常大的困难。至少我自己是这样,因为我已经是个老人了,我不必指出这些东西对我来说是显然的……我显然还不清楚,是不是没有真正的困难了。我不能说出什么是真正的困难,因此我怀疑其实不存在真正的困难,但是我不能肯定不存在真正的困难。

——理查德·费曼

麦克斯·玻恩 (1882—1970) 在他家的图书馆, 此时他已经 72 岁, 正好在获得诺贝尔奖之前。当时他住在德国的巴特皮尔蒙特 (Bad Pyrmont)。他在 1933 年离开德国之前, 一直在哥廷根率领一支优秀的理论物理研究队伍。玻恩后来加入了英国国籍, 并在 1936 年至 1953 年间在爱丁堡当任泰德理论物理主持教授 (Tait Chair of Theoretical Physics)。

麦克斯·波恩和量子概率

在这一章中，我们将休息一下，不再讨论量子力学的各种成功的应用，而是仔细考察一下我们现代物理大厦的这一基石。从某种角度来说，我们要违背费曼在第一章中讨论双缝实验时给我们的警告。我们现在要问费曼不准问的问题："但是怎么会是这样呢?"量子力学已经取得了巨大的成功，我们可以用它来定量计算原子和原子核的各种性质，关于这一点，没有人提出异议。但是，当谈到关于物质本性的量子力学究竟意味着什么，或者说，物理现实本身究竟是什么的时候，意见分歧就大了。为了避免陷入纯粹的哲学泥潭，我们将着重讨论两个著名的佯谬。第一个是"爱因斯坦-波多尔斯基-罗

157

137

森"佯谬，这一佯谬的名字来自于它的提出者，阿尔伯特·爱因斯坦，玻里斯·波多尔斯基（Boris Podolsky）和纳散·罗森（Nathan Rosen），通常被简称为"EPR"佯谬。第二个佯谬的名字来自于"薛定谔之猫"。这两个例子说明了，爱因斯坦和薛定谔，量子力学奠基人中的两位，对于量子理论的基本理论，心里有多么不舒服。

爱因斯坦一直不喜欢量子力学本质上是靠概率解释这一事实，他的 EPR "思维"实验的提出，就是为了说明量子力学不是一个完整的理论。将近三十年以后，爱尔兰物理学家约翰·贝尔（John Bell）提出了一种方法，可以用来验证爱因斯坦关于物理实在的思想，这样，EPR "思维"实验，变成了一个"真实"实验。对爱因斯坦来说，很不幸，这种 EPR 实验的结果表明，任何试图消除量子力学中的非决定论的，概率论的因素的努力，将导致量子理论被迫作出爱因斯坦更不喜欢的修改。

158　第二个佯谬与"薛定谔之猫"这一令人好奇的状态有关。虽然薛定谔受到了 EPR 佯谬的启发，但是他的"思维"实验实际上着重说明了另一个问题——"量子跃迁"。现在在日常谈话中，大家也广泛使用"量子跃迁"这个词了。让我们看一看，这个词在量子力学中的本来含义是什么。让我们回到以前的双缝实验中，并且采用一次只有一个电子通过实验装置。在我们记录到电子到达探测屏幕之前，电子的位置是不能确定的，并且，根据量子力学，我们知道的只是一列扩散到所有探测器的概率波。当电子在某一个特定的探测器上闪光以后，我们突然知道了这个电子的位置。现在当然已经不是一个扩散的波函数，电子的量子概率幅显然从各种可能位置"坍缩"到了一个点上。这就是著名的量子跃迁。虽然薛定谔的波函数精确描述了电子的量子概率波在空间如何分布，但是它并没有预言电子会量子跃迁到哪一个具体的点，或者说量子态上。这就是所谓的"量子测量"的中心问题。虽然很明显，这个问题对于完全理解量子力学理论非常重要，但是物理学家们对于"测量"如何引起电子跃迁到某一具体态的机制，并没有被广泛接受的一致意见。甚至，关于什么是量子测量，大家同样也没有形成一致意见。直到最近，大多数研究这个问题的量子物理学家，都选择闭上眼睛不考虑这个问题。不管怎样，让他们满意的是，量子力学"对于所有实际问题"（For All Practical Purposes）——FAPP，这是约翰·贝尔说的话——都已经足够用了。下面我们将看到，在"量子计算"方面的最新进展，迫使物理学家们不得不重新考虑这个问题。

在我们详细讨论这些佯谬之前，先让我们按照惯例，介绍一下第一个将薛定谔波函数理解为概率波的物理学家。我们再次回到以前的电子双缝实验。这里我们知道，电子干涉图案的数学形式就是，把通过狭缝1和狭缝2的电子波波幅加起来再平方。因为这种干涉条纹图案与打到某一给定位置的电子数目直接相关，因此我们推论电子物质波本身一定代表一种"量子概率幅"。薛定谔波函数是概率波的想法，是由德国物理学家麦克斯·玻恩（Max Born）提出来的。虽然玻恩在量子力学诞生时，就发表了一些属于量子力学最早期的论文，他在量子波含义的诠释方面所起的作用，很奇怪地被早期的量子力学教科书忽视了。这种忽视也蔓延到了诺贝尔授奖委员会。大多数量子力学的奠基者，在他们贡献的重要性被大家认识以后几年之内，都获得了诺贝尔奖。而玻恩作出量子力学波函数的概率诠释以后，等了将近三十年，才获得了诺贝尔奖。

海森堡写的量子力学方面的早期论文中，要求物理学家用一种叫作"矩阵"的数学工具来理解量子现象。矩阵是一些由数字构成的数组，它有一个令人困惑 ₁₅₉ 的属性，就是矩阵A乘以矩阵B并不一定等于矩阵B乘以矩阵A。在那个时代，虽然数学家们已经熟悉了矩阵的分析方法，但是对于大多数物理学家来说，矩阵还是很难理解的。薛定谔当时告诉大家的是，用一个波动方程，再加上大家熟悉解微分方程的数学方法，就可以解释量子行为。因此一点也不奇怪，薛定谔方程受到大多数物理学家的欢迎。但是，薛定谔量子波函数的物理意义是什么？薛定谔当时非常需要为他的量子波函数找到一个明确的物理解释，但最后他不得不承认自己的失败。其中的一个问题是，双电子原子，比如氦原子的波函数依赖与六个坐标值——两个电子的x，y，z值——很难看出来这样一个波函数对应什么样的物理波动。另一个问题是，不像经典波的波动方程，他的波动方程用到了符号"i"，是−1的平方根。在物理中使用这种叫作"复"数的东西很平凡，复数在解决很多种不同类型的问题时，都是一种功能强大的工具。可是，实验中测量到的量都是让我们放心的"实"数，没有带有一个含"i"的"虚"部的复数的存身之地。与此相反，薛定谔的波函数可以是复数的，显然不可能是一个可以直接观测的量。虽然20世纪20年代的通信技术还很原始，没有因特网和万维网来向全世界公布自己的发现，但是在量子力学发展早期，各种进展的传播却非常迅速。薛定谔的第一篇论文是在1926年1月写的；到1926年6月，玻恩就提出了他对量子波函数的概率诠释。作为事后诸葛亮，我们现在可以看出，玻恩迈出的这一步代表了与经典力学的彻底决裂。概率概念已经进入了物理学，成为量子理论的本质的，内在的局限。当然，经典物理中也有概率概念，但仅仅是作为一种"现实上"的限制，而不是要了解一个体系的本质的、"原则上"的限制。我们来考虑抛硬币的例子。我们通常假定硬币落地时，正面和反面朝上的概率是相同的。"现实上"，我们无法预言哪种结果会发生。但是，"原则上"，根据经典物理定理，如果我们对硬币的初始精确状态了解得够细，并且将所有作用在硬币上的各种力精确地计算进去，我们能够计算出最后的结果。与此相反，根据量子力学，我们永远也不能逃脱概率的限制。爱因斯坦对将概率概念引入物理学一事一直非常不满，在他给玻恩的一封信中，他说了一句著名的话："上帝不掷骰子"。根据报道，后来尼尔斯·玻尔反驳爱因斯坦说，物理学家不能"规定上帝应该怎么运转这个世界"。

回想以前的双缝实验，我们看到，虽然电子"看起来像波一样运动"，但是他们却"像子弹一样以小块的方式打到屏幕上"。波函数的平方给出电子打到探测器阵列任何一点的概率。如果我们让大量电子通过实验装置，我们可以预言这些电子在探测器阵列上的统计分布。或者换一种方式，我们使用强度非常低的电子束进行实验，这样每次很少会有超过一个电子同时通过实验装置。量子波函数同样也预言了单个电子打到不同位置的概率分布。一个特定的电子究竟会打到那个位置，本质上是不可预测的：我们只能说电子打到哪个位置的相对概率是多少。当电子到达某个探测器，发出一次闪光以后，以前这个电子充满全部空间的概率波函数显然坍缩到这个探测器所在的一个小区域。薛定谔方程不能说明这种坍缩是怎么发生的。这种波函数的坍缩或者"压缩"就是量子力学的神秘之处。为了说明这有多么奇怪，我们拿这种情况与牛顿定理中描述的经典粒子的行为做个比较。经典粒子将沿着一条经典轨迹，一直运动到探测器上。原则上，在粒子到达探测器之前，我们可以看出它一直朝着这个探测器走过去。但在量子力学中不是这样！在电子打到某一个探测器之前，我们不能说它一定在哪个位置，当然也不能说它正朝某个探测器飞过去。量子物理的根本困难之一，就是为什么在麦克斯·玻恩的概率迷雾中会出现某些像粒子轨迹这样的经典物理量——例如，云室中粒子出现的径迹。

光子与偏振光

现在让我们来仔细考察，量子力学是怎么描述像电子和光子这样的量子"物体"的。在这一章中，我们不再讨论电子和它的"自旋"态，而是选择光以及光子概念作为我们的基本量子体系，因为我们希望光和光的偏振状态概念，要比电子

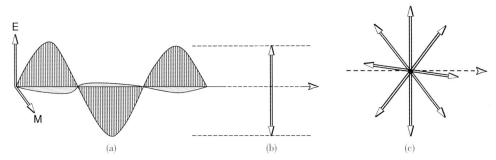

图 8.1 偏振光和非偏振光。(a) 一列垂直偏振的电磁波，电场(E)沿垂直方向振荡，磁场(M)在水平平面上振荡。(b) 只指示电场偏振方向的垂直偏振光示意图。(c) 由各种偏振方向的电磁波组成的非偏振光的示意图

图 8.2 非偏振光通过一面垂直偏振镜以后，变成了垂直偏振光

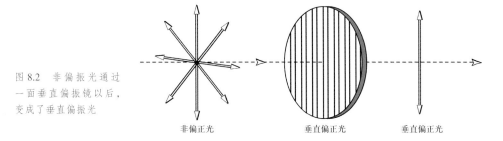

非偏正光　　　　　垂直偏正光　　　　　垂直偏正光

和电子自旋的概念容易理解一些。现象和结果的诠释问题对这两种粒子都是一样的，就像费曼说过的那样："有一个好机会，不管怎样，电子其实跟光子差不多"。

　　1865 年，詹姆士·克拉克·麦克斯韦（James Clerk Maxwell）统一了电磁现象，将所有实验现象总结为一套方程式，也就是所谓的"麦克斯韦方程"。根据麦克斯韦的理论，光是一种电磁波，它的电场和磁场在一个垂直于它的运动方向的平面上来回振荡。如果我们把注意力集中在电场的变化上，电场可以在这个平面上的任何方向上振荡（图8.1）。普通光可以看成电场振荡方向随机分布的许多振荡电场的集合。这种光叫作"非极化的"，也就是光的电场并不指向某一特定方向。现在，如果你戴上一副偏振眼镜，看看会发生什么情况。从海洋，或者从雪地上反射过来的强光大大减弱了。这是因为偏振眼镜可以只允许某一特定电场方向的光线通过。图8.2中说明了这种效应，非极化光通过一片偏振片以后电场方向发生变化，光变成了沿垂直方向"偏振（极化）"的光。我们把光的电场沿垂直方向振荡的偏振状态标记为"V"。打一个形象的比喻，我们可以把偏振片当一个信箱，信箱上面"缝"的方向规定了信可以塞入的方向。我们可以旋转偏振片，只让电场极化方向水平的光通过，标记为"H"方向，实际上偏振片可以旋转到任何方向。

161

用一副偏振镜的镜片做一些简单的实验，就可以很快消除对量子力学的怀疑。例如，根据我们前面说的，如果我们将一道垂直偏振 V 的光，射向一面水平方向 H 的偏振镜，不会有光从偏振片的另一端出来。利用两片偏振片，每个人都可以很容易地验证这个说法。如果两片偏振片的"缝"的方向互相垂直，几乎没有光可以通过这两片偏振片，而且，我们还可以观察到，当慢慢旋转第二块偏振片，直到偏振方向与第一片平行，透过的光的强度是如何慢慢增加的。我们知道这些实验结果以后，困难出现了。为了解释量子力学系统最重要的属性之一，我们现在必须请读者思考一下，如何用数学来描述上面的实验？考虑图 8.3 所示的情况。这里，我们显示了偏振角度与垂直方向夹角为 θ 的光，可以等价地分解为 V 方向和 H 方向偏振光分量的和。用电场来考虑，这种等价分解可以写成如下"矢量"等式

$$\Psi = \cos\theta V + \sin\theta H$$

这里我们用符号 Ψ 表示沿 θ 方向的原始电场。我们说它是一个"矢量"等式，是因为它与一个平面上的方向有关。从物理意义上看，这一等式意味着，你可以通过直接沿着 θ 方向（即 Ψ 的方向）走一个单位距离，或者通过在垂直方向（即 V 的方向）上走一个 $\cos\theta$ 的距离，紧接着在水平方向（H 方向）走一个 $\sin\theta$ 的距离，来到达平面上的同一个点。这一等式的重要性在于，我们可以通过它来计算以角度 θ 偏振的光，通过垂直放置或者水平放置的偏振片以后的强度。因为光的强度与其电场强度的平方成正比，所以通过一个垂直偏振片的光强变化为原来的 $(\cos\theta)^2$。类似地，通过一个水平偏振片后，光强变为原来的 $(\sin\theta)^2$。到目前为止，我们对偏振光的讨论仅用了麦克斯韦方程的经典电场描述。然而，根据量子力学，在微观层次上，光应该被看作是一小块一小块叫作光子的能量流。这两种描述，场描述和光子描述，如何协调起来呢？我们从电场观点讨论的透射光的强度变化，必须理解为可以预言的通过偏振片的光子数占总光子数的比例。

当我们考虑如果是单个光子，会发生什么情况的时候，量子力学本质的概率属性就变得很明显了。原则上，没有什么能阻止我们将光的强度降得非常低，直到光子一个一个地到达偏振片。我们角度为 θ 的电场 Ψ 的分解等式，现在表示的是单个光子的量子概率波的分解。我们来仔细考察这个等式是什么意思：

$$\Psi = \cos\theta V + \sin\theta H$$

这个等式说明了量子测量问题的本质。当一个光子到达垂直的偏振片的时

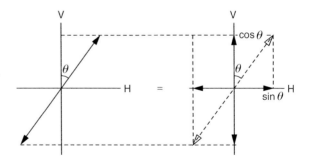

图8.3 极化角度与垂直方向夹角为 θ 的光，可以被认为是相应垂直极化分量和水平极化分量的和。对于单个光子，这说明了一个量子态可以分解为两个分量态的"量子叠加"原理

候，我们不能明确预言它能通过还是不能通过。量子力学能够说的只是，光子有 $(\cos\theta)^2$ 的概率通过，有 $(\sin\theta)^2$ 的概率不能通过。换句话说，某种意义上，光子必须同时处于 V 态和 H 态。我们说，光子是两个态 V 和 H 的量子"叠加"。经典波动比如水波的叠加，大家很熟悉，也没有什么奇怪的。除了物理学家们用到的术语"干涉"之外，两列水波在一块平静的湖面上相交时所发生的情况也是一种非常平常的事情。同样，在双缝实验中，从两道缺口出来的水波直接叠加就得到了总的波动。量子力学的古怪之处表现在神秘的"波粒二象性"上。在量子情形，我们的等式描述的不是一列物理的波，而是单个光子的概率振幅。光子既不是处于 V 态，也不是处于 H 态，而是这两个态的叠加，在到达偏振片的时候，"必须作出决定"跃迁到 V 态还是 H 态。这句看起来无伤大雅的"必须作出决定"，正是问题的关键。这个选择是怎么作出的呢？光子不能作出决定——量子叠加态的演化必须遵从薛定谔方程，但这并没有说明它会坍缩到这个态或者那个态。一定是出于某个我们不知道的原因，用偏振片观察这个行为本身，导致了光子坍缩到它的两个极化态中的一个。但是某些"经典的"测量装置如这块偏振片，究竟怎么引起波函数的"坍缩"的呢？毕竟，任何所谓的"经典"测量装置都是由原子和电子组成的，而这些原子和电子必须受量子力学和薛定谔方程支配，就像这些光子一样。这正是量子力学中"测量问题"的关键，它曾经困扰了很多量子理论的奠基人。正是为了应对这一挑战，尼尔斯·玻尔及其哥本哈根研究所的同事，一点一点艰难地建立起来了量子力学的正统"哥本哈根"诠释。哥本哈根诠释提供了一个关于世界的非常严格和抽象的看法。玻尔相信，经典物理使用的语言，在描述现实世界量子层次现象时，是不够用的。我们要为量子叠加下一个令人满意的，没有歧义的定义，用通常的词汇是不行的。玻尔也没有为测量引起的波函数坍缩提出一个机制。而是，为了从量子理论中得到一个结果，好与实验比较，玻尔要求我们，将实验系统

分成两个部分，一个部分是包含经典测量装置的经典世界，另一个部分是被观察的量子系统。哥本哈根学派的这种将经典体系和量子体系区分，有时候被称为"海森堡划分"。虽然这种划分原则上是不明确的，但是物理学家们在实际使用的时候，已经足够清楚了，依靠这种划分也获得了很大的成功。然而，对这种关于物质的最基本理论的"烹饪书"式解决方案，仍然有某些物理学家，特别值得一提的是后来的约翰·贝尔，并不满意。在本章后面，我们将要看到约翰·贝尔为什么会憎恶薛定谔的"波动量子态"和玻尔的"经典装置"之间的"不明确的边界"。贝尔更是往前迈出了一步，坚持认为，量子力学的核心就是"烂的"。

164

关于量子力学的诠释，我们还有一个苦恼，这一苦恼是量子体系的另外一个让人迷惑不解的属性。如果解决了这个问题，同样也能帮助用量子力学来解释物理现实的本质。假定有一个垂直偏振的光子射向一个偏振"测量"装置。如果我们将偏振片摆成垂直的 V 位置，光子显然会无阻碍地通过偏振片。如果我们把偏振片摆成水平的 H 位置，光子显然会被吸收，不会通过偏振片。但是如果我们把偏振片摆成与垂直位置夹角为 45°方向呢？情况会怎样？利用我们前面讨论过的公式，初始光子态可以写成一个 H 光子态和一个 V 光子态的和

$$\Psi - \cos 45°V + \sin 45°H$$

因为 $\cos^2 45°$ 和 $\sin^2 45°$ 都等于 1/2，所以入射的光子各有 50%的机会通过一个放置在 V 位置的偏振片和一个放置在 H 位置的偏振片。可是，如果我们将偏振片呈"对角"方向放置，角度可以为 45°，叫"DV"方向，或者为 135°，叫"DH"方向。光子现在通过 DV 方向偏振片的可能性是 100%，通过 DH 方向偏振片的可能性是零。这些看起来似乎都是很明显的。但是这些对于我们理解物理现实的本质，又有什么帮助呢？如果我们在 DV 方向测量光的偏振，似乎我们可以非常有把握地说，光子的偏振角度真的是 45°。但是，如果我们不测量这个角度，而是测量 V 或者 H 方向，我们知道我们将看到一个极化方向为 V 或者 H 的光子。这时，在测量结果出来以前，我们不能说光子一定处于 V 态或者 H 态。更一般地，如果我们不知道初始光子的状态，我们可以用一组 V 和 H 方向的偏振片来观测，也可以用一组 DV 和 DH 方向的偏振片来观测。在我们决定如何摆放观测用的偏振片之前，我们不能说光子有任何特定的偏振方向。因此，看起来好像是，我们选择"测量装置"的方向这个动作本身，影响了光子的偏振状态！根据量子力学，在我们测量出结果以前，光子的偏振方向看起来好像是不知道，但实际上是不确定。帕斯库尔·乔丹（Pascual Jordan），是量子力学发展早期的一些论文的作者，在这个方向走得更远，他说："测量不仅仅

破坏了被测量的东西，还生成了被测量的东西。"

量子力学的概率本性，还引起了一些别的令人不舒服的问题。尼尔斯·玻尔很清楚这些问题。正是因为这个原因，他的哥本哈根教义特别强调，量子力学可以预测物理可观测量的值，而不能精确推断物理现实的各种内在性质。的确，玻尔认为，量子力学应该被当作烹饪书里的一份菜单：

整个公式体系应被看作是一件用来预测结果的工具，结果是用经典术语描述的，在实验条件下可以得到的数据，这种结果应该是明确的，仅具有统计意义。

可是，阿格·彼特森（Aage Petersen），玻尔的助手，又往前走了一步，并尝试将玻尔的态度归纳为如下文字：

本来就不存在量子世界。只存在一个抽象的量子物理描述。认为物理学的任务应该是弄清楚自然怎么运作，是一个错误的观念。物理学只关心我们应该怎样描述自然。

海森堡，曾帮助玻尔及其同事建立了这一哥本哈根学派的世界观，也提出，量子物体没有我们日常看见的物体那么"真实"。

在与原子有关的实验中，我们接触的物体和事实以及各种现象，跟我们在日常生活中遇到的各种现象一样真实。但是原子和基本粒子本身并不是那么真实的；它们形成了一个由可能性和概率，而不是由物体或者事实，构成的世界。

在对待微观世界的问题上，这种抽象的处理方式，可能让我们成功地预言实验事实，但是看起来与我们日常生活中的各种经验相矛盾。我们看见的周围的各种物体，都有一种令人放心的、确定的存在。它们并不因为我们想去看它们，或者说要做一次测量时，才变戏法般地跳出来。因此，一点也不奇怪，爱因斯坦不愿意接受这套理论。他不喜欢玻尔拒绝承认客观物理事实的存在的做法，而是充满热情地相信，无论我们有没有在那里测量它们，物理客体都具有真实的、自然的属性。在与亚伯拉罕·派斯（Abraham Pais）的一次谈话中，爱因斯坦为了强调自己对这种荒谬状况的感受，这样问派斯："月亮是不是只有在你看它的时候才存在？"为了攻击玻尔的物理世界观，爱因斯坦同他在普林斯顿的两位年轻同事，玻里斯·波多尔斯基和纳散·罗森，一起设计了一个著名的"思维"实验。现在让我们来看一看，约翰·贝尔如何将这样一个显然的哲学问题，转变成一个可以通过实验验证的具体问题。

约翰·贝尔与EPR佯谬

　　虽然爱因斯坦也是量子力学的奠基人之一，但他仍然对量子力学的概率本质，持一种绝不妥协的态度。在与玻尔的一场著名的争论中（这场争论就叫作玻尔-爱因斯坦大论战），爱因斯坦设计了一系列实验，来挑战哥本哈根学派关于物理世界的正统观点。论战的第一回合和第二回合，发生在1927年和1930年在布鲁塞尔举行的著名的索尔维（Solvay）会议上。在一次与玻尔共进早餐的时候，爱因斯坦提出了几项"思维"实验，这几项实验看起来能够证明，测量精度可以比海森堡不确定性原理要求的要高。经过了几个不眠之夜，玻尔发现，爱因斯坦的每个实验都有一个漏洞。大家也公认，玻尔是这两个回合论战中的胜利者。过了五年之后，爱因斯坦提出了一项新的挑战。同样，他的目的是为了证明，像一个粒子位置和动量这样的物理量，原则上，可以知道得比测不准原理要求的更精确。在那篇EPR论文中，爱因斯坦的目的是要支持他坚信的"客观实在"独立于观察而存在的观点。他相信，量子力学是对微观世界的一个不完全的描述，量子物理中概率的出现，仅仅是因为我们对微观世界的了解还不够。本质上，爱因斯坦希望我们的世界，跟我们经典的掷硬币例子一样。在这个例子中，只要我们仔细的测量和计算每一个细节，原则上我们就可以明确地预言结果是什么。类似地，也许在量子力学中也存在某些"隐藏的变量"，如果我们知道了这些变量，我们就能够明确地预言实验的结果。EPR论文最后总结道：

　　就像我们已经在前面说明的那样，波函数没有完整体地描述物理客体，这样就出现了一个问题，这个问题就是，这种完整的描述是否存在呢？我们相信，不管怎样，这样一种理论是可能的。

　　在EPR佯谬中，虽然爱因斯坦挑战的是量子力学的测不准原理，他的这一著名的思维实验也阐明了也许是量子理论最奇怪的一个方面——爱因斯坦曾经把它叫作"幽灵般的，超距"作用。对于某些量子态——薛定谔把它们叫作"纠缠态"，量子力学在一个量子体系的被分开的几个部分之间，似乎需要某种"比光速还快"的作用。

　　在这里，我们要讲一个由美国物理学家戴维·玻姆（David Bohm）提出来的，EPR实验的现代版本。在玻姆的实验中，一个静止的原子被激发后会同时
放出两个光子（图8.4）。这两个光子沿相反方向射出，它们的偏振状态可以通过一对偏振片测出。因为光以光速运动，两个偏振片可以距离非常远。虽然这本来是作为一个思维实验提出来的，但现代光子技术的发展已经使这一现实的

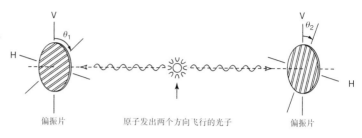

图8.4 EPR实验的这一实现方案是美国物理学家戴维·玻姆提出来的。中间一个静止的原子辐射放出两个沿相反方向运动的光子。光的路径上放置了两个偏振探测器，用来测量光子的偏振状态

偏振片　　　　　　　原子发出两个方向飞行的光子　　　　　　偏振片

实验成为可能。我们得到了如下结果：

● 如果两块偏振片都垂直放置在 V 方向上，两个光子总是通过偏振片射出。

● 如果两块偏振片都水平放置在 H 方向上，两个光子总是通过偏振片射出。

● 如果一块偏振片放置在 V 方向上，另一块放置在 H 方向上，我们永远也看不到两个光子同时通过。

换句话说，我们能看见 VV 光子对和 HH 光子对，但是看不见 VH 或者 HV 光子对。因为两个偏振片距离非常远，我们在选择在什么时刻设置偏振片方向时候，可以有很多方案。例如，我们可以在光子出发以后，但是在第一块偏振片的探测结果的信号到达之前，设定第二块偏振片的方向。所有的结果都是一样的。虽然我们不能说我们能肯定看到 V 或者 H 方向的光子，但是两个光子之间的偏振总是完全一致的。我们要么看见两个 V 偏振方向的光子，要么看见两个 H 方向光子。我们如何解释这种完美的相关性？爱因斯坦可能希望把这一结果解释为，光子的偏振状态实际上早就已经确定下来了。如果发现一个光子处于 V 方向，那么另一个光子处于 V 态就不奇怪了，因为在出发的时候，光子的偏振状态就已经确定了。另外一种解释似乎需要光子之间有某种神秘的"超距"作用，也就是，一旦一个光子的偏振状态被测量出来为 V 或 H，另一个光子立即将自己的偏振状态改成与它一致。

物理学家们并不喜欢超距作用。他们更愿意相信因果关系。在麦克斯韦的电磁理论中，力是通过作为媒介的电磁场以光速传递的。假定有一些电荷散乱分布在较大的空间中，如果我们晃动某个位置的电荷，这一晃动产生的影响，会通过以光速传播的电场的变化，传递给其余电荷。移动某个位置的电荷，距离很远的别的电荷会立即感觉到这一变化的超距作用观点，没有受到大家的严肃看待。爱因斯坦对量子力学这一隐含要求非常不高兴，希望能够避免这种"幽灵般的"比光速还快的信号传递机制。玻尔对爱因斯坦这一挑战的回应并 168

147

不能说明什么问题。实际上，玻尔只是重复了正统的哥本哈根学派观点，也就是，我们必须把量子体系看成一个整体——两个光子和两个探测器一起组成了一个量子体系，因此在对一个光子的测量将影响另外一个光子状态这一讨论中，玻尔的说法没有什么意义。这不是一个令人非常满意的"解释"，当然爱因斯坦不会满意。在玻尔的解释中暗示，量子力学必须有古怪的超距作用。

1964 年，这时 EPR 论文发表将近 30 年，爱因斯坦去世也已经 9 年了，约翰·贝尔提出了一个关于 EPR 佯谬的新的解决办法。贝尔是一个爱尔兰人，非常喜欢爱尔兰笑话。他经常把自己在这场争论中的贡献描述为："爱因斯坦和玻尔认为（两个光子的偏振之间的）相互关系为 0° 和 90°，而我认为应该是 37°！"贝尔曾经把爱因斯坦的两个 EPR 光子比作一对同卵孪生子。如果你将一对同卵孪生子在他们出生时就分开，后来观察到他们中的一个头发是红的，那么另外一个的头发也是红的并不奇怪。这种相关性是由他们共同的基因决定的，两个被分开的孪生子之间并不存在任何奇怪的比光速还快的信号机制问题。戴维·林德里（David Lindly），在他那本写得非常好的《古怪性哪里去了》（Where Does the Weirdness Go）书中，讨论了一双手套的问题。如果一个人买了一双手套，将其中的一只寄给香港的一位朋友，另一只寄给纽约的一位朋友，我们很容易理解，当这两位朋友打开他们的包裹时所发生的情况。如果香港那位朋友看见的是一只左手的手套，他马上就会知道纽约那位朋友收到的是一只右手手套。这里也没有发生神秘的超距作用。两只手套的相互关联，香港的左手和纽约的右手，在被寄出的时候就已经确定了。这种瞬时的"信息坍缩"在日常生活中是很常见的。约翰·贝尔的独特贡献在于，他说明了量子力学预言的相互关联，要多于这种显然是预先确定的"经典"相互关联。

约翰·贝尔的功绩是，为"常识性的"、预先确定的条件下的相互关联，提出了一个"不等式"，这种经典相互关联与量子力学预言的相互关联不一致。有了这个不等式，物理学家们就可以检验，自然是根据量子力学预言的比光速还快的效应运作呢，还是根据爱因斯坦喜欢的确定性隐变量运作。贝尔不等式有很多种数学推导，在这里我们就不赘述了。我们在这里要提出一个关于这个不等式的非数学的、"直觉的"证明。这个证明实际上是贝尔在一次有关这个问题的科普讲演中自己提出来的。理解这一证明需要花一点力气，如果读者愿意相信这个结果，可以跳过下面的讨论，直接阅读本节最后一段。当然，我们认为，花点时间努力了解下面的详细讨论，是值得的，因为这是物理学上很少见的不需要高等数学知识就可以体会到的，但又是非常基本的和强有力的几种概念之一。

约翰·斯图尔特·贝尔（1928
—1991），出生于北爱尔兰贝
尔法斯特（Belfast）的一个没
有学术传统的家庭。尽管因为
拿不到奖学金而无法上中学，
他还是上了贝尔法斯特的技术
学院，除了完成学业以外，还
学到了一些砖瓦和木匠手艺。
从贝尔法斯特女王大学毕业以
后，他先是到了马尔文
（Malvern），参与设计粒子加
速器的工作，在那里他遇到了
他的妻子玛丽，同时在伯明翰
著名的鲁道夫·佩尔斯
（Rudolf Peierls）理论物理小
组做研究。后来，他去了
CERN（欧洲粒子物理研究
所）。他的那篇不等式论文，
是在访问美国斯坦福的时候完
成的，发表在了一份没有影响
的、很短命的杂志上，目的是
避免请斯坦福替他付版面费！

我们从玻姆设计的EPR试验开始（图8.4），并将
注意力集中在偏振方向不一致的光子对的数目上。
当两片偏振片的方向都垂直时，光子对的偏振状态
是完全一致的：没有一个光子通过一个偏振片，而
另一个光子不通过平行的另一个偏振片的现象。到
目前为止，两块偏振片是完全平行的。现在，我们
要改变两个偏振片的角度，让它们不再垂直——偏
振片1旋转角度θ_1，偏振片2旋转角度θ_2。我们预计，
不一致的光子对——一个通过，另一个不通过——数
目N，将与这两个角度都有关系。我们将这种依赖关
系直接表示成$N(\theta_1, \theta_2)$。当两个偏振片平行的时候，
我们有$\theta_1 = \theta_2 = 0$，没有不一致的光子对。这种情况
用下列等式表示：

$$N(0°, 0°) = 0$$

这个等式表示光子对总是完全一致。

现在我们将一个或者两个偏振片偏离垂直方向，
并且推测可能会有什么样的结果。对于常识性的预
先状态已经确定的情形，为了得到结果，我们必须
认定，在一个探测器上发生的事情不影响另一个探
测器。我们也像爱因斯坦那样，想象光子对的偏振
方向，在光子出发的时候，就已经平行了。当光子
到达偏振片的时候，我们假定量子力学，在我们前
面讨论偏振光通过概率的时候，使用的偏振"矢量
模型"是正确的。现在让我们来考虑一个有十二对
VV偏振的光子的实验。如果我们将右边的偏振片旋
转30°，能够通过偏振片的光子对数目现在变成
$(\cos 30°)^2$也就是3/4（图8.5）。因此我们发现12对光
子的四分之一也就是三对，现在"不一致"——往
左的光子全部通过左边的偏振片，但是有三个朝右
的光子不能通过右边旋转了的偏振片。我们将这种
情形用下列等式表示：

$$N(0°, 30°) = 0$$

171

1927年在布鲁塞尔大都会饭店举行的索尔维会议的与会者。这些会议是由厄内斯特·索尔维（Ernest Solvay）资助的，第一届举办于1911年。索尔维是一种碳酸钠生产工艺的发明人。与会人数限制在三十人左右，都是顶尖的科学家，作为传统，比利时王室会邀请与会者共餐。因为这些会议，爱因斯坦与比利时王后伊丽莎白成了终生好友

172

虽然戴维·玻姆（1917—1992）是一本严谨、富有洞察力的阐述量子力学哥本哈根诠释的教科书的作者，后来他却成了这一正统理论的最直言不讳的批评者之一。他在普林斯顿的时候，和爱因斯坦有过很多讨论，正是这些讨论让他和量子力学的正统观点断绝了关系。玻姆后来因为在臭名昭著的麦卡锡听证会期间发表的左翼观点，不得不离开了美国。后来他发展了量子力学中的德布罗意"导航波"理论

现在再做一个实验，我们把右边的偏振片转回来，仍然保持垂直，但是将左边的偏振片向相反方向旋转30°。出于同样的原因，我们有下列结果：

$$N(-30°,0°) = 3$$

现在我们考虑，如果我们让两个偏振片都旋转，会出现什么样的结果？我们仍然假定两个光子开始的时候都是处于垂直偏振态，在一个偏振片上的测量结果不影响另一个偏振片的测量结果。在右边，我们应该发现，跟以前一样，三个光子没能通过。同样，左边也有三个光子通不过。因为任何一个特定光子能够／不能通过相应偏振片完全是一个独立概率事件，所以这些不过的事件可能发生在不同的光子对上。这些不过的事件可能发生在六对光子上，我们知道最多只可能有六对不一致的光子。可是如果不能通过的事件发生在三对相同的光子上，我们将发现没有不一致的光子对，因为九对光子都通过了两个偏振片，而三对光子都没有通过偏振片。当然，结果也可能处于这两个极端之间。因此，我们可以看出，将两个偏振片都旋转，可能引起一些或者全部本来不一致的光子对变成一致的光子对，也就是两个光子都没有通过各自的偏振片。我们将这种"常识"下的偏振光子通过预测总结为如下不等式：

$$N(30°,-30°) \leq N(30°,0°) + N(0°,-30°)$$

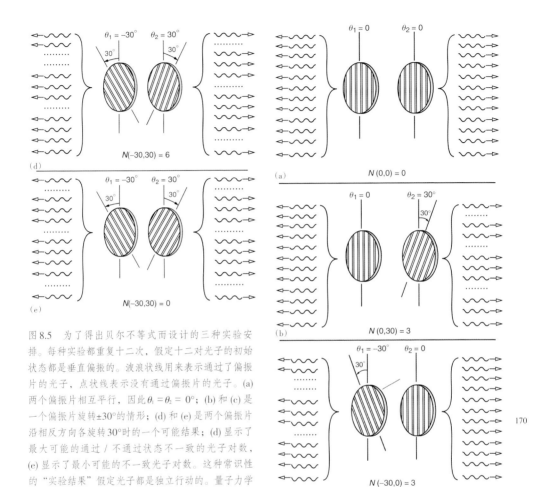

图 8.5 为了得出贝尔不等式而设计的三种实验安排。每种实验都重复十二次，假定十二对光子的初始状态都是垂直偏振的。波浪状线用来表示通过了偏振片的光子，点状线表示没有通过偏振片的光子。(a) 两个偏振片相互平行，因此 $\theta_1 = \theta_2 = 0°$；(b) 和 (c) 是一个偏振片旋转±30°的情形；(d) 和 (e) 是两个偏振片沿相反方向各旋转30°时的一个可能结果；(d) 显示了最大可能的通过 / 不通过状态不一致的光子对数，(e) 显示了最小可能的不一致光子对数。这种常识性的"实验结果"假定光子都是独立行动的。量子力学预言不一致的光子对数目比(d)中显示的要多。

170

　　这就是贝尔不等式。让人吃惊的是，量子力学不服从这个不等式。在我们刚才考虑过的实验中，量子力学并不预先确定光子的偏振方向，因此，利用我们刚才的矢量三角形，夹角 $\theta = 60°$，我们可以得出等式左边是 $(\sin 60°)^2 = 3/4$。基于同样的理由，等式右边两项的 $\theta = 30°$，因此这边的值为 $2(\sin 30°)^2 = 1/2$。显然3/4不小于等于1/2，因此量子力学违反了贝尔不等式。

　　贝尔不等式让我们能够直接检验量子力学的正确性。二十世纪七十年代末八十年代初，阿莱恩·阿斯派克特（Alain Aspect）和他在巴黎的小组做了一系列漂亮的实验，以测量这些EPR关联关系。这些实验证实，量子力学的确违反了贝尔不等式，并且，实验数据与量子力学的预言是一致的。虽然这些实验并没有完全满足EPR思维实验的所有条件，比如，现实世界中，光子探测器的效率不可能达到100%，但是现在的大多数科学家已经同意，量子力学通过了这次检验。关于物理世界的本质，这些实验能够告诉我们什么？观察到的对贝尔不等式的违反，说明了，隐变量理论不可能与实验一致。隐变量理论没有明显的或者隐含的令人不快的超距作用。爱因斯坦更愿意用某种具有内在的，确定的隐含变量的理论来解释量子力学，当然不会愿意接受这种"幽灵般的超距作用"的存在。

薛定谔之猫

薛定谔，量子力学的奠基人之一，同样对玻尔的量子力学诠释深深地不满。他设计了他的薛定谔之猫佯谬来着重说明测量的关键问题是什么。根据玻尔的说法，这个世界可以被分成量子系统，它们按照薛定谔方程相互作用和演化，和日常生活中的比如计数器和指针这样的经典系统，它们服从我们熟悉的各种定理。我们已经知道，量子系统与经典物体不同，可以是几个量子态的叠加。正是测量过程，不知道出于什么原因，会导致量子叠加坍缩到某一个确定的经典态，也就是一种用经典的计数器或者指针的状态确定的态（也就是可是说是"几个"或者"在那里"——译者注）。显然，应该测量什么性质和什么时候测量，是由观察者决定的。只有在测量之后，我们才能说这个量子系统具有某种确定的属性。这与经典物理相比，是一个意义深远的差别。经典物理认为物体的属性是客观的，与观察者和测量装置无关。薛定谔从刚开始就不满意这一概念。早在1926年，薛定谔就悲叹道："如果真的有这种讨厌的量子跃迁，我实在是为自己卷入量子力学理论的研究而难过"。那么问题是什么呢？问题是，任何东西都是量子的。尽管我们周围的世界看起来比较坚实，可是任何东西都是由原子和电子构成的，这些原子和电子是很古怪的，波粒二相的，服从薛定谔方程的，而不是服从牛顿定理的。为什么我们必须将世界划分成量子系统和经典测量装置呢？一个观察者，当然同样也是由原子和电子组成的，怎么能够站在系统之外测量呢？当我们希望计算出整个宇宙的波函数的时候，这些问题就变得非常严峻了。

为了回答这样一些问题，薛定谔准备为了科学事业而牺牲他的（虚构的）小猫。他将情况描述如下（图8.6）：

图 8.6　薛定谔用他的可怜的猫设计的著名思维实验。这是实验装置图。一个放射性原子核衰变，将导致锤子砸烂氢氰酸瓶子。实验经过仔细计算，在实验进行的一个小时期间，放射性物质的数量正好能保证一个原子核有 50％ 的机会发生衰变。根据量子力学，一个小时结束后，猫的波函数应该对应于一个死猫的波函数和一个活猫的波函数的等比例叠加！箱子被打开以后，我们必定发现猫是死的或者是活的。这里的神秘之处在于，这种"测量"是如何发生的？量子叠加态又怎么坍缩成一个确定的死猫或者活猫状态

　　一只猫被关在一个铁箱子里，箱子里面有一个很残忍的装置：在一个盖革计数器里面有很少量的放射性物质，放射性物数量非常少，在一个小时内只可能有一个原子衰变，但也有同样的可能一个原子都不衰变。如果这个原子衰变了，盖革计数器管内会放电，放出的电通过一个继电器松开一个锤子，锤子砸烂一个装有氢氰酸的瓶子。我们将这个系统放一个小时，如果没有原子衰变，我们可以说猫仍然活着。只要一有原子衰变，猫就会被毒死。整个系统的波函数 ψ 表示为活猫和死猫（对不起我用了死猫的说法）的混合态，或者说是一个模糊的两个可能性相等的部分组成的状态。

　　换句话来说，过了一个小时以后，在我们打开箱子观察猫的状态之前，量子力学的观点是，猫处于一个量子叠加态。我们无法想象，一个经典物体，怎么能够处于一个叠加态上，也就是同时处于两种不同的状态上，更不用说一个像猫这样有生命的东西了。是不是真的像量子力学说的那样，是我们观察猫这个动作本身，引起了猫的波函数坍缩成一个死猫或者活猫呢？20 世纪最伟大的 174 两位量子力学思想家，约翰·冯·诺伊曼（John von Neumann）和尤金·魏格纳（Eugene Wigner），也为这个问题苦恼过。他们最后的观点是，观察者的意识在波函数的坍缩中起着关键作用。可是这让我们更糊涂了。一个有意识的动物比如这里的猫自己能不能引起自己的波函数坍缩呢？如果我们在这个铁箱子边上

再做一个铁箱子，两个箱子之间做一个观察窗，并且让一个"魏格纳的朋友"坐在这个箱子里，在那一个小时里观察猫，情况会怎么样？我们可以问他在原子是不是衰变了？猫死了没有？或者我们自己把箱子打开自己看。这时，是不是因为魏格纳的朋友在观察，测量和波函数的坍缩就发生的早一些呢？如果世界唯一的非量子力学部分是意识，为什么不同的观察者对观察到的物理世界的看法一致呢？难怪爱因斯坦要问，在我们没有看着月亮的时候，月亮是否存在这个问题！现在，我们要考察为了解决这一测量问题而作出的两种努力："多宇宙理论"和"退相干理论"。

量子力学的多宇宙诠释

对整个世界的传统量子力学描述是一个巨型波函数（Monster Wavefunction）（这个波函数也包含所有的观察者），这个波函数服从薛定谔方程，是由无穷多个概率幅构成的一个不可思议的复合体。假如我在拉斯维加斯赌博，刚要把钱押在一个轮盘赌的二十二号，这时我旁边的一个女孩看到了她认识了一个人，把正在喝的饮料洒了出来，因此我停住了，没有把钱押上去，这时轮盘赌停在了二十二号上。可以看出，对于我个人来说，整个宇宙的运行将取决于一些小小的光子打到她的视网膜上这一事件。这样，整个宇宙会因为每一个原子事件而分岔。现在有些坚持逐字逐句理解量子力学的人，很满意宇宙的这种图像。因为对于描述整个宇宙的波函数来说，不存在一个外面的观察者，因此他们主张这个关于整个世界的合适描述必须包含所有可能的概率振幅，并且因每一次原子事件而分岔。

——理查德·费曼

很多物理学家为量子力学提出了不同的"诠释"，目的是为测量问题提供一个可靠的解释，并能让我们理解波函数的坍缩。也许最别出心裁的想法，是休·埃弗雷特（Hugh Everett）在他1957年的博士论文中提出来的。尽管休是普林斯顿大学约翰·惠勒（John Wheeler）的学生，但惠勒发现休的论文初稿"几乎看不懂"。虽然惠勒相信休的论文中有非常新颖的观点，他觉得自己最好还是另外写一篇介绍性的论文，以便休的论文答辩委员们"更容易理解"论文中的观点！埃弗雷特的想法并没有得到多少关注，直到10年以后，惠勒的一个同事，布赖斯·德威特（Bryce DeWitt），写了一篇文章介绍埃弗雷特的量子力学

"多宇宙诠释"理论，情况才有所改变。正统的哥本哈根观点是，在一个观测者使用经典测量装置测量一个量子叠加态的时候，实际上只能观测到所有可能结果中的一个。神秘的观测过程，不知道通过什么方式，将不同的可能结果坍缩到被观测到的那个结果上。埃弗雷特和德威特利用一个大胆得令人吃惊的办法，解决了这个问题。他们建议，所有的可能性都实现了，只是每种可能实现在一个不同的宇宙上。而且，根据德威特的说法，这些宇宙中的每一个又不断地自我复制，以允许每一次测量中各种可能结果的出现。就像德威特所说的："宇宙的任何一个遥远角落的任何一个星系中任何一个星星上发生的任何一次量子跃迁，都将把我们这里的世界分裂成自己的亿万个拷贝"。在这一图像中，不存在波函数坍缩，只是宇宙变成了叫"多元宇宙"的很多平行宇宙。

尽管这种想法有非常吸引人的地方，但也存在几个问题。首先，如果这些分开的宇宙不能发生相互作用，那么非常清楚的是，没有任何办法能够检验埃弗雷特的说法。虽然解决了测量的问题，但是没有带来新的预言，也不能检验，因此这个理论看起来不能令人满意。甚至约翰·惠勒最后也总结说，埃弗雷特的观点只能提供一些想法。这个理论的详细公式体系也有很大的问题。费曼担心，在这些不同的宇宙当中，应该有很多份我们自己的拷贝。我们的每一个拷贝都知道宇宙是怎么因我们而分裂的，因此就我们可以往前追溯我们的过去。当我们观察我们过去的行踪的时候，观察结果是不是和一个"置身事外的"观察者得到的结果一样"真实"呢？更进一步，虽然在我们观察自身之外的世界的时候，我们可能把自己当成"外面的"观察者，但是我们之外的世界包括别的观察者也在观察我们呀！我们会不会就我们看见的东西总是有一致的观察结果呢？就像费曼说的："可以有很多很多的推测，讨论这些东西并没有什么用处"。

约翰·贝尔同样对多宇宙理论带来的后果表示担忧。埃弗雷特和德威特都把波函数分岔成很多个宇宙的过程当成一个树形结构，对于每一个分支，将来是不明确的，但是过去却是明确的。贝尔相信，在宏观尺度下，这一理论"现在这个时刻某一分支与过去时刻某一分支的相关性，不比与将来时刻的某一分支的相关性强"。根据贝尔所说，在埃弗雷特的理论中，某一具体的现在与某一具体的过去没有任何相关性。因此，我们这个世界就没有轨迹了，世界的各种结构，包括我们自己，都会以绝对的不连续方式变化。那么我们怎么会有世界是相当连续地变化的这种错觉呢？根据贝尔对埃弗雷特理论的解释，这种连续性应该是从我们的记忆中来的，而记忆又是一种当前的现象。贝尔将这个理论比作另一种坚持世界是公元前4004年创造出来的一套理论（即基督教圣经中的创世论——译者）。我们关于地球结构不断增长的知识似乎指出，世界存在的时间比这个时间长多了，但对于真正信仰创世论的人来说，这并没有什么问题。他们说，上帝在公元前4004年创造世界的时候，已经考虑到的事情的连续性：树木一出来就已经有了年轮，虽然它并没有经历年轮数目对应的那么多年，石头就是各种典型的石头，有些就是出现在地层中，并且含有化石——没有存在过的生物的化石。贝尔总结埃弗雷特的理论的时候，说道："如果我们严肃看待这一理论的话，我们可能很难再严肃看待任何别的事情"。

尽管有这样那样的问题，量子力学的多宇宙诠释——有时候被叫作多元宇宙论——还是经受住了大家的责难。它也得到了一些著名物理学家包括戴维·多伊奇（David Deutsch）和斯蒂芬·霍金（Stephen Hawking）的支持。多伊奇提出了多宇宙理论的一个衍生理论，在这个理论中，世界的数目尽管很大，但是不会不断增加。他相信这一理论可以被检验。他的检验方案用到了一个量子干涉实验，实验中两个量子态分别演化一段时间再结合到一起。一个有某种宏观量子记忆的虚拟大脑，观察这个系统，并在不同的世界中分裂成两个拷贝。这一测试就会"在这个虚拟观察者的大脑中，观察这一量子干涉现象"。我们不再跟着这些推测走下去，但在后面讲量子计算机的进展的时候，我们还会碰到戴维·多伊奇。

退相干理论

177 在解决测量问题的尝试中，还有一个比较平凡的，不是那么耸人听闻的理论，名字叫作"退相干"理论。这一理论认为，量子体系永远都不能完全与周围的大环境隔绝，因此薛定谔方程不仅仅应该应用于量子体系，还应该应用于与之相关的量子环境。在现实生活中，量子态的"相干性"——量子叠加态不同部分之间脆弱的相位关系——将很快与体系外部的世界相互作用。沃切克·祖莱克（Wojciech Zurek）是测量问题"退相干"理论最著名的提倡者之一，按照他的说法，量子相干性"漏出"到环境中。祖莱克宣称，最近几年里，量子体系与环境的相互作用打乱了量子叠加态的相位这一观点得到了越来越多的认可。现在剩下的问题只是，在很多经典可能性之间，作一个普通的非量子选择，这里已经没有奇怪的干涉效应了。这看起来好像是量子测量问题的一个非常平凡的终结！怎么会这样呢？由环境引起的退相干难道真的能回答所有的问题吗？现在我们来看一看下面这个自称看到了正在进行的"薛定谔猫"态退相干的实验。

最近，塞尔日·阿尔科什（Serge Harcoche）和让-米歇尔·雷蒙（Jean-

Michel Raimond），与他们在巴黎的研究小组一道，进行了一些支持退相干理论的很有意思的实验。实验分成三个不同的部分，量子体系，"经典"测量装置和环境，三个部分可以相互作用。在他们的实验中，量子体系是一个可以制备为处在一个或者两个量子态上的原子。他们通过将原子注入一个空腔来测量原子的量子态，经典的"指示器"是"空腔"的电磁场。如果我们将原子制备为两个量子态的叠加态，情况会怎么样？如果我们将空腔本身当成另一个量子体系，我们发现，本来被我们当成经典指示器的电磁场现在会处在一种"薛定谔猫"态，也就是"指示器"所处的状态是它的两种经典状态的量子叠加。薛定谔的思维实验，实际上就是用猫作为这里的经典指示器来强调测量的奇特性质的。现在我们怎样才能从这种明显自相矛盾的处境里面解脱出来呢？根据退相干理论的解释，我们必须把不可避免的指示器与环境的作用考虑进来。指示器，也就是空腔，一直持续不断地受到"环境"中的光子，空气分子等的随机轰击。关于这些作为第三个量子体系的随机过程的研究显示，两个原子初态的相位信息，和它们相应的指示器位置，很快消失了。对于通常有很多光子的经典指示场，一般相信退相干会在短得无法测量的时间内完成。可是令人惊奇的是，阿尔科什和雷蒙利用只有几个光子的空腔指示器，能够观察和测量这个系统的退相干时间。他们的做法是，将第一个原子注入空腔之后，间隔一定时间 178 之后才把第二个原子注入空腔，然后测量依赖于第一个原子波函数的相干性的干涉效应。通过观察第一个和第二个原子穿过空腔的时间差怎么影响干涉现象的消失过程，他们宣布"抓到了正在发生的退相干"！

爱因斯坦关于月亮的疑问，也可以用类似的退相干理论来"解释"。月亮不是一个什么作用都没有的系统，不仅仅月亮上的每个分子都与相邻的分子有持续不断的相互作用，月亮的表面也受到各种粒子和辐射持续不断的轰击，这些粒子和辐射绝大部分是从太阳来的。与月亮有关的任何薛定谔猫态的相干性，很快就被这些持续不断的相互作用摧毁了。根据这种退相干理论，我们可以很安心的认为，月亮毕竟总是在那里的，即使我们没有看着它。从太阳来的光子的轰击，足够形成一次次测量，并且摧毁任何量子相干性。

这些用退相干解释测量问题的说法能不能让约翰·贝尔满意呢？也许不能！我们已经说过，不仅仅被观测的体系是量子的，测量仪器也应该被当成量子体系。这个合成体系的量子波函数是测量装置不同经典状态对应的量子态的叠加，就像在阿尔科什和雷蒙的实验中那样。退相干理论说，我们必须将环境作为第三个量子体系考虑进来，并与我们的测量装置有相互作用。作为结果，相位的随机化过程将很快发生，量子叠加态将很快退化为以经典概率为权重的不同可能结果的求和。对于这套理论，贝尔提出了两个问题。第一，所有的量子态，无论是被观察系统的、测量装置的，还是环境的，都应该根据薛定谔方程演化。在数学上，这种演化不可能将一个相干的量子叠加态变成一个概率求和。虽然一个人正常选择的特定测量一般的确很少或者没有量子相干，但是贝尔认为，原则上没有什么东西能够禁止我们选择另一种的测量方式，使没有量子相干这一点不成立。贝尔说道：

> 只要原则上没有什么东西禁止我们采用任意复杂的观测量，我们就不能轻易地说波包坍缩。对于任意给定的观察量，总可以找到某个时间，在这个时间你不想要的干涉效应非常小，但是我们同样也找到某个时间，在这个时间你不想要的观测量非常大。

在贝尔看来，波函数坍缩的任何机制，对于小系统也应该是有效的，并且不应该依赖"大数定理"。他的第二个问题与测量本身有关。即使我们承认，退相干将问题简化到不同结果的概率选择上，但是退相干并没有说明这些具体的结果是怎么出来的。贝尔并不是不承认量子力学中测量的实用性，但是他强烈地感觉到，除非我们"准确地知道它（波函数坍缩）什么时候以什么方式取代了薛定谔方程，否则我们现在还不能说，我们已经拥有了一个正确和没有歧义的公式体系，可以描述我们最基本的物理理论。"

关于量子力学的测量问题，还有很多可以讨论的问题。量子力学发展早期，一些伟大的物理学家，比如约翰·冯·诺伊曼和尤金·魏格纳，甚至认为，最终对波函数的坍缩负责的是观察者的意识。鲁道夫·佩尔斯提出了一种基于信息和知识的理论。罗杰·彭罗斯（Roger Penrose）相信，波函数坍缩是由量子引力引起的。罗伯特·格里菲思（Robert Griffiths），莫雷·盖尔曼（Murray Gell-Mann），詹姆士·哈特（Jame Hartle）和罗兰·奥姆尼斯（Roland Omnes）提出了另一种理论，从"量子历史"出发来解释测量问题。在我们关于量子测量问题的简单讨论中，只能很肤浅地触及这些争论的表面。我们希望读者不要为观点的繁杂而沮丧，考虑到这些伟大的物理学家之间也有不同意见，你们应该受到鼓舞才对。量子力学不是一本已经完成了的学问，二十一世纪可能还会有一些惊人的发现在等着我们。下一章中，我们将描述一个新领域——"量子工程"——的开端，在这个领域中，物质的量子本质起着极端重要的作用。

第九章　量子工程

> 我想说的是,在很小的尺度上操作和控制东西……下面要说的是一个令人惊愕的微小世界。到 2000 年,当他们回忆这个时代的时候,他们会很奇怪,为什么直到 1960 年,人们才开始认真地朝这个方向努力。
>
> ——理查德·费曼

理查德·费曼和纳米技术

1959 年, 美国物理学会在帕萨迪纳开了一个会, 在一次餐后演讲中, 理查德·费曼以"下面还有很多空间"(There's plenty of room at the bottom) 为题, 讲述了关于未

图 9.1　理查德·费曼正在用一台显微镜检查比尔·麦克利兰的小马达。在悬赏制作显微电动马达以后, 费曼被急于向他展示自己努力成果的人们淹没了。当发现麦克利兰拿出的第一件东西是一台显微镜的时候, 费曼知道他跟别的满怀希望的人不一样

来的一个激动人心的展望。演讲的副标题是"进入一个物理新领域的邀请"，这一演讲标志着现在叫作"纳米技术"的领域的开端。纳米技术研究的是在纳米尺度操作物质。纳米是1米的十亿分之一。费曼强调说，这一领域的确需要新的物理：

> 我不是在发明反重力，这只有在将来某一天物理定理不是我们现在想的那样才有可能。我现在要告诉你们的是，当物理定理是我们现在想的那样时，我们能够做些什么。我们还没有做，是因为我们现在还做不了。

在他的演讲中，费曼悬赏两笔1000美元的奖金，一笔给"第一个做出可以工作的只有六十四分之一立方英寸的电动马达的人"，另一笔给"第一个将一本书上的信息写到一个面积只有普通图书两万五千分之一的页面上的人"。他这两笔奖金都发出去了，第一笔在悬赏不到一年后，颁发给了加州理工的一名校友，比尔·麦克利兰（Bill McLellan）。麦克利兰带了一台显微镜，让费曼看他的小马达，小马达能够产生百万分之一马力的动力。虽然费曼把奖金给了他，但是很失望，因为这个马达并不需要任何新的技术进步，他出的挑战题目不够难！20年后，费曼再一次在他的演讲中提到这件事情的时候，他预言，在现代技术的帮助下，人们可以大规模生产边长只有麦克利兰发动机的四十分之一的小发动机。费曼也设想了一系列连锁"奴隶"机器的出现——每个机器能够生产只有自己四分之一大小的工具和机器，以便制造这样大小的微型机器。当时，让费曼尴尬的是，他想不出这种小机器有什么用，因此他只能从纯学术兴趣的角度讨论这个问题。费曼最初的演讲过了四十年后，我们正处在看见——或者说还没有看见——微型系统在很多领域得到大规模应用的边缘，从医用传感器，到微小的光学镜面阵列等。在下一节中，我们将介绍一些应用。

直到他的第一次演讲过了26年后，费曼才支付了他的第二笔奖金。第二笔奖金牵涉的尺度相当于将所有二十四卷本的大英百科全书写到一个针尖上。1985年，汤姆·纽曼（Tom Newman）是斯坦福大学的一个学生，当时他正在使用一种叫作"电子束蚀刻"的技术在硅的表面刻上各种图案以制造集成电路。纽曼的一个朋友给他看了费曼1959年的演讲稿，并指给他看为"写小字"而悬赏的那一段。纽曼计算了一下，发现他必须把每个字母的大小降低到只有50个原子那么宽。通过重新给他的电子束蚀刻机编程，他认为这应当是可能的。为了确认经过那么长时间以后这笔奖金是否还有效，纽曼给费曼发了一份电报。

图9.2 汤姆·纽曼写下的小页面的照片。纽曼用每个字母只有50个原子宽度的文字刻下了查尔斯·狄更斯《双城记》的第一页以后，他最大的困难是如何在硅表面上找到这些微小的文字

他很惊喜地接到了费曼从实验室打过来的确认电话。因为必须先完成自己的论文，纽曼不得不等到他的论文导师去华盛顿特区待几天的时候，才可以尝试一下。于是他为蚀刻机编了程序，刻下了查尔斯·狄更斯的小说《双城记》的第一页。写完以后，发现他最大的困难是如何在硅表面找到这一小页内容。纽曼在1985年11月及时地收到了费曼的支票。

费曼在他的演讲中，也将他的预测延伸到了原子层次。他相信，到了一定时 183
候，原子可以根据需要重新安排。再也不需要用传统的方法合成化学物质了：

> ……原则上，物理学家们将有可能（我个人认为）合成化学家们
> 写下的任何一种化学物质。只要提出要求，物理学家就能合成它。究
> 竟怎么做呢？只要把原子放到化学家们说的位置，你就把这一物质制
> 造出来了。

这一梦想现在刚刚开始得以实现。唐·艾格勒和他在IBM阿尔马登研究中心的同事们，已经能够利用他们IBM苏黎世的同事们发明的扫描隧道显微镜（STM），操作单个原子了。除了做出了世界上最小的IBM标志（图5.13），建造了令人称奇的量子围栏（图9.3，可以参见图4.13），艾格勒及其小组还一次一个原子地做出了"人造"分子（图9.4）。康奈尔大学的威尔逊·何（Wilson 185
Ho）研究小组也用这种方法制造了分子。他们将一个一氧化碳分子和一个铁原

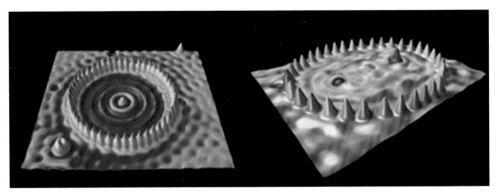

184　图 9.3　一个量子围栏，显示了圈进在里面的电子的表面电子波

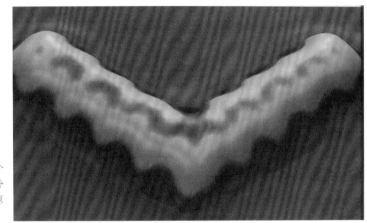

图 9.4　通过一次移动一个原子制造出来的人造分子。这个分子由八个铯原子和八个碘原子构成

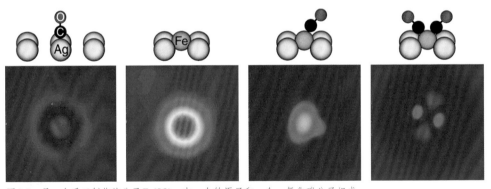

图 9.5　另一个手工制作的分子 Fe(CO)，由一个铁原子和一个一氧化碳分子组成

子结合在一起，并研究了这个新分子的振动性质（图9.5）。虽然这种分子制造技术让人印象深刻，但是我们可能需要与此不同的技术才能合成复杂一些的有机分子。

在这一章中我们将看到，为了实现费曼的预言，这个研究方向的另外一些进展。这些进展的关键一点是，发现了生命的基础本质上是量子力学的。正是这一认识大大促进了量子信息理论和量子计算的发展。在我们讨论量子力学的这些应用之前，值得再讨论一下半导体工业的发展前景。正是因为从事这一工业的工程师们的努力，在二十世纪下半叶，我们的社会彻底地改变了。在下一个50年中，还会发生什么呢？

从摩尔定理到量子点

在第六章我们提到过麻省理工学院的一个物理学家，罗伯特·诺伊斯，他是第一个申请集成电路大规模生产技术专利的人。1957年，诺伊斯和戈登·摩尔（Gordon Moore），加州理工的一位物理化学家，都是硅谷第一家"高科技"创业公司，肖克利半导体实验室（Shockley Semiconductor Laboratory）的最早雇员之一。过了很久以后，这个地区才被叫作硅谷。由于对公司创立者，诺贝尔奖获得者威廉·肖克利的管理风格和战略决策不满，诺伊斯和摩尔带领其他六名雇员——据说肖克利把他们叫作"八个叛徒"——开办了一家叫作仙童半导体（Fairchild Semiconductor）的新公司。1961年，利用诺伊斯的平面集成电路加工技术，仙童推出了第一块商用集成电路芯片。多年以后诺伊斯说道：

> 当这［平面加工过程］完成以后，我们在硅表面上覆盖了一层人类所知最好的绝缘层，这样你就可以在上面刻出洞，直接接触到下面的硅。显然，你可以把所有的晶体管都嵌在绝缘的表层上，下一步，不必物理上把它们切割开，你要做的只是在电路上把它们切断，再加上电路上要用到的其他元器件，最后把它们之间的连线接上。

1968年，诺伊斯和摩尔离开了仙童公司，另外成立了英特尔（Intel）公司，目的是专门制作存储芯片。他们当时有很好的名声，只要有一张纸的还不怎么清晰的的商业计划，就会有人来投资。1965年，摩尔为《微电子》（Eletronics）杂志三十五周年纪念刊写了一篇文章，题目叫作"在集成电路中制作更多的元器件"。在这篇文章中他注意到，从1962年以来，集成电路的复杂程度每年翻

187

戈登·摩尔，英特尔公司的创始人之一，也是早期半导体技术的先驱。摩尔持有一个加州理工学院的化学学位，在1956年的时候被肖克利招入硅谷第一家高科技创业公司麾下。在给《微电子》杂志写的一篇文章中，摩尔注意到，从1962年到1965年间，集成电路上的元器件数目每年翻一番，到1965年的时候，已经达到了每个芯片50个器件。他做了一个大胆的推测，即这种每年翻番的过程将再持续十年，到1975年的时候，芯片上的元器件数目将会达到约65000个。在1977年，他的同事罗伯特·诺伊斯在《科学美国人》杂志上撰文指出，自从"摩尔定理"诞生以来，到当时为止还没有发生过显著的偏离。虽然每12个月翻番的规律现在一般认为更应该是18个月，这一芯片越来越复杂的趋势一直持续到今天。

一番，因此他做了一个大胆的预言，在未来十年内，这一趋势将继续。摩尔也估计到，这种芯片不仅仅是对工业界，对个人消费者也一样会带来巨大的冲击：

> 集成电路将导致一些奇迹的出现，比如家用计算机——或者至少是连接到中央计算机的终端设备，机动车辆的自动控制，可携带的通信设备等。

这话可是在斯蒂文·乔布斯（Steven Jobs）和斯蒂芬·沃兹尼亚克（Stephen Wozniak）生产出第一批为大众设计的个人电脑的十多年以前，和IBM个人电脑出现的十六年前说的。戈登·摩尔的预言后来被称为摩尔定理，这一迅速的，一年接一年的集成电路复杂程度的发展，已经持续了超过35年（图9.6）。1975年的时候，摩尔修改了他的定理，认为集成电路的复杂程度每两年翻一番要实际一些。现在，摩尔定理通常定义为，芯片上晶体管的数目每18个月或者24个月翻一番。

摩尔定理中复杂程度翻番的部分原因是，我们可以把晶体管做得越来越小，也就是芯片上的特征尺寸不断减小。在1965年还不清楚的一件事情是，在晶体管究竟能做得多小？晶体管非常小之后，量子隧道效应会不会成为一个主要障碍？摩尔曾就这一问题向加州理工学院的卡佛·米德（Carver Mead）请教。米德的研究结果令人吃惊。下面是米德第一次公开介绍他的分析结果时说的话：

> 1968年，在奥索卡（Ozarks）湖举行的一次专题研讨会上，我应邀作了一次关于半导体器件的报告。在那段时间，你在一个房间里碰到的每一个人都在做最前沿的研究工作，因此这类研讨会是各项前沿研究取得成果的场合。我思考过摩尔提出的问题，并打算把这个问题作为我报告的题目。在我为这次会议准备的时

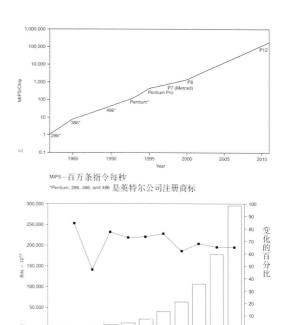

图9.6 微处理器(a)和存储芯片(b)的摩尔定理图。微处理器是"刻在一块芯片上的计算机"。从图上可以看出，微处理器的性能每18个月左右就会翻一番，这一趋势已经持续了20到30年。计算机存储器容量也有类似的增加规律，例如，在2001年和2002年，全球计算机上安装的内存数量，比这以前人类历史上安装的所有内存数量都要多。伴随着处理器性能和内存容量无情增长的是，单位计算能力和单位内存数量的价格的降低。摩尔定理正是我们为什么要每过几年就更新计算机的原因，并且，估计在下一个十年中，这一趋势还将维持。十年以后还会发生什么就随大家怎么猜了

候，我开始严肃地怀疑自己是不是脑子有问题。我的计算结果表明，与当时本领域中所有人的看法不同，当我们的技术应用的尺度越来越小时，每项指标都会变得更好：电路变复杂了，运行更快了，能量消耗更低了——哇！这是不符合墨菲定理的（Murphy's law，一系列哲理性的断言，其中有一句：如果系统变得复杂，费用就会增加，并且会变得不可靠——译者注），而且不会有终点！但是我越是仔细地检查我的计算结果，对结果的正确性越是充满信心，因此我继续工作，做了这个报告，让墨菲见鬼去吧！报告引起了激烈的争论，当时大多数人不相信我的计算结果。但是在下一次研讨会举行的时候，一些别的小组自己也研究了这个问题，我们的结果非常接近。在现代信息技术中，这一结果造成的影响，当然已经非常震撼人心了。

188

　　在这一方面更加有利的是，当芯片的尺寸越来越小，不仅仅可以把芯片设计得越来越复杂，用同样的费用也可以生产出更多的芯片。令人振奋的是，随着芯片的计算能力和内存容量的指数增长，计算能力和内存的费用也在指数下降。摩

尔定理正是你的个人电脑每过几年就过时的原因，因为用同样价钱购买的计算机的计算能力和内存容量每过 18 个月就要翻一番！计算机的软件也可以变得越来越复杂，越来越强大，因为计算机的内存容量和计算能力可以应付更复杂的任务。

摩尔定理已经维持了三十多年，为计算和信息处理设备的高速增长提供了不竭的动力。微电子工业通过全球合作，提出了一份硅芯片未来发展的"路线图"。1970 年，英特尔公司生产了第一片 1024 位（1k 位）的 DRAM（dynamic random access memory 动态随机存储器）芯片。一年以后，第一个微处理器，Intel 4004，诞生了，它用 10 微米线宽电路刻制了 2300 个晶体管（图 6.20）。25 年以后，1995 年，微电子工业生产的 DRAM 芯片有六千四百万位（64 兆位），微处理器上每平方厘米有四百万个晶体管，最小的特征尺寸是 0.35 微米。在千年之交的时候，微电子工业的生产能力已经达到了十亿位的 DRAM 芯片和每平方厘米一千三百万个晶体管的微处理器，特征尺寸达到了 0.18 微米。到 2010 年左右，这一路线图预计，到时候出现的内存芯片的容量将达到大约一千亿位——比我们银河系所有恒星的数目还要多！最小的特征尺寸预计将达到 0.07 微米，也就是 70 纳米。一点也不奇怪，微电子工业需要研制复杂的 CAD（computer-assisted design，计算机辅助设计）软件来处理这些超级复杂的线路。在设计新一代芯片的时候，我们需要越来越强大的计算机。为了实现路线图的规划，来自芯片设计复杂性的挑战是十分严峻的。虽然规划图大胆地将摩尔定理外推到 2010 年以后，但是还有许多技术难题需要解决。一个困难来自经济方面，建设新一代芯片生产设备的费用十分高昂。要建造一个 0.25 微米的芯片加工厂，摩尔提供的费用是 20 亿到 25 亿美元；对于 0.18 微米的芯片，费用将增加到 30 到 40 亿美元。哈佛大学培养的风险资本分析家，亚瑟·洛克（Arthur Rock），曾帮助摩尔和诺伊斯筹集了建立英特尔所需的资金，提出过一个洛克定理："摩尔定理有一个小小的补充，那就是，制造半导体芯片工厂的固定资产的费用每四年会翻一番。"

为了达到摩尔定理要求的 2010 年的性能目标，还有一些工程难题需要克服。现在这一代芯片的生产使用了一种叫作"照相平版印刷术"（图 9.7）的技术来保护芯片不同层（硅层，绝缘层，金属层等）的图案。在每一工艺阶段之间，不需要的材料被酸腐蚀掉。困难在于，当特征尺度越来越小的时候，我们必须使用波长越来越短的光。以前大家认为，利用光学平板印刷术，电路线宽的最小极限是 1 微米。现在有了深紫外光，我们可能可以达到 0.13 微米。要再往小里发展，就会像戈登·摩尔所说的那样："生活变得很有意思"（有不可预料的意思——译者注）。两种可能的技术分别是 X-射线印刷术和电子束印刷术，但两种技术都有自

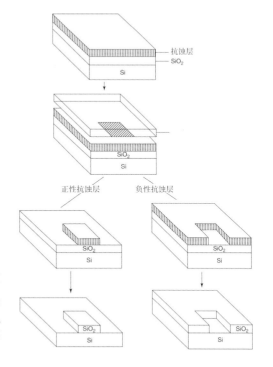

图 9.7 利用照相平版印刷术生产硅芯片的流程示意图。芯片由很多层不同的材料层层叠放而成，这些层分为半导体层，二氧化硅绝缘层和金属层。芯片设计非常复杂，只能通过计算机辅助设计软件来产生要印刷到芯片上的光掩膜图案

已的问题。另外一个困难与金属之间的"互联"有关，路线图上说："互连技术 190 已经成为获得最大潜在突破的技术推动力。"在典型现代芯片的一平方厘米面积上，不同层之间大约有几十米的互连导线。问题在于，当导线越来越小时，电阻不断增加，能够荷载的电流强度就会不断减小。虽然电流下降了，导线产生的热量并没有减少，反而增加了，并会导致"电迁移"效应。电迁移效应是指，晶格离子会离开自己原来的位置，并在金属互连导线上产生很多不可修复的空位。为了解决这个问题，IBM 和其他芯片生产商现在使用导电能力更强的铜线来代替以前的铝线作互连线。当导线之间的距离越来越小时，二氧化硅绝缘层两边的相邻导线之间会发生电容效应。这种隔一层绝缘层的"串扰"会引起逻辑错误，因而导致芯片操作错误。芯片生产商们现在正在寻找一种二氧化硅的替代品，这一替代品应该有更高的介电常数，能储存更少的电荷。信号通过芯片时产生的时延也会引起问题。为了保持在摩尔定理图中的那条直线上，芯片设计者们需要极大的努力和天才才能克服这些技术困难。

虽然硅在集成电路市场上占统治地位，在某些实际应用中，别的半导体也有

自己的优势。砷化镓已经被用来生产高速晶体管，在一种叫作"能隙"工程的加工方式中也获得了应用。在砷化镓晶体中，镓原子和砷原子相互交替，形成一个与钻石类似的晶体结构。我们也可以将砷化镓晶体中的部分镓原子替换成铝原子，形成砷化镓铝（aluminium gallium arsenide），简称为algas。因为这种合金中的原子间距与纯砷化镓晶体几乎完全相同，所以我们可以制造一种晶体，让其中的砷化镓部分和砷化镓铝部分交替出现。依靠一种叫作化学气相沉积的（chemical vapour deposition, CVD）技术，我们可以把晶体不同区域的界面部分做成只有几层原子的厚度。这样做有很大好处，因为两种材料中电子从价带向上跃迁到导带的能量不同，夹在两个砷化镓铝区域之间的一层很薄的砷化镓层就像一个"量子阱"一样，将电子限制在阱内（图9.8）。实际上，电子只有一维的运动受到限制，它们可以在平行于界面边界的方向上自由运动，就像在一条用半导体制造的人工峡谷中运动一样。然而，就像绳子上的驻波一样，改变势阱的宽度会导致允许的量子态的变化。这意味着我们有了一种新型的人造原子——一个"超级原子"——我们可以调整它的能级和性质，以满足某种特定的要求。这种原子的一种应用是量子阱激光器，这种激光器发出的激光的波长可以调节。在激光打印机和光盘驱动器中，已经用到这种类型的激光器了。另一种量子阱器件是共振隧穿晶体管（resonant tunnelling transistor），这种晶体管中，隧穿的难易程度是通过控制阱中能级的高度实现的。如果我们将很多交替的砷化镓铝层和砷化镓层做到一起，我们就做出了一个由一组超级原子组成的人造晶体机构，或者叫作"超晶格"（图9.9）。跟在第六章里说过的真实晶体结构一样，各个超级原子分立的能级会融合，形成一个由允许能级构成的很窄的能带，叫作"微能带（miniband）"。我们也可以用交替的只有几个原子宽度的硅和锗层构造超晶格。一百个原子厚度左右的半导体层可以通过气相沉积的方法制造出来。要制造只有几个原子半径厚度的半导体层，必须使用一种叫作分子束外延附生（molecular beam epitaxy），简称MBE的技术。在MBE过程中，硅或锗在一个炉子中被加热，从炉子上一个小孔中出来的原子束被导向一个平面。原子以一种可以控制的速率附着在表面上，典型速度是大约一秒钟填满一个晶面的原子。用这种方法制造出来的硅锗超晶格是"变形"晶体结构，因为硅原子和锗原子大小不同。这种变形结构在用常规集成电路集成的光电子器件中有更好的光学性能。这种合成的电子－光电子器件在下个阶段通信技术的发展中，可能会越来越重要。

在我们构造的量子阱中，电子在垂直方向，也就是垂直于半导体表面的方向的运动被限制了。当然，我们可以在其他两个方向把超晶格腐蚀缩小，产生一整列相互隔绝的量子阱。如果量子阱横向两维的尺寸足够小，在这两个方向的量子

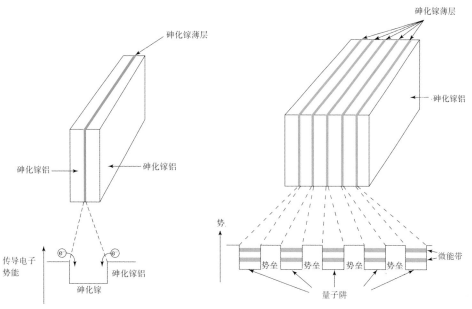

图9.8 电子被限制在一层平面的砷化镓中，形成二维电子气。这个量子阱的形成是因为传导电子的最低能级被限制在砷化镓层中

图9.9 交替的砷化镓铝和砷化镓层构成超晶格结构。量子阱之间的相互作用造成了由允许能级构成的"微能带"，就像在自然晶体中那样 ¹⁹¹

效应也会变得显著起来。这样就产生了一种新型的量子电子器件，"量子点"。实际制做量子点的时候，将金属条紧贴在一层一层的量子阱结构上，把传导电子封闭起来的做法要更简单一些（图9.10）。如果我们在金属上加上一个负电压，界面下方量子阱中的电子受到排斥，会聚集在由电极控制的一个中间小方块内。由于这种量子点的大小和形状是可以控制的，科学家们正在用这种"设计出来的原子"进行试验，以便制造出拥有各种惊人属性的新型材料。

半导体技术另一项激动人心的进展利用了一种叫作"单电子隧道效应"的现象。如果我们制造一个由两个小电极，加上电极中间一层很薄绝缘层组成的结构，我们知道电子能够通过隧道效应穿过中间的绝缘层。电极的大小大约是十分之一微米，整个系统被冷却到绝对零度以上大约1度。如果一个电子通过隧道效应穿过了结合面，系统的静电势将会增加。因为低温能够保证系统一直处于最低能量状态，这种隧穿现象在能量角度是禁止发生的。这种禁戒叫作"库仑阻塞"。如果把这个结构接到一个电源上，两个电极之间会产生等量的极性相反的电荷，这时隧道效应就可以一次一个电子地发生了。这种库仑阻塞机制是"单电子旋转

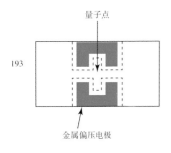

量子点

金属偏压电极

图9.10 一个"量子点",可以通过在量子阱异质结构的表面上作一个金属门来实现,量子阱结构见图9.8。两个狭窄的缩颈形成了"量子点接触",加上一个电压的时候,它们将量子点孤立起来。电子只能通过量子隧道效应进入量子点

栅门"器件和单电子晶体管的基础。这一技术的最新进展,已经达到了在室温下展示单个或者几个电子的行为。现在,将单电子结构与传统半导体电子技术结合已经有很好的应用前景。这种器件除了可能用来生产单电子储存器件以外,还因为它们对附近局域电磁环境极端敏感,使它们可能被用来制作多种类型的传感器或者感应器。

根据半导体工业预计的2010年的芯片集成度,仍然有成千上万的电子参与储存一个位或者晶体管一次转变这样的动作。如果使用上面所说的技术,我们将可能看到只使用很少数目电子的器件的诞生。这样又可以使芯片上晶体管数目继续增加,而不用消耗更多的能量。为了避免这种器件中电子数目随机波动可能引起的问题,必须利用库仑阻塞原理来控制单个电子。我们仍然还有许多技术困难需要克服,但是新一代半导体器件的量子工程可能将摩尔定理再维持35年。

量子信息学

费曼在他1959年的演讲中,计算出一个字母需要六个或者七个信息"位"来存储,一个位就是计算机中的一个"1"或者一个"0"。考虑需要一些冗余来避免可能的错误,他想象利用一个很小的5×5×5立方共125个原子来储存一个位的信息。从这些相当保守的假定出发,费曼估计:

……人类小心积累的全世界所有的图书所含的信息,都可以写进一个边长只有二百分之一英寸小立方体材料中,这是人的肉眼能看到的最小灰尘的大小。

这就是费曼把他的演讲题目叫作"下面还后很多空间"的原因。实际上,在1981年的一次报告中,费曼更进了一步,设想利用原子、电子或者光子的不同量子态来储存一个信息位。对于原子,我们可以利用它的最低两个能级来表示1和0;对于电子,我们可以利用自旋向上和自旋向下态;对于光子,我们可以利用

它的两种偏振状态、V态和H态，我们在上一章讨论过。至此，我们只需要重新设计常规计算机的存储系统就可以了。"量子信息学"的新特征在于，量子系统可能同时处于"1"态和"0"态这样的量子叠加态。我们在上一章讨论光子的时候，已经看见过这种叠加的可能性。研究了计算原理半个多世纪以后，计算机科学家们吃惊地意识到，关于信息还有一些崭新的东西需要发现！存储在量子系统里面的一个信息位需要一个新名字，就叫量子位（qubit）。在后面几节中，我们将看到这一洞察——也就是量子信息的存在——加上EPR实验中暗示的比光还快的"幽灵般"信号机制，将为信息理论和计算理论带来激动人心的新机遇。让我们从依靠信息的量子本性工作的另一应用——量子密码学——来开始我们的讨论。

194

密码科学的发展一直可以追溯到遥远的古代。它由将信息"编码"的技术，加上只能被收信的一方"解码"以后才能阅读的两种技术组成。朱利叶斯·凯撒使用过一种叫作"偏移加密（shift cipher）"的方法来给重要的政府信件加密。偏移加密用到一个只有发信的人和收信的人才知道的的一个密钥数字，这个数字告诉你将写在第一个字母下面的第二个字母往后移动几个字母。现在，各国政府使用复杂得多的加密方法给他们的秘密通信加密，而别的政府也雇用密码分析专家小组试图破解这些加密方法。在第二次世界大战期间，有很多著名的战例。美国破译了日本的紫色（PURPLE）密码，获得的情报帮助他们赢得了关键的中途岛海战。在英国的布勒其列公园（Bletchley Park），阿兰·图灵（Alan Turing），在波兰情报人员和其他同事的帮助下，研制了一台计算机，是世界上最早的原始计算机之一，破译了德国纳粹海军的ENIGMA（谜的意思——译者）密码。这给温斯顿·丘吉尔提供了有关德军潜水艇位置的至关重要的情报，使英国能够继续在北大西洋的护航行动，从而保证了不可缺少的战争给养。现在，在越来越多的日常应用中，我们要用到加密技术，比如，在通过因特网将我们的信用卡和财务转账信息发出以前，我们会将它们加密。对于政府和商业来说，密码系统显然将继续起着重要作用。

根据"密钥"是公开还是秘密发放，世界上的密码系统分成两个大类。一类是密钥体系，是1918年AT&T（美国电报电话公司）的吉尔伯特·佛纳姆（Gilbert Vernam）提出来的。这是唯一绝对安全的密码体系。这一体系要求有一个跟要发送的消息一样长的密钥，并且同一个密钥绝不会使用第二次。没有用过的密钥即被间谍获取时，大概相当于得到了一本按虚线撕开的便签本。发了一条消息以后，写着用过密钥的那张纸就被撕掉了。正是因为这个原因，这种加密方法有时候又被叫作"一次性便签"加密法。当玻利维亚军队1967年抓住马克思主义革命者切·格瓦纳（Che Guevara）的时候，他们在他身上找到了一张写着随机数字的表，他用这张表给古巴的菲德尔·卡斯特罗发送秘密情报。格瓦纳可以通过一个不保密的电台发送保密情报，因为他和卡斯特罗都使用佛纳姆的一次性便签密码系统。另一类密码系统是公开密钥密码系统，这类系统的密钥是公开的，它们的保密性依赖于所谓的"单向函数"。这种函数往一个方向计算时很容易，但是要反过来从结果计算出输入就非常难。一个与此相关的例子是被大量使用的 RSA 系统，是由麻省理工学院的理福斯特（Rivest），沙米尔（Shamir）和阿德尔曼（Adelman）研究出来的。这个系统利用了计算机计算的一个特点，就是计算机很容易将两个大素数相乘，但是将这些素数分解却非常困难。以后我们将要看到，这种公开密钥系统，原则上用量子计算机是很容易破解的。目前我们只是着重解释为什么量子信息可以被用来当作佛纳姆一次性便签系统的密钥。

　　在密码学的所有讨论中都会有三个参与者，爱丽丝，鲍勃和伊夫。爱丽丝是发消息的人，她希望把消息加密并且秘密地发送给鲍勃。鲍勃是接收消息的人，收到消息以后会把消息解密，以了解消息的内容。伊夫是一个潜在的窃听者，希望听到消息并且破解密码。一次性便签方法很安全，因为爱丽丝使用了一个跟消息一样长的随机数作为密钥来加密消息。鲍勃有同样的密钥，很容易将消息解密。每一个随机数密钥只使用一次。虽然这个系统原则上是完全安全的，它的弱点在实际操作上，爱丽丝和鲍勃必须有同样的密钥，因为每个密钥只能使用一次，所以他们必须有很多密钥。这些密钥必须通过某种安全方式分发给爱丽丝和鲍勃，比如通过信使或者秘密见面的方式。在第二次世界大战期间，俄罗斯人很愚蠢地重复使用了一些一次性密码。这种粗心让美国密码学家破译了以前数年内截获的大量无法破译的情报。大规模破译密码的努力是一次代号为 VENONA 的计划。正是从这次计划的一些记录中，发现了窃取原子弹资料的间谍 CHARLES（查尔斯）是洛斯阿拉莫斯的物理学家克劳斯·福克斯（Klaus Fuchs）。量子力学与这些有什么关系呢？原则上，量子力学提供了密钥分发的一个解决方案：它允许爱丽丝和鲍勃完全保密地交换一系列密钥。因此，在这一过程中，"量子密钥分发"这个名字比量子密码学更恰当。爱丽丝和鲍勃能够利用量子信息来查觉出窃听者的存在，并抛弃任何可能被窃听过的密钥。

　　第一个量子密钥分发方案是由查尔斯·本内特（Charles Bennett）和贾尔斯·布拉萨德（Giles Brassard）在 1984 年提出来的。这种方案只是利用了我们在前一章讨论过的光的偏振性质。让我们看一看，如何利用光子来传递一个随机数密钥。爱丽丝有一个装置，可以用来向鲍勃发射偏振的光子，偏振方向是她随机选择的。一个 V 偏振光子代表一个"0"，H 偏振光子代表一个"1"。鲍勃通过测量爱丽丝发过来的光子的偏振性，可以非常容易地恢复爱丽丝发过来的随机 1 和 0 序列。不幸的是，伊夫也可以。她可以安装一套接收装置，截获爱丽丝发过来的光子，测量了光子的偏振属性以后，再向鲍勃发射同样偏振序列的光子。鲍勃和爱丽丝都不知道伊夫已经知道了他们的密钥，因而这种一次性便签密码系统的安全性就无法保证了。本内特和布拉撒德提出的方案非常聪明。爱丽丝现在既可以用偏振 V 或 H 发出光子，也可以用旋转了 45°的偏振片，方向分 196 别为 DV 和 DH 发出。她随机的选择发射时候的"基"，也就是 V-H 或者 DV-DH。同样，鲍勃现在可以在 V 和 H 方向测量光子的偏振性，或者在 DV 和 DH 方向。重要的一点是，鲍勃不知道爱丽丝使用了哪个方案设置她的"1"和"0"光子！因此如果爱丽丝用的是 V-H 方向发射，鲍勃可能使用对角的 DV-DH 方案接受。根据我们在上一章讨论的，爱丽丝的"1"现在是鲍勃的"1"和"0"的量子叠加。量子力学告诉我们，不可能预言鲍勃得到的是什么结果。我们可以说的只是，如果同样的实验重复很多次，鲍勃将测量出大约 50% 光子的值是"1"，50% 光子的值是"0"。图 9.11 是这一过程的一组典型结果。因此当鲍勃选择了一个"错误"的偏振设置时，有的时候他的结果会跟爱丽丝相同，有的时候会不同。但这有什么用呢？关键如下。爱丽丝发送了一系列光子数据位以后，用普通的电话告诉鲍勃她的偏振设置是 V-H 还是 DV-DH，而不告诉他发送了什么数据位。鲍勃因而将她说的设置与自己的相比，并且只保留他们设置相同时的数据位序列。如果你觉得所有这些看起来既复杂，又不必要，那让我们看一看，如果有人窃听，截获了爱丽丝发出的光子，结果会怎么样。因为伊夫并不知道爱丽丝产生偏振光时采用的设置，因此她不得不猜测该用什么样的设置，V-H 还是 DV-DH，来测量光的偏振。平均来说，她有 50% 的机会猜错 197因此当爱丽丝用 V－H 基发送"1"的光子的时候，伊夫可能测出是 DV-DH 基下的"1"，并将这个错误的"1"发送给鲍勃。鲍勃如果使用与爱丽丝相同的 V-H 基来测量这个光子的偏振，会得到什么结果呢？即使他使用了"正确"的偏振设置，他现在也有 50% 的机会测量结果为"0"。当爱丽丝打电话告诉鲍勃她使用的设置之后，他们现在可以检查他们之间的光子通信的安全性。除了比较偏振设置外，爱丽丝和鲍勃现在还可以比较，在他们的偏振设置相同时，鲍勃接收到的 1 和 0 序列是不是与爱丽丝发出的相同。如果有人窃听的话，即使他们的偏振设置相同，他们的数据序列也会有差别！

在实际操作过程中，考虑到真实偏振片和探测器都有缺陷，怎么能够保证这个过程顺利进行呢？1989 年，本内特和布拉撒德建立了一个"玩具"系统，

1	1	1	1	1	0	0	1	随机序列
×	+	×	×	×	×	×	+	爱丽丝的偏振设置
﹨	−	﹨	﹨	﹨	／	／	−	发射的偏振方向

(a)

﹨	−	﹨	﹨	﹨	／	／	−	真实的偏振方向
+	×	+	×	×	+	×		鲍勃的偏振设置
0	1	1	1	1	0	0	0	接收到的位序列

(b)

	1	1		1	0	
	+	×		×	×	确认偏振设置得到好的数据位
	+	×		×	×	
	1	1		1	0	

(c)

图9.11　量子密码工作的一个例子；(a) 爱丽丝想发送的随机数据位序列，她的每一个数据位的偏振设置（"＋"表示V−H，"×"表示DV−DH）和发送数据位的偏振状态；(b) 鲍勃接收到的偏振光子的状态，他选择的测量偏振状态的偏振设置，和他从自己的测量装置上得到的随机位序列；(c) 爱丽丝给鲍勃打电话，告诉他她使用的偏振设置，如果他们的设置不同，鲍勃就放弃收到的序列。如果有人窃听，爱丽丝和鲍勃会发现即使他们的偏振设置相同，他们的序列也会不一样

成功地根据这种密码协议用偏振光子将一个随机的密钥在空气中传送了30厘米。从此以后，全世界的很多研究小组成功地演示了，利用这种偏振方案（或者其他更复杂的利用EPR纠缠的密钥分发方案），在普通的通信光纤中，将密钥传送了几十千米远。这种传送过程有很多实际困难，都是因为光子源，检测器和偏振片有缺陷引起的。人们必须区别由实验缺陷引起的误差和窃听引起的误差。理查德·休斯（Richard Hughes）和他在美国洛斯阿拉莫斯的小组也在试验在自由空间中长距离发送密钥。他们希望这种方法最终能被用来将密钥发送到轨道上的卫星上。在这种情况下，用别的方法来更新密钥将遇到极大困难。

量子计算机

　　……我对只用经典理论作的分析不满意，因为自然界不是经典的，真该死，如果你想模拟自然，你最好让你的模拟符合量子力学，天啊，这可是个大问题，因为这看起来很不容易。

——理查德·费曼

阿兰·图灵（Alan Turing, 1912—1957），出生在英格兰的帕丁顿，在剑桥学习数学。1936年，图灵发明了一个现在叫作"图灵机"的装置。这为计算机科学这一新科学打下了基础，也使定义什么样的问题是"可以计算的"成为可能。整个第二次世界大战期间，他是在英格兰的布勒其列公园度过的，一直在破译用德国 ENIGMA 密码机加密的情报。他也参与了研制世界上最早的几台计算机——Clossus，ACE 和曼彻斯特 Mk 1 号，其中第三台是世界上第一台存储程序的计算机。他长跑很好，曾经打算为参加奥林匹克比赛训练。他对人工智能也很感兴趣，并且提出了判断计算机能不能思考的著名"图灵判据"。1957年，他服食了一个含有氰化物的苹果而辞世了。

　　1981 年，费曼在麻省理工学院参加了一次名为"物理学与计算"的会议之后，量子力学强加给计算机的限制才真正"受到尊重"。费曼应朋友厄德·弗雷德金（Ed Fredkin）的邀请给大会作了一个主题报告。费曼是一个物理学家，弗雷德金是一位计算机专家，他们之间的长期友谊一直充满着"美好的，激烈的和无休无止的争论"。弗雷德金曾在加州理工学院跟费曼待了一年，他们有个交易：费曼教弗雷德金量子力学，弗雷德金教费曼计算机。弗雷德金觉得很难："很难教会费曼什么东西，因为他不愿意任何人教他任何东西。费曼想要的是，别人给他一些提示，并告诉他问题是什么，然后他就自己把问题解决。当你试图替他节省一点时间，告诉他只需要知道什么的时候，他会勃然大怒，因为他认为你剥夺了他自己学会东西的快感。"不管怎样，费曼也不能总按自己的方式处事。在他们的一次争论中，费曼对弗雷德金非常生气，他中断争论，开始向弗雷德金提问量子力学问题。过了一会儿，他停止了提问，说道："你的问题是你不是不懂量子力学！"虽然费曼抗议说他不知道主题报告是什么意思，弗雷德金还是将他劝上了飞机，东赴麻省理工学院参加会议。会议上，费曼在他的报告中建议，研制一台用量子力学元件组装起来的，服从量子力学

198

A	B	A AND B
0	0	0
0	1	0
1	0	0
1	1	1

图9.12 这是一个有两个输入和一个输出的电子逻辑与门的符号。每根输入输出线上的信号是二进制的"1"和"0"。"真值表"表示每一种可能的输入下的输出。可以看出,如果输出是零,输入可能是三对输入信号之一

定理的计算机:

> 你们能不能做出一种新的〔模拟量子力学的〕计算机——量子计算机? ……这不是一台图灵机,是另外一种类型的计算机。

计算机科学家们把现在所有传统计算机遵循的基本原理简称为图灵机。就像费曼正确地指出的那样,一台按照量子力学原理工作的计算机,完全是另一种新的计算机,这种计算机可能能做传统计算机不能做的计算工作。费曼在他的报告中,还特别提到了模拟量子系统和量子概率。实际上我们将看到,量子计算机能以比图灵机更快的速度进行很多其他类型的计算。

弗雷德金在1974年访问加州理工学院的时候,他的研究题目看起来相当奇怪。弗雷德金想设计一个可逆计算机。这种计算机既可以以通常方式计算,也可以反过来"逆计算"。传统计算机是由硅芯片基本单元"逻辑门"组成的。图9.12中显示了一个"与"门的例子。一个与门有两个输入和一个输出。与门的所有可能输入组合和相应输出体现在图中的"真值表"上。通过这个表我们可以看出,只有两个输入都是"1"的时候,与门才输出"1",别的三种可能输入,与门输出都是"0"。很容易看出与门是不可逆的:通过分析输出,我们不能得出一套唯一的输入信号。弗雷德金提出了一套新的可逆的逻辑门组。图9.13是一个最简单的可逆门例子和一个传统的非门。这种新的逻辑门叫作"可控非门"(controlled NOT,简称CNOT)。通过可控非门的真值表,我们可以看出,底部的那条输入线要么什么都不做,要么像传统非门那样,将"1"变成"0"或者反过来。这条线选择什么样的动作由上面那条线上的信号决定。如果上面的输入是"0",下面的线什么都不做,如果上面输入是"1",下面的线就是一个非门。弗里德金发现,用可逆逻辑门(虽然不是只用可控非门)可以重

199

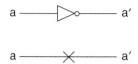

a	NOT a
0	1
1	0

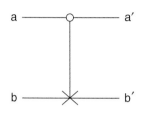

a	b	a'	b'
0	0	0	0
0	1	0	1
1	0	1	1
1	1	1	0

图9.13 最简单的电子逻辑门是非门，只有一根输入线和一根输出线。从上面的真值表上可以看出，一个非门仅仅反转了输入信号——将"1"变成"0"或者反过来。这显然是一个可逆逻辑门，因为通过输出我们能够知道输入是什么，因此它的符号是一个不太常规的"叉号"。可控非门又叫CNOT门，是最重要的可逆逻辑门。它有两个输入和两个输出，它的特点是，下面一根线的信号只有在上面那根线的信号是"1"时才反转。如果上面那根线是"0"，下面那根线的信号不变。这一行为体现在真值表上

复传统逻辑门的所有操作。这看起来太难以理解了！为什么要那么麻烦，去使用可逆逻辑门呢？一个现实的理由是它们在进行传统计算的时候，比传统逻辑门节约能量。但是这种逻辑门与量子计算有关，原因是量子力学定理在时间上是可逆的。不仅仅是概率波，传统的波也有这种可逆行为。一列在一根绳子上 200 传播的波，很容易向相反方向传播。所有的这些要说明的是，如果我们要建造一台量子计算机，我们必须使用自身可逆的计算器件。

　　量子计算机需要的元件现在已经清楚了。我们现在需要的是，一个能把信息以单个量子系统量子位的形式储存起来的物理系统。信息的内容不仅可以是1或者0，也可以是1和0的量子叠加。为了建造量子计算机，我们必须为量子位如何相互作用，和弗雷德金建议的可逆逻辑操作，设计出一种工作机制。注意因为我们可以从所有可能初始态的叠加出发开始我们的量子计算，所以量子计算机可以同时计算出所有可能逻辑路径的结果！戴维·多伊奇（David Deutsch）是第一个证明量子计算机的计算能力原则上比常规计算机强大的人，他把这种特性叫作"量子并行计算"。可是这种计算的困难在于，对量子叠加态的测量可能得到的结果有多个，但是每次测量我们只能得到一个，因此量子

并行计算实际上有多大用处还有待研究。这就是量子计算的全部了吗？实际上，量子力学还有一个关键特点我们还没有特别指出来，这就是"量子纠缠"。上一章中我们讨论的 EPR 实验中用到的双粒子量子态，就叫作"纠缠态"。用"纠缠"这个术语来描述这样的态，是薛定谔在量子力学发展早期首先提出来的：

> 我宁愿把它叫作量子力学的特征，而不是量子力学的一个特征，这一特征完全背离了经典的思维方式。通过相互作用，两个粒子的表象（或者叫 ψ 函数）纠缠在一起。

201　　在 EPR 实验中，这种纠缠导致了爱因斯坦不愿意接受的，"幽灵般的"，比光速还快的关联作用。可能一点也不奇怪，纠缠将导致量子计算机拥有全新的、经典计算机能力以外的潜在计算能力。但是怎么才能在量子计算机中使用纠缠态呢？先让我们看一个简单的例子。考虑一个量子可控非门对两个量子位的操作。当两个量子位仅仅是 1 或者是 0，我们得到的结果与经典结果一模一样（图 9.13）。但是在量子计算机中，我们可以将一个量子可控非门作用在一个 1 和 0 的叠加态的量子位上。在这种情况下，可控非门的输出是两个量子位状态的纠缠，就像 EPR 实验中两个光子的所处的状态一样。正是量子力学的这种新的、非经典的特征，赋予了量子计算机非凡的能力，并导致了我们以后要谈到的，量子输运（quantum teleportation，又叫量子远程传物）。

　　费曼 1981 年的讲演之后，牛津大学的物理学家，戴维·多伊奇，做了进一步的研究。1985 年，他证明了量子计算机的确能做传统计算机不能做的计算工作。可是，一直等到 1994 年，人们对量子计算的兴趣才大大增加。原因是贝尔实验室的彼得·舒尔（Peter Shor）发现了一个能够做一些很有用的事情的"量子算法"！为了讨论他的发现，我们必须先介绍一些相关知识。传统计算机做两个数的乘法很快。例如，将两个 N 位数乘起来所需的时间与 N 的平方成正比。可是，将一个 N 位数分解所需的时间与 N 的指数成正比，所需时间的增长速度比 N 的所有幂次方增长都要快。这就是我们在上面讨论公开密钥密码系统时，说过的"单向函数"的一个例子·彼得·舒尔发现，原则上，量子计算机可以跟做乘法一样快速地分解数字，而不是在被分解的数字增大时，需要的时间按指数增长。例如，1994 年的时候，被称为 RSA 129 的 129 位数字需要 1000 多台计算机经过八个月才能分解出来（图 9.14）。如果我们建造一台量子计算机，速度与这 1000 多台中的一台大致相同，利用舒尔算法能够在小于 10 秒钟的时间内

图 9.14 图中显示了，被分解的数字（用位表示）越来越大时，所需要的计算能力（用计算机指令数目表示）是怎么增加的。根据经典计算理论，当数字位数增加时，所需计算能力呈指数增长。根据舒尔的分解算法，量子计算机分解同样的数字，所需要的计算能力仅以数字位数的立方关系增长，如图所示。图上还显示了一个 129 位数字，也叫 RSA 129 数，和它的两个素数因子。1994 年，动用了很多不同的计算机，花了八个月时间，才把它分解出来。一台速度差不多的量子计算机只要几秒钟就能把它分解

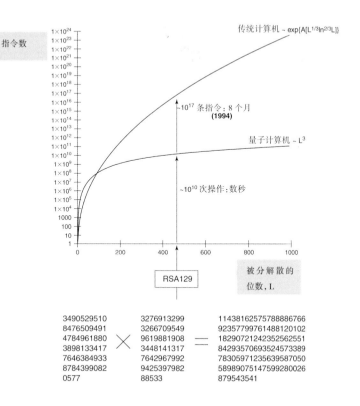

分解这个 RSA 129 数字。仅仅出于这个原因，全世界就有很多政府机构在为建造量子计算机提供资金支持。

1999 年，位于约克镇海茨（Yorktown Heights）的 IBM 研究实验室的研究人员查尔斯·本内特，量子计算和量子信息理论的先驱之一，说道：

> 我忍不住想说，作为一个基础科学研究题目，量子计算已经差不多研究完了，已经没有什么意思了。当然还有许多具体的实际问题需要解决，比如建造一台真正的量子计算机……

在建造一台量子计算机方面，我们已经取得了多大的进展？这是一个发展很快的领域，全世界有很多研究小组正在研究储存和操作量子位的不同方法。目前最前沿的研究者使用了激光冷却离子阱储存的离子。1995 年，因斯布鲁克大学的 Ignacio Cirac 和 Peter Zoller 展示了如何利用这种被俘获的离子做一个可控与非门。被俘获离子的两个能级被用作量子位的两个态。量子位的状态可以通

图9.15　用离子阱制作的量子计算机的一个简单演示

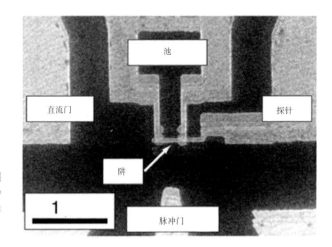

图 9.16　日本 NEC 的研究人员研制的约瑟夫逊结量子存储系统。这种技术的一个可能缺点是，为了操作这种超导装置，需要非常低的温度

203 过将一束激光照射某一个离子来制备和测量（图9.15）。离子之间的相互作用由离子阱内离子的振动态提供。应用这些技术，研究人员能够隔离出一个拥有几个量子位和一个量子逻辑门的系统。另外一种思路不同正在研究的物理手段是利用常规的核磁共振（NMR）系统来操作溶剂中分子的自旋。这两类技术的共同问题是不能继续制造出更复杂的含有成百上千个逻辑门和量子位的系统。如果最终能做出来的话，我们也要花很长时间才能制造和控制一个能分解三位数的系统，更不用说 RSA 129 数了。

　　对于量子计算机的可能建造者来说，还有一些别的问题。常规计算机存储器有一个问题，就是它们存储的数据会偶尔"翻转"。例如，宇宙射线就是引起这种错误的一个原因。为了解决这个问题，计算机工业研制了一整套错误检测和更正的技术。一个简单的例子是"校验"检查。数据发送之前和之后，把数据中所有的1和0加起来。如果一个"1"被破坏成"0"了或者相反，很容易通过校验检查发现。类似的技术也被用于图书（比如这本书）出版时用到的 ISBN 号码。计算机工程师们也发明了更复杂的技术来处理数据错误数目大于1时的情形，也发明了找出翻转的位并纠正过来的技术。对于使用量子位的存储系统，我们也会有这些问题，并且问题更多。不仅仅数据位会随机翻转，量子

1997年11月，在奥地利因斯布鲁克进行了一次物理实验，实验的结果不仅仅在科学杂志上，在大众媒体上也成了头条新闻。媒体如此激动的原因是，策林格（Zeilinger）和他的研究小组发现了一种叫作"量子输运"的现象。策林格是近年来少有的几位同时从事理论和实验研究的物理学家之一，他很擅长讲解量子理论的各种令人困惑的问题，讲起来眉飞色舞，唾沫四溅。在美国有线新闻网（CNN）关于他的量子输运实验的一次访谈节目中，策林格说道："如果纠缠的概念让你头晕，不要难过，因为我也不明白。你可以这样告诉别人。"

1993年，这六位物理学家合作完成一篇论文，题目是"通过经典和EPR双重渠道远程传送一个未知的量子态"。这几位科学家是（上面一排，从左到右）理查德·约泽（Richard Jozsa），威廉·乌特斯（William Wooters），查尔斯·本内特，和（下面一排，从左到右）贾尔斯·布拉萨德，克劳德·克勒普（Claude Crepeau）和阿舍·佩雷斯（Asher Peres）。虽然实验上已经在很短距离内证实了量子输运是可行的，但是离《星际迷航记》里面的"把我传过去，斯科蒂"的前景还有很大很大的差距

叠加态中至关重要的相位也会受到影响。令人吃惊的是，原则上，检测和纠正这些量子错误是可能的。美国电报电话公司的彼得·舒尔和牛津大学的安德鲁·斯蒂尼（Andrew Steane）各自独立地设计出了一种方案，利用量子纠缠来保护和纠正量子数据。这些方案实际上是否可行，还需要进一步的考察。就像本内特说的那样，真正建造一台量子计算机的困难现在已经变成了一个工程问题，而不是一个基础科学理论问题。考虑到用俘获离子或者核磁共振建造大规模量子存储系统的困难，研究可以集成到常规计算机技术中的固态量子逻辑方案，似乎更加可行。日本NEC公司的一个小组最近展示了一个利用约瑟夫逊结超导技术制作的一个量子存储系统（图9.16）。在未来的大约十年时间内，这样的固态解决方案，似乎是研制大家感兴趣的量子装置的最佳方案。

量子输运

204　　《科学美国人》1996 年 2 月美国版的头条广告是："站远点。我要给你远程传送一些菜炖牛肉！"上面引用了《星际迷航记》（*Star Trek*）里的一张图，这一广告下面的一行小字写着："一个 IBM 的科学家和他的同事发现了一种把物体在一个地方分解，让它在另一个地方重新出现的方法"。上面画了一个老太太跟一个朋友打电话，许诺不用给他她的菜谱，而是直接把现成的菜炖牛肉远程传送给他。她的诺言也许有点"超前了一点"，广告继续说，"但是 IBM 正在努力实现这一点"。查尔斯·本内特为这些关于他的研究的广告词感到难堪，还受到其他研究人员的嘲笑。他后来说道："在所有的组织中，研究部门和广告部门的关系都会比较紧张。我已经跟他们吵过一架了，可能我吵得还不够狠！"。这条广告的起因是本内特和别人在 1993 年发表的一篇名为"同时通过经典和爱因斯坦–波多尔斯基–罗森通道远程传送一个未知的量子态"的文章。实
205际上，题目上的远程传送一词与恒星飞船公司（Starship Enterprise，《星际迷航记》里的一个虚构组织——译者注）所要求的传送能力差得太远。不管怎样，量子输运的确是量子纠缠态的一种惊人和激动人心的应用。

　　假定爱丽丝想把一个光子传给鲍勃，光子处在一个未知的量子态ψ上。她怎么才能传给他呢？如果光子根经典粒子差不多，她可以直接复制一份发送给

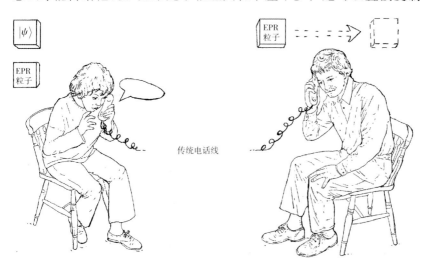

图 9.17　理想化的量子输运试验。爱丽丝和鲍勃分别持有一对 EPR 粒子中的一个粒子，不对粒子进行测量。爱丽丝用她的 EPR 粒子与未知的量子态ψ相互作用，并把她的实验结果通过一条经典的普通电话线告诉鲍勃。鲍勃于是就可以对他的 EPR 粒子进行一次操作，从而复制出未知的量子态ψ

他。但是在 1992 年的时候，威廉·乌特斯（William Wooters）和沃切克·祖莱克已经证明了，量子态 ψ 不可"克隆"，因此爱丽丝无法复制这一未知的量子态。这一结论很容易理解。从我们前面对光子叠加态的讨论中，我们知道如果爱丽丝要测量光子的偏振属性，她就要冒破坏这一量子态的危险。如果她在 V-H 方向测量光子的偏振性，而量子态 ψ 又正好是一个纯的 V 态或者 H 态，那么没有什么问题。但是如果 ψ 是 V 和 H 的叠加态，她测得的光子要么处于 V 态，要么处于 H 态，光子的原始状态 ψ 的信息都破坏了。这就是著名的量子"不可克隆"定理的基础。那么爱丽丝怎么才能将未知量子态的信息发送给鲍勃呢？这个问题可以通过量子输运的形式来解决。具体过程如下（图 9.17）。为了进行量子输运，爱丽丝和鲍勃首先必须准备一对 EPR 纠缠光子。他们每个人持有其中的一个，但是都不能测量光子的偏振状态。当爱丽丝接到一个处于未知量子态 ψ 的光子时，她现在可以测量由这个光子和她的那个 EPR 光子构成的双光子态，这一测量自动地影响了鲍勃的 EPR 光子，影响的方式取决于爱丽丝测量的结果。爱丽丝现在可以通过电话告诉鲍勃她的测量结果。鲍勃知道了这一结果以后，可以对他的 EPR 光子进行一个简单的操作，就可以得到未知的量子态 ψ。尽管鲍勃的 EPR 光子受到了 EPR 实验特有的瞬时、超距的影响，但因为在他复制出量子态 ψ 之前，爱丽丝必须通过电话告诉鲍勃她的测量结果，因此整个过程中并不存在以超光速传递的可用信息。世界各地有好几个研究小组已经演示了光子的这种量子输运的可行性。除此以外，加利福尼亚阿尔马登的一个 IBM 研究小组提出，可以利用这种量子输运原理来制造"量子软件"。量子软件由以 EPR 光子对方式"储存"的操作组成，只能使用一次，因为测量会破坏脆弱的量子态。在这个例子中，量子输运机制的表现就像某种"量子因特网"一样。

将来会怎么样？迄今为止，最先进的实验是量子密钥分发。为了描述这样的系统，我们需要尝试和检验一些关于量子态的概念。另一方面，量子计算机和量子输运非常依赖操作 EPR 纠缠态的能力。我们真的能够在很长距离上的进行超距作用吗？量子计算机能不能够导致一种新工业的出现这一点还不清楚，但是十分清楚的是，建造这类系统的工作将严峻地考验新一代量子工程师们的创新能力。我们也可能发现量子理论现在的成功会有一个极限。就像费曼说的：

> 我们永远都应该记住，量子力学有可能会失效，因为它在解释测量和观察方面，有一些哲学成见困难。

第十章　恒星之死

> 我们印象最深刻的重大发现之一是,能够让恒星不断发光的能量来源是什么。发现这一来源的几个人中的一人,一天晚上正在跟他的女朋友在野外散步,突然意识到恒星上一直不断发生着的核反应一定是恒星发光的原因。这时,他的女朋友说:"看呀,闪闪的星星多么漂亮啊!"他说,"是啊,现在这一刻,我是世界上唯一一个知道星星为什么发光的人"。他女朋友只是嘲笑了他。她对在那个时刻跟世界上唯一知道星星为什么发光人出去散步毫无感觉。孤独是令人伤心的,但是世界就是这样的。

——理查德·费曼

一颗不成功的恒星

207　　在前一章中,我们已经看见量子力学和不相容原理如何为我们理解我们周围所有不同种类的物质提供了一个基础。也许令人更吃惊的是,量子力学和不相容原理,同样也是理解恒星演化和恒星的不同类型的关键。作为介绍恒星的前奏,我们先来介绍一颗行星——木星,从某种角度来说,木星也许应该被当成是一颗恒星,但是是一颗不成功的恒星。

　　木星是我们太阳系中的行星,远比别的行星大。从图10.1的剪贴图上我们可以得到一个关于木星庞大身躯的直观印象。虽然木星与地球相比,非常巨大,但是与我们的恒星太阳相比,还是要小得多。木星与太阳相比,尽管大小

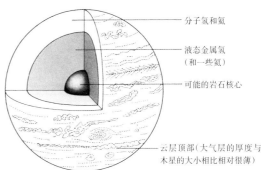

图 10.1 将地球放在相同比例的木星顶部云层背景上的一张剪贴图。图的右上部可以看见那颗巨大的红斑

分子氢和氦

液态金属氢（和一些氦）

可能的岩石核心

云层顶部（大气层的厚度与木星的大小相比相对很薄）

图 10.2 木星内部的结构模型。在木星中心，压力大约是地球上通常大气压力的 3600 万倍，温度大约是 20000℃。尽管如此，这些条件还是不够严酷到让木星成为一颗恒星

差别悬殊，但在两个很重要的方面，它们是类似的。第一，二者主要都是由氢构成的，第二，二者的平均密度都只比水高一点点。既然它们是由差不多相同的成分构成的，为什么木星不像太阳一样，是一个炽热的燃烧着的气体星球呢？

让我们想象从木星的大气顶部开始往下降（图 10.2）。当我们不断朝木星中心下降的时候，大气压会不断升高，因为上面大气层的重量不断增加。大气压变得如此之高，以至于很快气体氢分子就被压缩成了液体氢分子。如果我们进一步潜入这一氢的海洋，就像在地球上的海洋中下潜一样，压力会进一步升高。随着我们越潜越深，液态氢的密度变化并不大，因为氢分子有一定大小，泡利不相容原理不允许两个原子靠得太近。氢分子的强大共价键抵抗着木星氢海洋深处的巨大压力。但是当我们继续往下，压力将增加到比地球上任何地方的压力都大。氢分子的共价键最终破裂了，现在，氢海洋里面存在的全是原子氢。这种原子氢液体里面，氢原子之间的距离已经非常小，能够形成能带结构。因为氢原子在 1S 壳中只有一个电子，所以这种原子氢海洋就是液态金属海洋，类似地球上我们熟悉的液态水银。这一金属海洋可以维持很大的电流，大家认为这就是木星拥有强大电磁场的原因。

当我们继续向木星中心进发的时候，压力继续上升，但是氢原子非常结实，能够抵抗住木星产生的巨大压力。是什么东西防止了氢原子被压垮？正是我们熟悉的电子和质子之间的电吸引力，抵抗住了像木星这样的巨大行星的重力产生的巨大压力。我们从什么角度说木星是一个不成功的恒星的呢？恒星与木星非常相似，只是恒星的质量要大得多——木星的质量只有太阳的千分之一。这意味着恒

209

星中心的压力甚至比木星中心还要大得多。在恒星中，压力如此巨大，以至于原子中的电子和质子会被压得分开。恒星中的引力也非常巨大，能够超过电子和质子之间的电吸引力，最后导致了一锅电子和质子组成的"汤"，物质的这种形态叫作等离子体。

行星是由原子支撑的。在恒星中，原子被撕裂，形成等离子体，引力趋向于引起恒星坍缩。当等离子受到压缩的时候，电子和质子的运动越来越快，等离子体也越来越热。这种电子和质子的热运动产生了一种压力，从而阻止了进一步的引力坍缩。然而，因为恒星会以光子的形式将能量辐射出去，等离子体最终将冷却下来。为了防止恒星进一步坍缩，恒星内部必须有持续的热量供应。当恒星坍缩的时候，恒星中心最终将变得非常致密，温度非常高，从而引发核反应。为了让大家知道，再著名的物理学家也是人，也会犯跟别人一样的错误，我们给大家讲一个卢瑟福推测核能利用前景的故事。他曾经说道："分裂一个原子所产生的能量是非常可怜的。任何希望从原子的这种变化获取能量的想法纯粹是空想。"无论是不是空想，核能正是恒星发光的能量来源！

氢的燃烧

几个世纪以来，天文学家和物理学家们都在思索恒星为什么会发光。通过简单的计算就可以发现，通常的化学"燃烧"毫无希望，化学反应不可能为恒星数十亿年的生命提供足够的能源。能量只可能来自核反应。因此，著名的英国天文学家、亚瑟·爱丁顿（Sir Arthur Eddington）爵士，非常不幸地发现恒星内部的温度太低，质子不能克服它们之间的排斥势垒，相互靠近而发生核反应！尽管如此，爱丁顿还是确信，核能是恒星唯一可能的能量来源，他向怀疑者们挑战说："我们不会跟批评家们争论恒星是不是还不够热，无法发生这种反应过程；但我们会让他们去找一个更热的地方。"结果证明爱丁顿是正确的，只是需要用量子力学来提供解答。利用伽莫夫提出的，我们在第五章中讨论过的量子隧道效应，一位英国天文学家、罗伯特·阿特金森（Robert Atkinson），和一位奥地利物理学家、弗里茨·侯特曼斯（Fritz Houtermans），解决了恒星的能量产生问题。他们在论文开始说道："最近伽莫夫证明了，即使传统观念认为它们的能量不够，带正电的粒子还是可以穿透势垒进入原子核。"他们提出，轻原子核可以成为捕获质子的一个"陷阱"，当四个质子被俘获的时候，就会形成一个阿尔法粒子。这个阿尔法粒子再从原子核中放出来，因而释放出四个氢原子核转变成一个氦原子

亚瑟·爱丁顿（Sir Arthur Eddington，1882—1944）爵士，出生于一个贵格会（Quaker）家庭，并且终生都是一个虔诚的贵格会会员。他的宗教信仰使他在第一次世界大战中可以免服兵役。爱丁顿是最早几位意识到广义相对论的重要性的物理学家之一。的确，他参加了1919年的日食观测远征，证实了爱因斯坦关于光线会被太阳偏转的预言。爱丁顿的主要工作与恒星内部过程的理论研究有关。他也是一位著名的天文学普及教育家，在1930年他被封为骑士。

核，这一聚变过程的大量原子核结合能。他们的原始论文题目是："怎么才能在一个势场锅中烹调出氦原子核？"，但是这个题目被科学杂志的编辑改成了一个更符合常规的题目了！这篇论文是现代恒星内部热核反应理论的基础，10年后，1939年，汉斯·贝蒂（Hans Bethe）提出了一个所谓的碳循环理论，这一理论中碳起的作用与阿特金森和侯特曼斯说的质子俘获核起的作用类似。

太阳有很多氢，它的能源一定来自于氢通过聚变形成氦和其他重原子核的核反应。氢弹放出的能量同样来自于氢的聚变反应。为什么太阳不像氢弹那样爆炸？情况是这样的，太阳的能量产生速度非常低，太阳中一个人体大小的体积内产生能量的速度，比人体将食物转化为能量的速度还要低得多！氢弹和恒星能量产生速度的巨大差别是因为，它们的氢聚变反应类型不同。恒星中的氢几乎都是普通氢，每个氢原子只有一个质子，而氢弹的核反应需要的氢是氢的两种稀有同位素，氘和氚，这两种同位素除了含有一个质子以外，还分别含有一个和两个中子。氘和氚相对更容易发生核反应。太阳用来产生能量的核反应依靠普通氢，这种反应非常难发生，我们在实验室中从来没有观察到！这是因为太阳这一最基本的核反应机制与原子核贝塔衰变的机制相同。这种反应叫作"弱相互作用"，与相对以较快速率发生的"强"核相互作用——比如氘-氚聚变反应——相比，进行得非常缓慢。

我们把与贝塔放射性有关的相互作用叫作弱相互作用。最简单的弱相互作用例子是中子的贝塔衰变。中子质量略比质子大，如果单独存在，最后会衰变为一个质子和一个电子。这两个粒子足够保证电荷守恒——中子不带电，转变成两个带相反电荷的粒子——但是实验表明，如果不引入另外一种电中性的粒子，这一反应的能量和动量将不守恒。这一大胆的想法是泡利在1931年提出来的，这可是在查德威克发现世界上第一个中性粒子——中子——的前一年。为了区别"泡利的中子"和查德威克的中子，恩里克·费米把这个假想粒子叫作中微子（neutrino，意大利语"中性小东西"）。因为这些奇怪的粒子不带电荷，它们不

汉斯·贝蒂（Hans Bethe）1906 年出生于斯特拉斯堡，斯特拉斯堡当时是德国的一部分。当希特勒夺取政权以后，贝蒂离开了德国，在英国待了很短一段时间，之后去了美国的康乃尔大学。第一次世界大战期间，他是洛斯阿拉莫斯核武器研究项目中的重要参与者，也是瑞士日内瓦限制核试验的谈判专家。贝蒂因为他关于恒星发光原理的核反应过程研究，获得了 1967 年度的诺贝尔奖。

受电磁力的影响。而且，由于早期俘获中微子的所有试验尝试都以失败告终，显然它们也不受核力的影响！不管怎样，因为它们是由于弱力产生的，中微子一定也能通过弱相互作用与别的核物质发生相互作用。探测中微子的困难在于，根据预言，中微子反应的概率很低，一个中微子必须通过很多"光年"厚的物质才有 50% 的机会发生反应。因为光的速度是每秒三十万千米，一光年就是光以这种速度走一年（大约三千万秒）经过的距离，因此，你要么需要在你的探测器中放上非常大量的物质，要么利用一束含有巨大数目中微子的中微子束，才有希望探测到这种中微子反应。因此一点都不奇怪，直到 1956 年，泡利提出中微子假说的 25 年之后，也是在物理学家们已经接受了中微子存在这个事实的很长时间以后，两位美国物理学家，弗里德里克·莱恩斯（Frederick Reines）和克莱德·寇文（Clyde Cowan），才探测到了中微子引起的微弱相互作用。他们怎么得到足够数量中微子的？因为每一次核裂变平均产生大约六个贝塔衰变过程，他们最初的想法是利用核爆炸中放出的中微子！幸运的是，他们可以利用核反应堆中产生的中微子。从核反应堆中逸出的数量巨大的中微子中——每平方厘米每秒超过一万亿个中微子，每个小时大约能够观测到三次中微子反应事件。基本的中子贝塔衰变可以写为如下反应式：

$$n \rightarrow p + e^- + \bar{v}$$

按照惯例，衰变反应中产生的，用希腊字母 v 上面加一根横杠（发音为"扭霸"）表示的粒子，叫作反中微子，也就是中微子的反粒子。下一章中我们还要讨论反粒子。这里我们可以注意到，如果我们把一个参与反应的粒子移到反应式的另一边，为了保证反应式两边电荷和其他量子数守恒，我们必须把它变成相应的反粒子。通过这样一个变化，我们可以看出，一种可能的弱相互作用反应是

$$n + e^+ \rightarrow p + v$$

这里碰到了电子的反粒子，正电子。实际上，莱恩斯和寇文寻找的是这一反

弗雷德·霍伊（Fred Hoyle，1915—2001），与杰弗里·勃比基和马格丽特·勃比基（Geoffrey and Margaret Burbidge），以及威廉·费勒（William Fowler）一道，于1957年提出了他们的恒星演化理论。这些理论是重元素在大质量恒星内部和超新星中合成的理论基础。他是五十年代和六十年代中流行的稳态宇宙模型的著名代表人物，这一宇宙模型现在已经被大爆炸理论取代。霍伊写过好几本非常好的天文科普书，还写过几本很有意思的富有洞察力的科幻小说。在他生命的最后几年，他提出了一种有很多争议的理论，认为生命和疾病都是从太空来的。这种想法只有到了目前才被部分人接受。

应的相反过程，也就是

$$\bar{v}+p\rightarrow n+e^+$$

泡利在去世之前不久，才听说了中微子被发现的消息。直到1995年，弗里德里克·莱恩斯才因为这一发现被授予诺贝尔物理学奖。现在这个时代，在巨大的粒子加速器实验室里面，我们已经对这些特别的粒子失去好奇心了，因为人工大量制备中微子束和反中微子束已经非常平常。我们现在能够观察到这样的中微子反应

$$\bar{v}+n\rightarrow p+e^-$$

也可以观察到莱恩斯和寇文发现的反中微子反应。以后我们还要继续讨论反粒子。

在太阳中有很多质子，但是质子单靠自己不能通过下面的贝塔衰变转变成中子

$$p\rightarrow n+e^++v$$

因为中子质量更大。在原子核中情况就不同了。如果某一个质子这样"衰变"产生的新原子核比原来的原子核结合得更紧密，这一过程就可以，而且确实在不断发生。根据不确定性原理，整个系统可以"借到"额外的能量来使这一反应成为现实，因为，在衰变过程的最后，整个系统的总能量将更低。因此，虽然质子单靠自己不能转化为中子，但如果在合适的原子核中，它们就可以！这是理解太阳能量产生机制的关键。考虑太阳上两个质子相互碰撞。因为它们之间有库仑排斥力，它们很难靠的足够近，以进入强大的短程强相互作用范围。但是，偶尔，由于量子隧穿效应，两个质子能够结合在一起，形成一个不稳定的由两个质子组成的原子核。通常，在一个很短的时间内，这两个质子又会分开。但是，由于弱相互作用和不确定性原理，这一不稳定原子核的两个质子中的一个有一个很小的机会通过贝塔衰变转化为中子，从而形成一个氘原子核：

$$p+p\rightarrow d+e^++v$$

平均说来，太阳上面的每个质子需要碰撞十亿年，才会发生一次这种反应！这种极其缓慢的第一步核反应正是太阳缓慢燃烧的秘密。一旦氘核形成，生成

213

苏布拉马尼扬·钱德拉塞卡（Subrahmanyan Chandrasekhar，1910—1995）出生于印度拉合尔（现在属巴基斯坦），在马德拉斯（Madras）大学接受的大学教育。他在英国剑桥大学获得了博士学位，是狄拉克的学生。后来他到了芝加哥大学和耶基斯（Yerkes）天文台工作。钱德拉塞卡提出了第一个自洽的白矮星模型，与威廉·费勒一起被授予1983年度的诺贝尔物理学奖。

氦核所需要的别的核反应就容易发生得多了。质子和氘核之间通过强相互作用和电磁相互作用反应形成 ^{3}He：

$$p + d \rightarrow {}^3He + \gamma$$

然后通过一个纯强相互作用形成 ^{4}He：

$$^3He + {}^3He \rightarrow {}^4He + p + p$$

这一反应序列叫作"质子-质子循环"，大家相信这一循环是太阳中能量产生的主要过程。然而，在很多别的恒星中，温度很高，能量能够通过贝蒂提出的碳循环产生。贝蒂的碳循环机制不需要在碰撞的那一刻发生弱相互作用，而是将碳核作为"烹调"出氦核的某种催化剂。

从慎重出发，我们必须提到，尽管物理学家们在解释太阳能量来源的时候取得了巨大的成功，还是有一个很烦人的小问题一直没有得到解决。这个问题如下。太阳中质子-质子循环过程中的核反应，我们相信已经搞得清楚了。我们已经看到，有些核反应过程会产生中微子，因此，预言到达地球的这种"太阳中微子"的数目应该是相当简单的事情。1968年到1986年间，在位于南达科他州的霍姆斯德克（Homestake）金矿矿井中，进行了探测这些太阳中微子的实验。实验在地面以下很深的矿井里进行，目的是为了减少来自外层空间的宇宙射线的影响。宇宙射线会进入实验装置，与装置反应，跟太阳中微子反应混在一起，很难区别。不幸的是，即使经过非常仔细的检查之后，他们也只探测到了预计数目三分之一的中微子。在二十世纪的八十年代和九十年代，为了解决这个问题，又用不同的探测装置进行了一些新的实验。所有的这些新实验都是在地下进行的——日本的实验在神冈（Kamioka）的一个矿井内，美国—俄罗斯合作的实验在高加索，欧洲-美国-以色列合作的实验在罗马附近的大萨索（Grand Sasso）隧道内。这些实验证实了雷蒙·戴维斯（Raymond Davis）最初在霍姆斯德克金矿矿井内得到的实验结果，只观测到了大约一半理论预计数目的中微子。这个问题有两种可能的解释，要么我们目前对太阳内部发生的物理过程的理解不完全正确，要么中微子在飞往地球的过程中发生了变化。目前，物理学家们把赌注押在第二种可能上。听起来有点不可思议，根据我们现在对自然力的理解，第二种情况的确可能发生，也就是中微子从太阳到地球的传播过程中，它们的性质确实发生了变化！1998年，在神冈矿井中进行

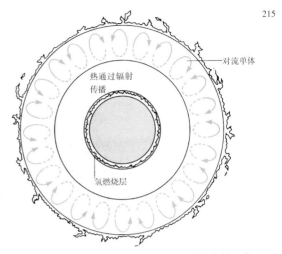

图10.3　雷蒙·戴维斯在美国南达科他州霍姆斯德克（Homestake）金矿矿井中建造的中微子"望远镜"

图10.4　红巨星的内部结构。这张图不是按比例画的，核心非常小，非常致密。外层极端稀薄，占据的空间直径比我们的太阳大一百倍

的一次新的实验支持了这种"中微子振荡"的想法。神冈的实验结果被最近在加拿大安大略撒德伯雷镍矿井中进行的另一次实验证实。这些结果的一个重要推论是，中微子不是像光子那样没有质量，而是有一个很小但是不是零的质量。在后面的第十二章中我们还要讨论这种神秘的中微子振荡。

红巨星和白矮星

　　一个像太阳这样的恒星，拥有的能源足够燃烧数十亿年。但是当氢快被烧 214
完的时候，会发生什么情况呢？因为核反应在恒星的核心发生，恒星核心最后将主要由氦构成。与氢相比，氦需要更高的温度和压力才能发生核反应。当恒星产生的能量越来越少的时候，引力将在原来的动态平衡中占上风，恒星开始坍缩。这会使温度重新升高，一直升到的氢燃烧速度更快的，由贝蒂提出来碳循环过程开始进行。这些氢的核反应最初在核心周围的一层很薄的壳中开始。不断增加的热量引起恒星外层膨胀，直到恒星的半径达到原来的几百或者几千倍。因为现在恒星产生的总能量被分散到一个比原来大得多的空间，恒星的表面温度下降了，远处看起来颜色偏红。这样的恒星就叫作"红巨星"，如果我们的太阳发展到这一阶段，体积就会增大到把水星和金星都吞噬掉。 216

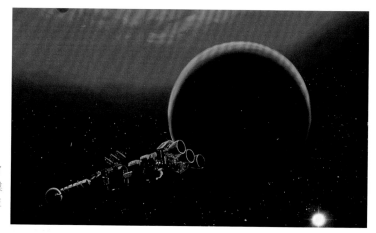

图 10.5　这张油画表现了 50 亿年后太阳可能的模样。这时太阳变成了红巨星，最后会将地球吞噬

下面的核心又怎样了呢？随着氢的燃烧层产生越来越多的氦，恒星的核心会进一步坍缩，变得越来越致密。随着压力的增加，电子越来越拥挤，相互之间的距离越来越近。跟以前一样，泡利不相容原理不允许两个电子有同样的量子数，或占据同一空间。这一最小空间的大小是由电子的德布罗意波长决定的。德布罗意波长越小，电子的动量越大，随着压力的增加，电子的运动越来越快。对于一个质量跟我们的太阳一样的恒星，当电子运动的速度接近光速的时候，电子遵循的泡利原理将阻止核心进一步坍缩。对于核心的质子和中子来说，也有类似的泡利原理效应。质子和中子的质量比电子大很多，它们的德布罗意波长要小得多，因此质子和中子的泡利原理效应在阻止核心坍缩方面起的作用并不显著，除非达到更大的压力。所以，在恒星生命周期的这一阶段，阻止了核心进一步坍缩的是电子的泡利原理效应。这时候核心物质的密度高得令人难以置信——一小茶匙的物质就会有几吨重！

对于像太阳这样的恒星，核心的温度和密度最终将高到足以使氦开始燃烧。氦的核反应进行得很快，最后形成一个炽热的碳核心，并且把恒星的所有外层部分都抛到太空中。最后的结果是形成一个行星状星云，也就是从这种恒星上抛出来的扩散着的气体外壳，图 10.6 是这种星云的一个例子。外面的气体环受到恒星中心的辐射，不断增大。剩下来的核心冷却下来，变成一个"白矮星"——一个炽热的，致密的星体，电子和泡利原理产生的"简并压力"阻止了它的进一步坍缩。一个典型的白矮星大约跟地球差不多大，但是质量却跟太阳差不多。白矮星之所以是白色，是因为它仍然很热，能够辐射出光能。因为它不可能发生进一步的核反应了，所以白矮星将慢慢冷却下来，光线越来越微弱，最后进入到它的生

图10.6　像太阳这样的恒星，在红巨星阶段结束的时候，最后会将所有外层物质抛向太空形成一团行星状星云。中间剩下的核心会冷却形成一个白矮星。这张照片上的是行星状星云M27，是大约五万年前从恒星中抛出来的。中心恒星发出的强烈紫外光照亮了整个星云

图10.7　天狼A星，是夜空中最明亮的恒星，与它的白矮伴星天狼B星在一起。白矮星比天狼A星热，但是由于它只有跟地球差不多大，所以它的亮度只有天狼A星的万分之一

命过程的最后阶段，成为一个"黑矮星"。这种冷却过程也许要花大约一万亿年，比现在宇宙的年龄还要长得多，因此到现在为止，我们还没有观测到一颗黑矮星。

　　双星系统里面白矮星的演化过程可能更复杂。图10.7是天狼星和它的白矮星伴星。在这种状态下，相信在白矮星处在红巨星阶段的时候，恒星物质会转移到它的伴星上。反过来，如果双星系统里面的两个恒星距离很近，物质也可以从红巨星转移到白矮星上。白矮星聚集了大量从伴星过来的氢，会发生猛烈的核爆炸。爆炸的时候，在一个很短的时间内，双星系统可以变得比原来明亮上亿倍。在望远镜还没有被发明的漫长岁月中，这种现象看起来就像一颗星星突然诞生了，并

217

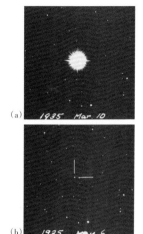

图 10.8　(a) 1934 年武仙座爆发的新星，爆发数月后，1935 年 3 月时的图像。(b) 爆发后 8 周后的图像

图 10.9　星系 IC4182 中发生的超新星爆炸的三张照片。(a) 在这张 1937 年 8 月 23 日拍摄的短短的 20 分钟曝光照片上，因为星系太暗淡，还没有在照片上显现出来，但是这时超新星就已经可以清晰地看见了。(b) 这张照片，是在一年多后的 1938 年 11 月 24 日拍摄的，这时超新星已经暗淡得多了。这张 45 分钟曝光照片上，超新星勉强可以看见，星系也开始可以看出来了。(c) 1942 年 1 月 19 日，超新星太微弱，看不见了。这张 85 分钟的曝光照片上清晰地显示出了星系。从这一系列照片可以看出超新星爆炸是多么极端明亮。现在每年大约能够发现 100 次超新星爆炸事件，但是在我们的银河系中最后出现的超新星仍然是 1604 年开普勒观察的那颗

且在数周的时间内暗淡并消失。这种星星叫作"新星"（nova，拉丁语新的意思）。

双星系统里面的白矮星也可能发生所有恒星爆炸中最猛烈的爆炸——"超新星"爆炸。超新星爆炸的时候，新星的亮度能够跟整个星系差不多！自从望远镜被发明以来，在我们的银河系中还没有观察到超新星的出现。可是在 1054 年，中国人记录下了一颗"客星"的出现，这颗"客星"非常明亮，在随后很多天的白天都可以看见它。在这次爆炸的位置上，我们发现了壮观的蟹状星云，它看起来显然是某一次巨大爆炸的残迹。实际上，如果恒星质量足够大，即使没有伴星的帮助，也能够出现超新星爆炸。中国人观察到的蟹状星云超新星相信就属于这种类型。在下一节中，我们将看到，在这种质量非常巨大的恒星演化方面，量子力学和泡利不相容原理，还将导致比白矮星更加奇特的天体出现。量子力

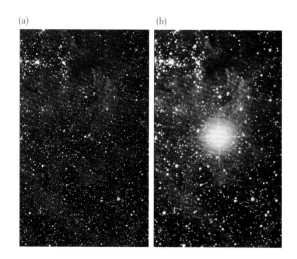

图 10.10 1987 年，出现了自从开普勒（Kepler）时代以来，第一颗肉眼可以看见的超新星。它发生在大麦哲伦星云中，大麦哲伦星云是我们银河系的伴星系。这一超新星仅在南半球可见。(a) 爆发前，(b) 爆发后

学的适用范围的确是让人惊讶不已！

作为这节的一个注脚，我们要提到"褐矮星"，以介绍完我们的矮星家族。褐矮星是介于像木星这样的行星和真正的恒星之间的一类天体。这种天体的内部像我们说过的那样坍缩了，但是产生的等离子体又不够热，主燃氢核反应不能发生。第一个这样的褐矮星，Kelu 1，是 1997 年被发现的。 219

中子星和黑洞

质量非常巨大的恒星，在氢燃烧生成碳的演化阶段完成以后，往后还可以继续发生新的核反应。只要恒星的核心足够热，新的核反应过程就会出现。一系列非常复杂的核反应将生成越来越重的原子核，直到最后生成 ^{56}Fe。在铁以后，通过聚变反应已经不可能获得更多的能量了，因为铁的结合能是所有元素里面最高的。核心上的铁不断增加，直到核燃料消耗完毕。这时，核心又开始坍缩，直到泡利不相容原理阻止它进一步坍缩。

电子的泡利不相容原理是不是无论恒星质量有多大，都能够防止它的坍缩 220 呢？答案是否定的。有一个临界质量——叫作钱德拉塞卡极限，在这个质量以上，遵从泡利不相容原理的电子也不能阻止恒星在引力的作用下进一步坍缩。这是怎么回事？当大质量恒星的铁核心坍缩的时候，电子被挤压得非常紧密，很多电子的能量达到非常高，足以引起弱相互作用过程。弱作用通过以下反应将质子转变为中子：

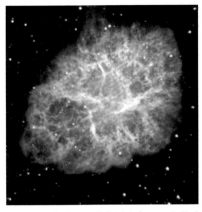

图10.11　蟹状星云是中国人在1054年夏某一天的凌晨两点观察到的一次恒星大爆炸的残留物。中国古代天文学家注意到，金牛座的两只牛角之间出现了一颗"客星"。它比金星和木星还要明亮，甚至在三个星期的时间内，大白天里都能看见。蟹状星云的中心是一颗脉冲星，即在大爆炸中形成的快速旋转着的中子星

图10.12　超过2000根偶极天线组成了发现脉冲星的射电望远镜。倾斜的木杆支持一面反射屏，能够提高望远镜的灵敏度。建设这一观测设备的原意是为了研究星际空间的闪烁射电源

乔斯林·贝尔（Jocelyn Bell）第一次注意到脉冲星的规则信号的时候，是英国剑桥大学的安东尼·休伊什（Anthony Hewish）教授的研究生。她的论文中有大约200个闪烁射电源的角直径数据，只是在附录中才提到了脉冲星！安东尼·休伊什，研究出了观测闪烁射电源的技术，并且指导了这一研究项目的实施，他获得了1974年度的诺贝尔奖。

$$e^- + p \rightarrow n + v$$

这一反应的后果是，核心中的电子和质子都消失了，同时大量能量以中微子的形式从恒星中逃逸出来。一旦这一旨在减少电子的泡利压力的过程开始进行，恒星核心就会开始以令人难以置信的速度猛烈地坍缩。这种坍缩的精确和详细的发生过程，壮观的超新星爆炸如何发生，这些问题非常复杂，天文学家们仍然在争论不休。但是有一点似乎很清楚，就是超新星爆炸后会留下一个致密的炽热中子球——"中子星"。当炽热的中子星冷下来的时候，中子的泡利不相容原理能够阻止进一步的坍缩，除非恒星的质量非常大，大到足以形成"黑洞"。关于黑洞我们以后要讨论。对于一个剩余质量是我们太阳两倍的恒星，最后形成的中子星的直径大约是十千米。它的密度比水高一万多亿倍，大致与原子核内部的密度差不多。因此，从某种角度来说，一个中子星就是一个巨大的原子核。

用量子力学来计算中子星的性质，有点像在冒险地

221

滥用量子力学，但是这个想法是五十多年前由 J·罗伯特·奥本海默（J. Robert Oppenheimer）提出来的。奥本海默是一个很有意思的人物，他在发展第二次世界大战后的"疯狂"（MAD，mutually assured destruction，表示确保相互摧毁）计划的工作中是一个中心人物。在这里我们忍不住要岔开话题，讲一下有关的一段历史。这位严谨的，学院式的，预言了中子星存在的物理学家，同时也是后来在制造第一枚原子弹的曼哈顿计划中，领导一群科学家的负责人。1954年，在美国那场偏执的反共运动的高潮时刻，奥本海默被断言是一个危险分子，并且"不适合为他的国家服务"。爱德华·泰勒（Edward Teller），战争期间是奥本海默在洛斯阿拉莫斯的同事，后来被大家称为"氢弹之父"，向当局提供了对奥本海默不利的证据，在科学界中制造了分裂。奥本海默受到指控的时候，美国社会非常混乱，当时正是参议员约瑟夫·麦卡锡（Joseph MaCarthy）对共产主义分子臭名昭著的疯狂搜捕正处于高潮的时刻。1950年，克劳斯·福斯（Claus Fuchs），曾与奥本海默在洛斯阿拉莫斯共过事，也是同冯·诺伊曼合作，共同执笔一份叫作"发明的公开"的绝密文件的作者，这份文件包括氢聚变热核反应炸弹的每一项重大进展的总结。但是这个人被证明是苏联间谍。1953年的8月，这一间谍灾难后不久，苏联人就成功地试验了世界上第一枚真正的，"可以投放的"氢弹。美国本来不应该晚到1956年才拥有一枚可用的氢弹。直到1963年11月22日早晨，白宫才宣布肯尼迪总统将亲自为奥本海默授予崇高的费米奖。这是政府为了向他在十年中被病态反共狂潮无理指控作出正式道歉走出的第一步。唉！就在那一天的下午，约翰·肯尼迪被暗杀了，这件事情就留给了约翰逊（Johnson）总统。约翰逊总统不顾他的政治顾问的反对，亲自将大奖授予了奥本海默。一位在迫害奥本海默的运动中很有名的美国参议员，称这次授奖典礼是"骇人听闻和令人厌恶的"。

讲完这段历史以后，让我们回到中子星问题，并解释为什么天文学家们相信它们存在。中子星的天文观测证据与乔斯林·贝尔（Jocelyn Bell）在1967年发现的"脉冲星"有关。乔斯林当时是英国剑桥大学的安东尼·休伊什（Anthony Hewish）教授的研究生。脉冲星是太空中的变化非常快，非常有规律的射电脉冲源。第一个脉冲星发现后不久，在蟹状星云的中心，也就是古代中国人观测到的超新星爆炸的地方，发现了另外一个脉冲星。蟹状星云脉冲星每秒钟亮—暗—亮—暗变化大约30次（图10.13），发射的能量覆盖大部分电磁波波谱。脉冲星最早被叫作"小绿人"，用缩略语 LGM（Little Green Man，小绿人）表示，因为它们异乎寻常的规律性，最先人们怀疑这是地外文明发给我们的信号。但是现在我们相信，实际上并没有那么罗曼蒂克——几

222

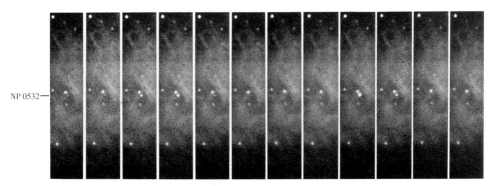

图 10.13　这一系列照片显示了蟹状星云脉冲星 NP 0532 一个完整的亮暗周期。整个周期大约只需要三十分之一秒，也就是中子星的自转周期

乎可以肯定，它们就是快速旋转着的中子星！

美国康奈尔大学的汤米·戈尔德（Tommy Gold），首先意识到脉冲星可能是旋转着的中子星。所需要的旋转

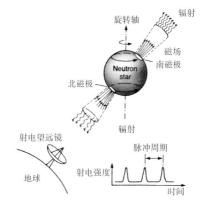

图 10.14　脉冲星就是带有巨大磁场的快速旋转着的中子星。当中子星旋转的时候，它在两极区域发射出一束很窄的辐射。如果这谶辐射正好划过地球，通过接收到的规则射电能量脉冲，就可以探测到这颗脉冲星

速度比正常恒星要大得多。但是就像一个滑冰的人收回她的双臂，使自己的旋转速度从慢变快一样——这是一个非常优雅的角动量守恒的范例——恒星在坍缩形成一个中子星的时候，它的自转速度也会加快。恒星的磁场也会由于坍缩而增大到非常强的程度。就像在图 10.14 中所示，中子星的磁极并不总是与自转轴重合。我们相信，通过一种与中子星的磁场和电场都有关系的相当复杂的机制，在磁轴方向会产生一束强大的角度很小的辐射。正是这束辐射，随着中子星的自转，有规律地扫过地球，使我们能够观察到脉冲星发出的脉冲。

中子星是惊人致密的天体。尽管如此，这种天体产生的巨大引力还是被中子的泡利原理平衡了。但是如果恒星的质量还要大（太阳质量的大约三倍以上），甚至中子内部的夸克（见第十二章）遵循的泡利原理，也不能阻止恒星坍缩形成一种更奇特的天体——"黑洞"。爱因斯坦的广义相对论——实际

223

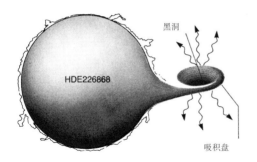

图 10.15 天鹅座 X–1 星 X 射线源的黑洞模型示意图。通过对这一双星系统的旋转周期的测量，可以知道看不见的 X 射线源的质量比中子星的质量大。一般认为，X 射线是从伴星中出来的物质流在最后走上不归路之前，落到绕黑洞旋转的物质 "吸积盘" 上时产生的

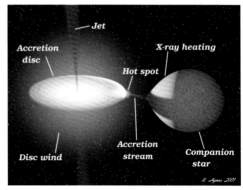

图 10.16 现在大家相信，黑洞的最佳候选者是所谓的 "X 射线暂现源（X-ray transients）"。这是南安普敦的罗布·（Rob Bynes）和菲尔·查尔斯（Phil Charles）模拟的这样一种系统

上就是一种引力理论，这不是我们这本书的讨论范围 [参考我们这本书的姐妹篇《爱因斯坦的镜子》（*Einstein's Mirror*）——允许这种奇特天体的存在。黑洞对应爱因斯坦方程的一种特殊类型的解。需要非常高的密度才能形成黑洞。例如，如果我们的太阳要变成一个黑洞，就必须把它压缩成一个直径只有大约六千米的球。一旦一颗恒星被压缩到小于它的临界半径——史瓦西半径——引力就会变得如此之强，以至于任何东西，包括光，都不能逃出来。它是一个真正的黑洞！

　　到目前为止，我们还没有一套完整的理论，能够把量子力学和广义相对论完美地统一起来。因此，我们并不清楚恒星坍缩形成黑洞的细节，甚至不能绝对肯定这种天体的存在。如果我们能在实验上观察黑洞，疑问自然会迎刃而解。但是没有任何辐射能够从黑洞中出来，怎么才能观察它呢？有人提出了一种办法，就是考察双星系统。这种系统含有两颗恒星，互相围绕旋转，就像舞池里的一对舞伴一样。如果这一系统里面有一个天体是黑洞，它的质量可以通过可以看见的伴星的行为来估算。黑洞会从伴星上吸走物质，这些物质在向黑洞跌落的过程中，会辐射 X 射线，也就是高能光子。人们提出的第一个候选黑洞在天鹅座中（图 10.15），但现在天文学家们已经发现了大约 15 个这种候选黑洞（图 10.16）。在第十一章中，我们还会讨论更多关于量子力学和黑洞的事情。

224

225

第十一章　费曼规则

就像一架轰炸机正在一条道路上面飞行的时候，飞行员突然看见地面出现了三条道路，只有当看到其中的两条汇聚在一起并且消失，他才会意识到刚才只是经过了一条道路的一段很长的之字形路段。

——理查德·费曼

阿尔伯特·爱因斯坦，在瑞士伯尔尼专利局工作。在与他的朋友米歇尔·安杰罗·贝索进行了一次关键讨论后，爱因斯坦意识到必须从根本上重新思考什么是时间，这导致他后来提出了狭义相对论。保罗·狄拉克说过，如果爱因斯坦没有在 1905 年提出狭义相对论，别人也会很快提出这一理论。但是狄拉克也继续说道，如果没有爱因斯坦，我们可能现在还在等待广义相对论的出现。关于狄拉克，爱因斯坦曾经说过："我很难理解狄拉克。在令人吃惊的天才和疯狂之间保持平衡是非常困难的。"

狄拉克与反粒子

在前面的各章中我们已经看到，尽管量子力学有固有的概率特性，它还是成功地预言了大量的物理现象。在微观领域，毫无疑问，经典力学的牛顿定律必须让位给量子力学。还有一个领域，牛顿定律也需要作出修正，这就是当物体的速度接近光速的时候。因为光的速度大约是每秒三十万千米，这些修正的影响，就像量子力学的一样，在日常生活中并不明显。根据爱因斯坦的狭义相对论，一个粒子的能量 E，和动量 p，有如下关系

$$E^2 = p^2 c^2 + m^2 c^4$$

这里 c 是光速，m 是粒子的静止质量。关于能量和动量，我们最熟悉的关系式

$$E^2 = p^2/2m$$

可以看作是相对论关系式的一个近似，当粒子的速度比光速小得多的时候，这个式子是成立的。在这个非相对论能量表达式中，习惯上也不包含静止能量项 mc^2。

保罗·狄拉克和沃纳·海森堡在1933年。狄拉克的父亲是瑞士人，移民到了英国，在布里斯多教语言。狄拉克是在法语和英语两种语言环境中长大的，但是他在这两种语言环境中说话都非常少。他与物理学家尤金·魏格纳的妹妹结了婚，在1933年与薛定谔分享了当年的诺贝尔奖。

爱因斯坦，瑞士伯尔尼专利局的三级技术专家，在1905年提出了狭义相对论。到二十世纪二十年代，当量子力学理论开始提出的时候，狭义相对论已经被物理学界充分理解和接受。很自然，薛定谔试图从上面的相对论质能关系出发推导出量子力学理论。经过一些尝试，薛定谔没有能够找到一种与实验符合的相对论性波函数，于是他不得不回到近似的非相对论质能关系。他的著名方程式是在1926年1月发表的。尽管薛定谔方程非常成功，以它为基础的量子力学却不能用来研究高速运动的电子。而且，我们在第六章讨论过的自旋角动量，是通过一种特殊方式加入量子力学的。显然，我们需要一个相对论性的方程。

保罗·狄拉克（Paul Dirac）在1902年出生于英国的布里斯多，1921年在布里斯多大学获得了一个电气工程的学士学位。12年后，他与薛定谔因为"发现了一套成果丰硕的新原子理论形式"而分享了当年的诺贝尔物理学奖，他也预言了反物质的存在。狄拉克是一位非常有独创思想的人，但是他也因说话不多，不愿与人交流而臭名昭著。海森堡曾经讲过一个关于狄拉克得很有意思的故事，将他这两个特点都表现得很充分。他们两人曾经乘船从美国去日本，海森堡很愿意参加一直持续到晚上的社交活动。一天晚上，在舞会上海森堡跳舞跳得很高兴，而狄拉克，跟往常一样，坐在旁边看着。海森堡跳完一曲回到他的座位上，狄拉克问他："你为什么跳舞？"海森堡回答说："这个，当有一些可爱的姑娘的时候，跳舞是种享受"。狄拉克思考了一会儿。大约过了五分钟，他问道："海森堡，你怎么能预先知道姑娘们很可爱呢？"

$$E\psi = \left(-i\vec{a}\cdot\vec{\nabla}+\beta m\right)\psi$$
相对论性电子的狄拉克方程。

很奇怪的是，相对说来，普通大众知道狄拉克的人并不多。他显然是二十世纪中最伟大的物理学家之一，他的成就与牛顿，麦克斯韦，爱因斯坦这些伟大的人物相比毫不逊色。狄拉克究竟做了什么？就像费曼说的，"狄拉克得到了答案，通过……猜出了一个方程"。狄拉克方程如果写成通常的精简数学形式（见方框），乍看起来，似乎令人难以置信的简单。对于相对论性的量子力学，这个方程的解将正确地给出 E 和 p 的相对论性关系。但是，对于一个给定的动量 p，能量有两个可能的解，也就是

$$E = \pm \sqrt{\left(p^2 c^2 + m^2 c^4\right)}$$

一个解的能量是正的，跟我们预计的一样，但是第二个解的能量却是负的！负能量的解怎么会有物理意义呢？狄拉克的伟大成就在于，他很严肃地考虑了这个问题，并将这些似乎不受欢迎的解变成了理论物理的一大胜利！他的天才思想是，那些负的能级的确存在，但是通常已经被电子占据了。因此，根据泡利不相容原理，普通的正能量的电子不能跃迁到这些能级上。根据狄拉克的说法，在一个表面上是真空的量子盒子里面——也就是不含正能量状态的电子——实际上是一个所有负能量电子能级都被占据了的"海"（图11.1）！这听起来似乎有点可笑，但实际上并不可笑。如果我们把一些正能量的电子放进这个盒子里，系统的电荷和能量是相对于空盒子状态的电荷和能量来测量的。因此狄拉克的空盒子海中的无穷多的负电荷和负能量是不可观测的。虽然着听起来像某种怪诞的理论空想，但像其他成功的理论一样，狄拉克关于"真空"——也就是空盒子态——的概念能够提供一些真切的预言。我们知道如果将光照射到原子上，电子会吸收光子的能量，跃迁到一个激发态上。让我们考虑一下，如果将光照射到狄拉克的空盒子里，会发生什么情况。狄拉克认为，光有可能将一个负能量的电子激发到正能量能级上。因此，我们得到的可能不是一个空盒子，而是一个正能量的电子，再加上狄拉克海里的一个空穴。与通常的空盒子态相比，海里面有一个空穴的盒子会缺少一些负能量和一个电子的负电荷。也就是与真空态相比，海里的一个空穴有正能量和正电荷！我们用狄拉克的负能量海图像描述的这一物理过程就是，一个光子能产生一个电子–正电子对。正电子是电子的反粒子，反粒子是与粒子相比，质量相同，电荷相反的粒子。

就像物理学一贯要求的那样，一个理论只是在它的预言正确的时候才正确。狄拉克的方程提出了四年之后，1932年，卡尔·安德森（Carl Anderson）在宇宙射线实验中发现了正电子。1955年，质子的反粒子即反质子，才在加利福尼亚的伯克利被发现。要发现反质子，必须等待能够提供足够强大能量的加速器建成，加速器的能量必须能达到可以通过下列反应式产生质子–反质子对

$$p + p \rightarrow p + p + p + \bar{p}$$

狄拉克也预言了对产生反应的反过程。如果我们在我们的量子盒子里面同

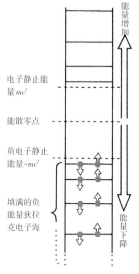

图 11.1 狄拉克的真空图像。解一个盒子中的相对论性电子的狄拉克方程会得到一个正能级和一个负能级。狄拉克认为这是有意义的，认为在一个空盒子中，也就是真空态中，所有的负能级都被填满了。因此，根据泡利不相容原理，如果把一个正能量的电子放到盒子中，它不会掉到下面的负能级上放出能量

图11.2 狄拉克的负能量电子海概念有可观察的效应。从汤普金斯先生的探险之旅中引用的这张图中，我们可以看出，一个高能光子即伽马射线能够激发一个处在负能级海中的一个电子，使它变成一个普通的正能量电子。海中的空穴与正常的真空态相比，表现得像一个带正电荷正能量的粒子。因此，光子产生了一个电子-正电子对。第二幅图显示一个电子掉到海中的一个空穴上。这对应的是一个相反的过程，电子与正电子湮灭，放出一个高能光子

时有一个正能量的电子，和一个正电子空穴，会发生什么情况？电子会跳回到海里，填补那个空穴，剩下一个空盒子和两个光子，光子带走电子-正电子湮灭产生的能量。

$$e^+ + e^- \rightarrow \gamma + \gamma$$

虽然狄拉克关于负能量海的概念导致了反物质的预言，但这种处理反物质的方式非常笨拙，也不对称。相对论量子力学的新特点是，它将能量转换成物质，这一特点已经通过对产生和对湮灭过程得到了很好的体现。与薛定谔和海森堡的非相对论量子力学不同，相对论量子力学中，量子粒子的数目可以改变。狄拉克提出负能量电子海的概念只是一种处理方法，这一方法使他能够在需要真正的多粒子理论的研究领域中继续使用单粒子的波动方程。这一概念在处理玻色子的时候，没有什么帮助，因为它依赖泡利原理来防止正能量的粒子跳到下面的低能量态，这意味着玻色子——不服从泡利不相容原理的粒子——必须通过另外的方式来描述。实际上，我们在下一章中将会看到，有一种基本粒子叫作 π 介子，它是自旋为0的玻色子，它有两种分别带有正电和负电变体，叫作 π^+ 和 π^-，能够像电子和正电子一样成对产生和湮灭。如果从一开始，就采用一套合适的，允许粒子产生和湮灭的多体量子力学公式，就可以消去狄

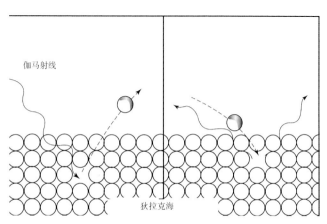

伽马射线

狄拉克海

这张照片的右边是卡尔·安德森，他因发现正电子而获得了诺贝尔奖，左边是他的学生，唐纳德·格拉泽（Donald Glaser），他也因发明气泡室而获得诺贝尔奖。在密执安的安·阿伯（Ann Arbor）有一家酒吧，据说格拉泽就是在这家酒吧里喝酒的时候，看见一杯啤酒冒出气泡，才有了发明气泡室这个想法的。

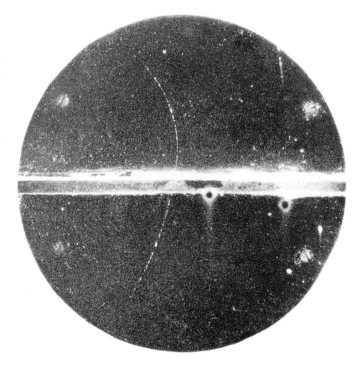

图 11.3 弯曲的小水滴线显示了一个云室中的正电子的径迹。径迹的弯曲是因为云室中存在磁场，弯曲的方向说明电荷的正负。这张照片是卡尔·安德森拍摄的，结论性地证实了狄拉克关于反物质的预言。云室中间有一块铅板，正电子通过铅板的时候，速度减小，导致铅板上方的曲线弯曲更严重。这意味着安德森可以知道这道径迹代表一个带正电荷的从下往上运动的粒子，而不是从上往下运动的普通电子。安德森采取了非常严密的措施，保证加州理工学院的本科生们不会开他的玩笑，改变实验的磁场方向

拉克海和它的无穷多的负电荷和负质量。与单粒子波动力学相比，这种理论叫作"量子场论"。

描述电子和质子之间的相互作用的相对论量子场论叫作量子电动力学（Quantum Electrodynamics，简称 QED）。QED 将麦克斯韦的电磁方程，量子力学和相对论结合到一起。它是物理学家们建立的最成功的理论，已经在令人吃

233

图 11.4 电子-正电子对产生的气泡室照片。只有带电粒子才能在气泡室留下径迹，光子不能留下直接的痕迹

图 11.5 位于加利福尼亚伯克利的高功率质子回旋加速器。这台加速器是第一台能量大到足以产生反质子的加速器

惊的精度上得到了验证。为了证明这并不是我们的自吹自擂，让我们来看一下曾经让薛定谔头疼不已的电子自旋。旋转的电子像一个小磁铁，电子"磁矩"的大小可以通过 QED 计算出来。结果可以用电子的"g因子"来表示。经典理论预言的 g 值为

$$g_{经典} = 1.0$$

不到 QED 预言值的一半

$$g_{量子电动力学} = 2.002319304$$

当与实验测量值

$$g_{实验} = 2.002319304$$

相比，显然 QED 与实验的符合程度是非常惊人的。将这种符合程度继续扩展到超过 9 位有效数字的努力，受到了同时来自实验精度和理论预言的数值计算精度的限制。主要的实验精度限制来自所谓"精细结构常数"的测量，通过它可以非常精确地得到电子的电荷。对像 QED 这样的量子场论的详细讲解，需要用到许多高等数学的知识，这远远超出了我们这本书讨论的范围。但是我们很幸运，费曼曾为量子场论提供了一种非常优美的、直观的、图解式理解方法。这就是我们下一节讲解的主题。

费曼图和虚粒子

我们需要花点时间才能习惯费曼看待负能量态的方式，但是最终你会发现

它非常有用。为了知道它究竟是些什么概念，先让我们想象一下电子的一次"散射"实验。我们把这一实验用弹球在弹球机里面的两次运动过程来类比，弹球的每次发射，都在弹球机里面经过两次碰撞走到弹球机的上方（图11.6）。第一次发射过程中，两次碰撞都是轻微的掠射，轻碰一下弹球机，弹球的运动方向稍微有点改变，但仍然保持向上。第二次发射过程中，弹球与弹球机发生非常猛烈的碰撞，第一次碰撞后弹球向下运动，再经过一次猛烈的碰撞，弹球才向上运动到弹球机的上部。在电子的散射实验中，费曼证明我们可以为电子画上两条类似的轨迹——关键的差别是，我们现在必须将电子在我们的电子弹球机上的轨迹解释为电子在时间和空间上的运动轨迹！电子在空间方向上的运动对应电子横过弹球机；在弹球机上向上的运动对应电子轨迹随时间的演化。第一次发射过程的电子轨迹看起来完全正常，电子的运动方向发生了轻微的改变，但是时间和空间方面都保持了大致的运动方向。第二次发射过程看起来有些奇怪，电子看起来似乎朝时间的反方向散射了！费曼认为，在相对论量子力学中，如果"沿着时间反方向"运动的电子的能量是负值，这种可能的怪异行为是允许的。带负能量的电子沿时间反方向运动，在物理上解释为电子–正电子对的产生（11.7）。"从未来"吸收负能量和电荷降低了散射发生点的总能量和总电荷。这一过程在能量和电荷方面对散射发生点的影响相当于将正能量和电荷发送到未来。电子表面上看起来非常荒谬的轨迹可以在物理上解释为一个电子–正电子对在第一散射点产生。正电子然后在时间方向向前运动，在第二散射点被初始的入射电子湮灭。

　　现在我们可以看出，在这章的最前面我们引用的费曼的话说得有多么恰到好处，这句话来自于他最初发表在1949年的《物理评论》（*Physics Review*）上，题目是"量子电动力学的时空处理方法"的一篇论文。我们可以通过把电子和正电子的运动轨迹处理成一个电子的"世界线"，就能够避免直接处理电子对产生过程的多体行为，就像在前面的引文中说到的那样，虽然飞行员有时候会把一条路看成几条路，但实际上只有一条路。费曼对相对论负能量态的解释还有一个很大的优点：用负能量态向时间反方向运动来表示正能量反粒子向时间的正反向运动的方法，可以像处理费米子一样处理玻色子。不用说，我们必须强调，这只是为了避免使用复杂的量子场论方法而得到正确答案的一种技巧。就我们所知，没有任何东西实际上朝时间反方向运动！

　　在我们介绍相对论量子力学的时候，还有另外一个重要的概念我们必须了解。这就是虚粒子的概念。让我们回到第五章，在我们讨论隧道效应的时候，我们曾经指出，理解隧道效应的一个很有帮助的做法是利用能量–时间的不确

234

235

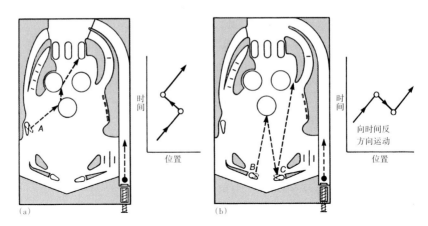

图11.6　在一台弹球机上弹球的两条可能路径。(a) 翻板击中弹球，弹球在向弹球桌上方运动的时候，只是轻微的碰撞了弹球桌。在这张图旁边我们也画了与电子散射的类似轨迹图。图的纵轴是时间，朝向上方，横轴是空间。(b) 在这种情形下，翻板以非常大的力量击中弹球，弹球猛烈碰撞球桌后被反弹到球桌下方，然后再被弹上来。在相对论性量子力学中，电子在"时–空"图上也有类似的运动轨迹。当然，事情现在看起来很古怪，因为第一次散射引起电子被散射到朝"时间反方向"运动

图11.7　费曼意识到电子"反时间"运动轨迹图应该被理解成一个电子对产生紧接着电子对湮灭的物理过程。沿时间反方向运动的负能量电子，等价于沿时间正方向运动的正能量正电子

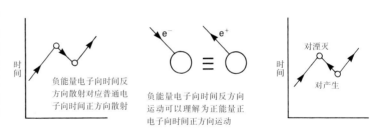

定性关系

$$(\triangle E) \times (\triangle t) \approx h$$

在这里，这意味着我们可以借到一些能量 ΔE，只要我们在一段时间 $\Delta t \approx h/\Delta E$ 内把这些能量还上，这个借的过程就不会被察觉到。在相对论量子力学中，考虑到粒子产生的可能性，这一概念就意味着一个粒子并不是必须保持不变。在一个很短的时间内，总可以借来足够的能量产生另外一个粒子或者一对粒子。例如，一个光子就可以借到足够的能量变成一个虚电子–正电子对。这些粒子只能非常短暂地存在，然后它们就重新结合变回一个光子。这种短暂的过程叫作"虚过程"，借的能量产生的粒子就叫作"虚粒子"。这种虚相互作用过程的概率振幅可以用量子电动力学计算出来，费曼发明了一套图示体系来估计这些振幅的值（图11.8）。

费曼图的重要性不仅仅体现在它的直观性，还体现在无论费曼图有多么复

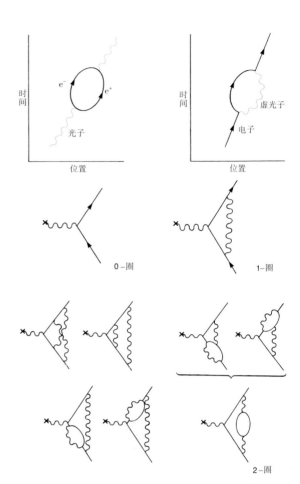

图11.8　虚过程的费曼图。根据不确定性原理，可以借入能量产生粒子，只要在足够短的时间内把能量还上

236

图11.9　计算电子磁矩时需要用到的费曼图。直线表示电子，弯弯曲曲的线表示光子。"×"表示与电磁场的相互作用。有更多内部光子线的费曼图数值上的贡献比光子数少的图贡献小，但是每一个这样的"环"图都有非常复杂的积分运算

杂，费曼都给出了精确计算任何量子振幅的具体方法。图11.9显示了我们前面提到过的电子磁矩计算过程中需要的一些费曼图。费曼图还有一个属性，就是同一张图可以用来表示与反粒子有关的过程。图11.10是了电子–夸克散射最简单的费曼图，交换一个虚光子。在这张费曼图上，假定时间轴的方向指向页面上方。现在我们将图旋转，并且注意箭头在时间方向上向后的线必须解释为沿时间方向向前的反粒子。我们可以看出，这张图现在表示的是电子–正电子湮灭成一个虚光子，然后再由虚光子产生一个夸克—反夸克对的物理过程。

零点运动与真空涨落

狄拉克的真空图像看起来已经足够复杂了，但是我们现在还要把它换成一

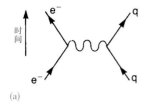

(a)

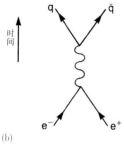

(b)

图 11.10 费曼图(a)显示的是电子-夸克散射过程。同样是这幅图，旋转一下，成为(b)，可以用来预言电子-正电子湮灭产生夸克-反夸克对

幅更复杂的图像。我们现在的空盒子不是一个什么都没有的地方，而应该被看成一锅虚粒子-反粒子对不停翻滚冒泡的汤！例如，在我们前面讨论电子沿时间反方向散射的时候，看起来好像是，在第一个散射中心产生的正电子必须预先知道它会被后来散射过程中的入射电子湮灭掉。现在我们知道，真空中充满了这样的虚电子—正电子对，所有的对都只存在非常短的时间。仅仅是其中的一个正电子被入射电子湮灭了！

相对论量子力学的真空，或者更严格地说，相对论量子场论的基态，还有一些其他的很有意思的可观察效应。当我们用量子力学解决晶体中原子的振动问题时，晶体中振动波的有些属性与粒子很相似，就像光子一样。这些量子晶格振动就叫作声子。如果晶格冷却下来，不能激发振动声子，但是根据海森堡不确定性原理，这时候晶格中的原子必定还存在零点运动。就像我们在第七章中讨论过的，正是这种零点运动阻止液氦变成固体。这种晶格与我们讨论的真实物理真空有什么关系呢？是这样，声子这样的量子物体与晶格位置的振动有关，光子也与电磁场的振动有关。现在我们可以看出，跟声子情形一样，电磁场也一定存在零点运动。令人吃惊的是，电磁场的这种真空涨落有一些实验上可以观测的效应。

这些理论最著名的一个应用是氢原子光谱的所谓兰姆（Lamb）位移。如果非常仔细地考察氢原子的光谱线，我们能够发现 $n = 2$ 的角动量为 $L = 1$ 和 $L = 0$ 的两条能级之间存在一个非常小的分裂，即使考虑电子自旋的相对论效应，这一分裂也无法解释。这里还有一种量子效应我们没有考虑。那就是电磁场的真空涨落将引起氢原子中的电子产生很微小的晃动。这种晃动的影响是可以计算的，计算结果与兰姆的实验结果符合得非常好！狄拉克也利用这种真空涨落的存在，解释了激发的电子怎么会"自发辐射"出一个光子并且跃迁到一个能量更低的态上。正是电磁场的零点运动激发了这些看起来似乎自发的跃迁。

还有一个非常奇特的可观测效应来源于这种真空涨落，这就是"真空力"。在物理真空中，电磁场所有可能的涨落波长都是允许的。现在让我们来考虑把两块很大的金属片面对面放在一起。如果是一块孤立的金属片，是不会有电磁场的，因为没有电流存在。对于真空电磁场的所有涨落来说，两块金属片之

亨德里克·卡斯密尔（Hendrik Casimir）与 1909 年出生于荷兰，是尼尔斯·玻尔的学生。他后来成了飞利浦公司爱因霍芬（Eindhoven）实验室的研究主任。

间，只有那些在金属片上强度为零的涨落才允许存在。因为一些正常的真空涨落现在不允许存在了，电磁场的零点能就会发生变化。详细的计算表明，这将导致金属片之间出现一个非常小的吸引力。这种现象叫作卡斯密尔（Casimir）效应，这一效应的名字来自于著名的荷兰物理学家亨德里克·卡斯密尔（Hendrik Casimir），他第一个指出了这种力的存在。

1958 年，卡斯密尔真空力的存在在实验上得到了证实。二十世纪八十年代，一共进行了很多实验来研究这种真空涨落如何影响激发态原子的自发辐射速率。这些实验中，让处于激发态的原子从两块卡斯密尔金属片之间经过。一个外加磁场用来控制原子的方向，保证原子的自发辐射最可能发生在垂直于金属片的方向。如果两块金属片之间的距离很大，将不会有可观察的效应。但如果我们将两块金属片靠近，让它们的间距只有辐射波长的大约一半大小，这样两片金属片之间就只能容纳一个单一的波峰或者波谷（图 4.7 和图 4.8），在这种情况下，可以算出，自发辐射将无法发生。在 1995 年，这一预言被丹尼尔·珂勒普勒（Daniel Kleppner）和他的研究组在实验上证实。他们的实验证实，铯原子的自发辐射被这种卡斯密尔金属片抑制了。卡斯密尔的另一个预言最近也得到了实验的证实。1948 年，卡斯密尔和他的同事颇尔德（Polder）预言，卡斯密尔金属片产生的改性真空态应该能够在中性原子上施加一个力。1993 年，耶鲁的查尔斯·苏肯尼克（Charles Sukenik）和同事们成功地探测到了作用于中性钠原子上的这种力。

霍金辐射与黑洞

现在大家认为，粒子-反粒子对的产生与黑洞理论有关。在第十章中，在讨论质量非常巨大的恒星演化的最后阶段时，我们提到了黑洞。一旦一个黑洞从一颗即将死亡的恒星上诞生，就很容易看出它可能的生长方式。的确，现在我们认为，在很多星系和一种奇怪的叫作"类星体"——能量极其巨大的类星射电源——的天体中，有质量极其巨大的黑洞存在。如果黑洞能吸收射到它上面的所有辐射，那么我们怎么能看见这种天体呢？因为恒星和其他星际物质受

239

斯蒂芬·霍金，照片拍摄于剑桥。尽管身体上有严重的残疾，霍金在天文物理和宇宙学方面作出了许多巨大的贡献。他也写了科普出版界中最畅销的科普著作之一，《时间简史》。

到黑洞的吸引，它们中的带电粒子会被加速，辐射出可以观测到的电磁能量。可是，一旦物质被吸入黑洞的所谓史瓦西半径 (Schwarzchild radius)，任何东西，甚至是辐射，都不能克服巨大的引力，从黑洞中逃出来。

前面的讨论中说到的黑洞的质量范围，从大约为我们太阳的三到四倍，到类星体中的比太阳质量大数亿倍不等。对质量比较小黑洞形成过程的观测很困难。英国剑桥大学的宇宙学家斯蒂芬·霍金提出，各种质量的黑洞都可能在宇宙诞生的极早期形成。为了理解绝大多数宇宙学家们已经相信的，宇宙诞生早期的环境，我们现在要略微岔开一下话题，讨论一些宇宙膨胀的证据，和宇宙诞生的"大爆炸"模型。

宇宙诞生的大爆炸模型是乔治·伽莫夫和其他一些人提出来的，目的是为了解释我们今天观察到的宇宙膨胀。图 11.11 显示的是一个巨大星系团的中心。每一个星系都含有数目极其巨大的恒星，就像我们自己所在的星系银河系那样。在宇宙中，我们观测到的星系团在天空中大致均匀分布。图 11.12 显示了距离不断增加的星系团中的星系，和观测到的每一个星系的光谱。通过这些光谱，我们可以知道这些星系以多大的速度离开或者接近我们。跟太阳一样，这些星系发出的光覆盖了所有的波长范围，也就是光的全波段连续谱。当太阳发出的光线通过太阳的外层大气的时候，一些光子的能量恰好可以激发外层大气中原子里的电子。因此我们观察到的太阳光谱中，会缺少与太阳大气中所含元素特征波长对应的光子。这种类型的线光谱叫作吸收谱，吸收谱可以用来确定太阳大气中有些什么元素。图 11.12 显示了从不同星系中观测到的这种吸收谱。 240 引人注目的是，这些吸收谱中各种不同元素的特征吸收谱线的波长似乎要长一些，也就是说，它们向光谱红的一端偏移了。这种效应与著名的多普勒效应类似，多普勒效应就是当我们听到的一辆火车向我们驶过来，然后离我们而去时发生的音调偏移现象。这种红移可以当成这些星系正在远离我们而去，和它们

图 11.11　后发座星系团的核心。上面非常亮的天体是我们银河系的一颗恒星，但是照片上几乎所有其他的天体都是大约三亿光年以外的星系

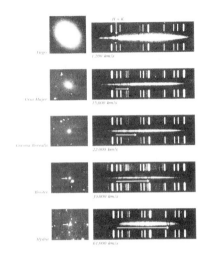

图 11.12　五个星系和它们的吸收光谱，与我们的距离从上到下逐渐增加。与上面和下面的参考光谱相比，可以看出，吸收线随着星系距离的增加逐渐向右移动。因为大家认为这种多普勒偏移是星系的速度造成的，这就意味着星系距离我们越远，远离我们的速度越大。这就是哈勃定理

乔治·伽莫夫（George Gamow，1904—1968），可能主要因为他在宇宙学的大爆炸理论中的工作而蜚声全球。这张图是伽莫夫正在从一瓶"YLEM"中钻出来，YLEM 是伽莫夫发明的表示原始中子的词，他相信这种东西是宇宙创生时最主要的物质。现在，物理学家们不再相信宇宙诞生初期最主要的物质是中子，但是伽莫夫的初期宇宙炽热致密的观点是现代宇宙学的基石。

相互之间也在互相远离的证据。

宇宙看起来正在扩张，并且，星系距离我们越远，远离的速度也越快。这一著名的规律叫作哈勃定理（Hubble's law）：

$$v = H \times d$$

后退的速度＝哈勃常数×我们的距离

定理的名称来自于美国天文学家埃德温·哈勃（Edwin Hubble）。顺便提一下，这一规律并不能证明我们处于宇宙的中心。想象我们在烘烤一块葡萄干面包，当生面团膨胀的时候，所有的葡萄干都会看见所有其他的葡萄干互相远离，一粒葡萄干的距离越远，离开的速度也越快（图 11.14）。

这一个膨胀宇宙模型很自然地暗示，在宇宙的早期，所有的星系和物质相互之间的距离必定

241

约瑟夫·弗劳恩霍夫（Joseph Fraunhofer）和他的光谱仪，这张油画是维默尔（Wimmer）画的。弗劳恩霍夫发现，太阳的光谱中有很多暗线。50 年之后，基尔霍夫（Kirchhoff）才把这些暗线解释为太阳大气中原子的特征谱线。在弗劳恩霍夫的墓碑上，刻着的墓志铭为"Approximavit sidera"（他接近了星星）。

小得多。这正是宇宙大爆炸模型思想的来源。如果我们把这一模型的膨胀过程反过来，追溯到过去，那么一定存在一个时刻，宇宙中所有的物质都是聚集在一起的。这种大爆炸早期存在的巨大能量密度，能够把物质压缩得如此致密，以至于很小质量的黑洞也能顺利产生。这些微小黑洞的质量范围，可以小到只有几克，也可以大到跟一颗小行星差不多。霍金把这些天体叫作原初黑洞。到目前为止，直接观测这类天体的所有的努力都没有成功。

霍金也提出了一种在这种黑洞附近产生粒子的理论。从我们前面关于虚粒子的讨论中，我们知道真空可以被看作是一锅冒着虚粒子-反粒子对泡泡的汤。霍金提出，这种粒子对中的一个可能会被黑洞俘获，而另一个逃出到周围的太空中。怎么会发生这种事情呢？奇怪的是，理解这种"霍金辐射"机制的关键，在于对普通潮汐力的理解。

有一篇短篇小说，叫作《中子星》，是科幻小说作家拉瑞·尼文（Larry Niven）写的，拉瑞在麻省理工学院和加州理工学院的科学类的学生中很受欢迎。这个故事

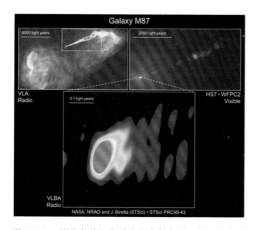

图 11.13　利用欧洲和美国的很多射电望远镜，包括从新罕布什尔一直到夏威夷的十台射电望远镜组成的甚长基线阵，天文学家们拍摄到了据信是 M87 星系中心一个巨大黑洞附近的一束强大宇宙射流的形成

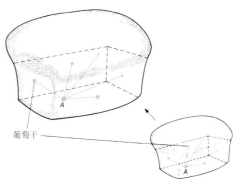

图 11.14　宇宙膨胀的葡萄干面包模型。面包被烘烤，整个面包膨胀，葡萄干互相远离。每一粒葡萄干都看见所有别的葡萄干离自己而去

埃德温·哈勃（Edwin Hubble，1889—1953）抱着他的猫，尼科拉斯·哥白尼（Nikolas Copernicus，这是日心学创始人，波兰天文学家哥白尼的名字，哈勃把他的猫叫作哥白尼——译者注）。哈勃出生于密苏里，是一名优秀的运动员，他能够以职业超重量级拳击手的身份谋生。他最初学习法律，后来转到天文学上，他说："也许我可能会成为二流或者三流的天文学家，但是重要的是一定要做天文学。"

的背景是，银河系的主要宇宙飞船船壳生产者——一个叫作要木偶人（puppeteer）的地外物种——碰到了一件让他们头疼的事情。在飞船正在飞往一颗中子星探险的途中，某种未知的力量能够穿透他们原以为坚不可摧的"2号通用船壳"，并杀死飞船里面的生物。要木偶人是彻头彻尾的胆小鬼，他们通过讹诈手段，逼迫主角比欧武夫·沙夫（Beowulf Schaeffer）重复这一探险行动。不用说，主角活下来了，并且在探险过程中意识到，所谓神秘的力量只不过是大家熟悉的，由引力引起的潮汐力。因为要木偶人不知道什么是潮汐，所以沙夫推断出他们的秘密老巢星球没有卫星，并且根据这条线索找到了他们，向他们敲诈了一笔财富。

这些神秘的潮汐力究竟是什么呢？它们怎么杀死生物，或者引起霍金辐射？图11.16显示了地球被连续的大洋覆盖的一张理想图。在靠近月亮的一边，月亮引力对水的吸引最强，超过了地球-月亮体系旋转产生的离心力。

图11.15　拉瑞·尼文（Larry Niven）的科幻小说《中子星》的封面图。这部小说是出版于1966年，也就是发现脉冲星的前一年

结果导致水面朝月亮方向凸出。在地球的另一面，离月亮的距离最远，作用在水上面的引力比离心力小，水面朝背向月亮的方向凸出。这两个凸出的存在正是为什么随着地球的旋转，我们每天会有两次潮汐的原因。这是月亮的引力作用于地球产生的效应。那么地球作用于月亮的类似效应是什么呢？因为月亮相对地球没有转动，月球上距离地球

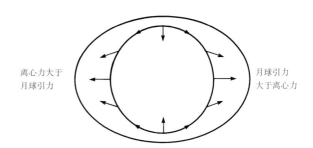

离心力大于
月球引力

月球引力
大于离心力

图 11.16　解释地球潮汐起源
的示意图

最近部分的一块石头和距离地球最远部分的一块石头，沿着两条同心轨道以同样的轨道速度运行。如果它们不是一个月亮上的两个部分，这两块石头应该自然地绕不同的轨道运行，因为它们受到的引力不同。因此，作用于月亮上的地球潮汐力的净效应是试图把月亮撕开。同样，围绕一个中子星或者黑洞运行的一位宇航员将受到巨大的试图将他撕裂的潮汐力的作用。如果一个粒子-反粒子对在一个原初黑洞的巨大引力场中产生，这种潮汐力会将它们分开。通过这种方式，有可能粒子对中的一个掉进黑洞，而另一个逃逸到周围的太空中。这样，看起来就好像黑洞在辐射粒子。

第十二章　弱光子与强胶子

现在我们的处境是,现在的物理学与历史上的其他任何时候的物理学都不同了(它总是在变!)。我们有了一个理论,……为什么我们不能立即检验这个理论,看它是不是正确呢?因为我们需要做的是计算出这个理论的结果,并加以验证。这一次,困难是第一步。

——理查德·费曼

詹姆士·克拉克·麦克斯韦
(James Clerk Maxwell, 1831—1879),在物理学的很多领域作出了许多独创性的贡献,他第一个提出土星的环由亿万个小微粒构成。他最重要的贡献是为法拉第(Michael Faraday)的"场理论"建立了一套精确的数学公式,并把电现象和磁现象统一到一套理论中,即电磁理论。麦克斯韦的电磁方程最早发表于1865年,直到今天它的形式也没有改变,尽管后来还有量子力学和相对论的发展。他在年纪不是很大的时候不幸死于癌症,没有能够活着看到赫兹验证他关于电磁波的预言。

245

修正后的双缝实验

在这一章我们将回过头来,看一看我们在理解自然界几种基本力的方面最新进展。正如我们在前面各章讲的那样,我们将经典电磁学,量子力学和相对论结合起来,在描述电磁力的时候获得了惊人的成功。三者结合产生的理论叫作量子电动力学,简称QED。物理学家们又研究了五十多年,希望从同样的思路出发再找到一套理论,这套理论不仅能描述与自然界放射性有关的弱力,还要能描述能维持原子核的强力。直到二十世纪七十年代中期,这些努力才有了真正的进展,与此有关的惊人成就正是我们这一章的主题。

粒子物理学家们现在已经成功地找到了一套把电磁力和弱力结合在一起的理论。这一理论的所有重要预言都已经被日内瓦欧洲高能物理实验室(CERN)进行的实验令人惊叹地证实了。在这一章的后面，我们还会更详细地介绍这一理论和相关实验。但是粒子物理学家们也相信，他们也终于发现了一套关于原子核中强相互作用的正确理论。我们现在已经有了一个用夸克组分来描述质子和中子的理论（见第三章）。这套理论叫作量子色动力学（Quantum Chromo Dynamics），简称为QCD。正像费曼在本章前面的引文中说的那样，在计算这一理论的理论预言时，有非常严重的困难。QCD通过夸克之间的相互作用描述强力，可是物理学家们还从来没有看到过自由的夸克，甚至以后也永远不能看到！物理学家们相信，夸克之间的相互作用非常奇怪，因此我们不可能看到自由夸克，而只能看到三个夸克或者一个夸克和一个反夸克结合的态。三个夸克结合态的例子有质子和中子，夸克-反夸克态有我们在下一节中将要讨论的介子。自由夸克不可能被观测到，这一性质叫作夸克禁闭。形势发展成这样，事情似乎已经无法继续下去了。不过让人惊奇的是，物理学家们还是作出了一些 246 可以通过实验检验的预言，并且建立了一套令人信服的关于夸克和QCD的间接理论。弱力、电磁力以及描述强力的QCD理论一道，就是物理学家们所说的"标准模型"。我们下面将看到，标准模型非常成功，在长达二十年的时间内，经受住了各种复杂实验的检验。标准模型的后面应该是什么？现在我们终于也有了一些线索。一种继续往下走的路线是，将弱力、电磁力和强力统一到一套"大统一理论"（Grand Unified Theory）中，也就是GUT。虽然还没有直接的实验证据支持这一统一理论，理论物理学家们仍然在继续研究，并且试图越过GUT而考虑一些叫作"超对称"和"超弦"的理论，希望能够找到一个把引力包含在内，并符合量子力学原理的理论。关于这些概念的详细讨论超出了这本书的范围，在这里我们将只是粗略地描绘一下这些进展的概貌。我们在开始讨论量子力学的时候，讲了双缝实验，现在就让我们回到双缝实验，讨论这些理论。

这些进展与双缝实验有什么关系呢？看起来大自然对我们似乎出奇地友好。标准模型所有理论中的基本原理都是相同的。通过再一次考察我们在第一章和第二章中讨论过的电子双缝实验，我们将对这条基本原理有一些了解。虽然这一基本原理通常有一个有点吓人的名字，即规范不变性，但我们将告诉大家，其实最根本的想法非常简单，也很有意思。图12.1再一次显示了电子的双缝实验。正如我们在第一章中讨论的那样，通过假定电子波从每条缝中传播出来，并且相互叠加和相互干涉，可以计算出电子到达屏幕的概率。在屏幕上特定点上将出现很多电子，或者一个都没有，电子多少取决于从两条狭缝过来的电子波是不是都是波峰（同相位），还是一列是波峰一列是波谷（相位相反）。

假定我们现在在狭缝和屏幕之间插入一层很薄的材料，如图中所示。与中子的干涉实验（见第三章）类似，材料薄片会影响电子，改变穿过它的电子波的相位。到达屏幕的电子波的相位因此发生改变，原来是波峰的地方现在可能是一个波谷，等等。这是很重要的一点。如果从两条狭缝过来的波的相位变化量是一样的，干涉图案将不会发生改变。因为我们插入一层材料之后干涉图案没有改变，物理学家们就把这一现象叫作双缝实验的一个不变性。更准确地说，因为这片材料施加在电子上唯一有关系的影响是导致电子波发生了一个相位偏移，因此我们把这种性质叫作相位不变性。

247　　　我们想强调的是，这种不变性还有另外一个特点。这类相位不变性要求，插入的改变相位的材料必须覆盖屏幕的所有区域。如果我们只是在一条狭缝的后面插入一层面积很小的材料，我们发现干涉图案会发生改变。这是因为这片材料只是改变了从两条缝中过来的两列电子波中一列波的相位。在屏幕上，原来有两个波峰相遇的那点上，现在可能是一个波峰加一个波谷。我们可以总结如下：如果我们只影响一条狭缝后面的电子波的相位，也就是如果产生一个局域的相位变化，干涉图案会因这片材料的插入而发生改变，也就是没有不变性。只有我们把所有地方的相位都改变，也就是生成一个全局相位变化，电子的干涉图案才会保持不变，也就是有不变性。我们可以看出，电子双缝干涉实验只有全局相位不变性。如果我们生成一个局域相位变化，干涉图案将发生改变，这就说明双缝实验不存在局域相位不变性。

　　　为了更形象地说明全局效应和局域效应的差别，费曼曾经给出了下面这个例子。假定我们想知道任意时刻全世界总共有多少只猫。我们在一个非常短的时间内考察猫的数量，这段时间内既没有小猫出生也没有猫死去，也就是说这种情况下猫的总数是一个常数。这时我们可以说猫的数量是守恒的。但是我们显然还知道别的一些事实。我们从经验中知道猫的数目在是局域守恒的。如果五只猫在帕萨迪纳消失，并且同一时刻在南安普敦重新出现，这就是一个全局猫的数目守恒的例子。但是我们知道猫不是这样的！在每一个小区域内猫的数目是守恒的，并且正是因为这种猫数量的局域守恒才导致了猫总数的全局守恒。

　　　这个例子是为了说明一个严肃的问题。物理学家们一旦发现一个不变性原理，就会产生很大兴趣，并且立即动手研究，希望找到一个更好的原理。特别地，在我们的电子双缝实验例子中，我们已经找到了一个全局相位不变性。我们怎样才能做得更好呢？是这样，为了保持不变性，所有地方的电子波的相位都必须同时发生改变这一点，看起来似乎是一个令人讨厌又很不自然的限制。如果我们有一套允许我们在一个很小的局域区间内改变相位，而不用操心别的

图12.1 继续以前的电子双缝干涉实验：(a) 普通电子双缝实验的干涉图案。电子一个一个到达探测器，它们用一半白圈一半黑圈表示，这是为了说明，我们不知道它们通过的是哪条缝。注意，中间的探测器上电子数最多，标记为 A。(b) 如果将一层很薄的物质插入到狭缝和探测器之间，干涉图案没有变化。从两条狭缝中过来的电子经过了同样的相位变化。因此，在探测器上，两列波仍然跟以前一样，该叠加成峰的地方还是峰，该相消成谷的地方还是谷。因为干涉图案没有改变，我们说这里有"全局"相位不变性，只要这一层材料覆盖了狭缝后面的所有区域，就"不变"。(c) 如果只是在一条狭缝后面插入一层很薄的材料，干涉图案会变化。探测器 A 原来记录到的电子数目最大，可是在现在的干涉图案上记录到的是一个谷。干涉图案的变化是因为那一层材料改变了一列电子波的相位。从这可以看出，相位的一个"局域"变化不会导致干涉图案的"不变"。(d) 磁场的存在也会引起干涉图案的变化。与我们不知道电子是从哪条狭缝过来不同，这种变化我们或多或少可以预计的，因为在经典物理中，电子在磁场中会偏转。(e) 著名的玻姆-阿哈罗诺夫实验，实验显示，即使磁场被屏蔽，从每一条缝过来的电子在到达探测器的路径上并不通过磁场，干涉图案还是有一个偏移。在实际操作过程中，这一屏蔽磁场是通过一条很长很细

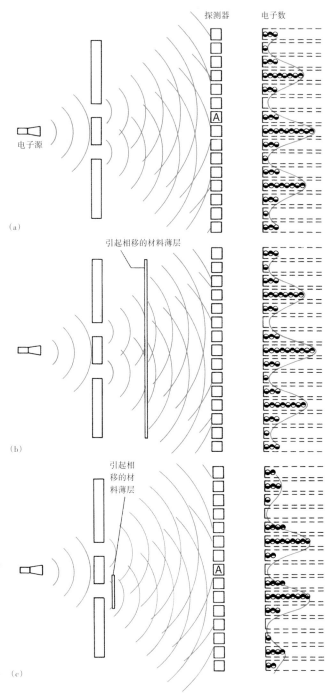

探测器　　电子数

电子源

(a)

引起相移的材料薄层

(b)

引起相移的材料薄层

(c)

的电磁线圈实现的，线圈的直径比人的头发丝还细。(f) 在一条狭缝后面插入一层很薄材料引起的相移，可以通过调整磁场的大小精确地抵消掉。这意味着只要选择合适的磁场与电子相互作用，就可以实现"局域不变性"。这是所有"规范"理论的基本原理

248
249

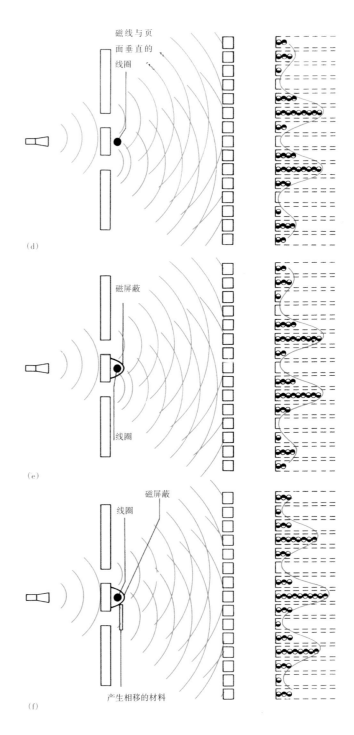

(d)

(e)

(f)

赫尔曼·威尔（Hermann Weyl, 1885—1955）是一位非常著名的数学家，他也对物理学作出过重大贡献。1933年，在他事业的顶峰时期，为了抗议他的犹太同事们遭到解雇，他辞去了在哥廷根大学的职位。像很多的德国科学家一样，威尔来到了美国，并成了位于新泽西的普林斯顿高级研究所的一名成员。在二十世纪二十年代，在他统一引力和电磁力的不成功的尝试中，他提出了现代规范理论中的一些思想。"规范理论"这个词是这些尝试留下来的纪念品。在现在的实际情况下，"相位理论"这个词要合适得多。

地方发生什么改变的理论，事情会不会变得自然一些呢？也就是说，有没有一种办法可以解决这个问题，可以让我们局域地改变相位，同时仍然维持不变性呢？答案是有！这一理论就是量子电动力学（QED）！

为了理解这个问题与 QED 的关系是怎么来的，我们首先必须介绍，在有磁场的情况下，双缝实验会出现什么结果。在图 12.1(d)中，我们显示了实验装置的示意图，两条缝的后面有一块磁铁。在经典电磁理论中，磁场的存在会引起带电粒子的运动轨迹偏转，因此一点也不奇怪，干涉图案发生变化。从量子力学的电子波的观点出发，干涉图案变化的原因并没有那么显而易见。因为干涉图案的确变化了，所以磁场的影响一定是改变了电子波的相位。这与我们经典电磁理论的预期大致相同，但是量子力学还给了我们一个惊讶。如果我们用一个罩子把磁场罩起来，保证磁场不会穿透罩子达到两列电子波通过和叠加的区域，这时干涉图案还是会发生变化！这种令人吃惊的现象叫作玻姆－阿哈罗诺夫（Bohm－Aharonov）效应，以纪念提出它的两位物理学家。他们的预言引起了物理学家们的很多争论，直到二十世纪六十年代早期，实验才无可争辩的证实了这一现象的存在。

正是磁场能够影响电子波相位这种效应，才使我们实现局域相位不变成为可能。在这一点上，我们必须承认，怎么实现这一点的具体细节太复杂了，在这里无法讲清楚。因此，我们只能尽量让大家知道，怎样才能实现局域相位不变。假定我们在一条狭缝的后面插入一层很薄的材料。正像我们说过的那样，干涉图案会发生改变。但是如果在这层材料插入某一条狭缝后面的同时，我们再在狭缝后面插入一个磁体，情况会怎么样？如果适当调整磁场，我们当然可能将插入的这层材料产生的相位变化抵消掉。这样我们就会观察到原始的干涉图案没有变化，因而成功地制造出一种很有意思的局域相位不变。总结如下：我们能够让其中一列电子波的相位发生变化，但是通过同时引入一个磁场，仍然可以维持干涉图案不变。局域相位不变和磁场相互关系的详细内容，比这里的论证要微妙得多，但是从这个例子得出的结论是正确的。仅仅是因为电子与磁场之间这一特别的相互作用，才让我们有可能实现局域

250

相位不变。

　　这是一条来自 QED 的最重要的提示，正是因为这个原因，我们才能构建关于弱力和强力的理论。在 QED 的理论中，电子与电磁场光子的相互作用经过了很细致的调节，保证理论在电子波函数相位发生局域变化时能够保持不变。由于历史上一个很不重要的原因，物理学家们通常使用术语"规范不变性"来描述这种情况，而不是含义更加准确的术语，例如局域相位不变性。因此，QED 被称为是一种规范理论，而不是它的实际内容，即一种相位理论。所有这些，在我们寻找一种描述弱相互作用和强相互作用的理论的时候，有什么帮助呢？这里用到一个技巧，即把我们刚才的论证过程反过来。也就是说，假定我们事先不知道电子和光子怎么相互作用。如果我们要求所有关于电子的理论都必须满足局域相位不变性，我们就不得不引进磁场，并让它以特定的方式与电子相互作用，通过这种方式，我们就构建了 QED！这种关于不变性讨论的反过程就叫作规范原理：要求 251 理论具有局域相位不变性，决定了成员的相互作用方式。我们将利用这一非常美妙和简单的想法来说明，我们觉得正确描述了弱力和强力的理论，是怎么构建出来的。

粒子物理学的诞生

　　在我们讨论如何应用规范原理研究弱相互作用和强相互作用之前，我们先简单介绍一下基本粒子物理方面的重要发现，并介绍一些术语。在 1932 年，当查德威克发现中子的时候，什么都很简单：物质的基本构造单位似乎只有三种——质子、中子和电子。质子和中子比电子重得多，叫作重子 [baryon，来自于希腊单词 barys ($\beta\alpha\rho\nu\zeta$)，意思是重]。而电子，现在我们已经知道是另一类基本粒子，叫作轻子 [lepton，来自于希腊单词 leptos ($\lambda\varepsilon\pi\tau o\zeta$)，意思是轻]。我们已经碰到过的另外一种类型轻子，就是泡利的中微子，它是与中子通过放射性衰变变成质子有关的一种神秘粒子，我们在第十章介绍过。只是为了这四种粒子就把它们分类成重子和轻子，似乎有些自寻烦恼。在过去的大约 50 年中，发现了数百个这样的"基本"粒子之后，这种分类的好处才体现出来。经过几十年的困惑，标准模型的出现，才让基本粒子物理恢复了相当程度的秩序。

　　我们下面将要看到，我们的新理论主要靠夸克和局域相位不变性。

杨振宁（Chen Ning Yang）与李政道（T. D. Lee）因为预言了弱相互作用将违反左右对称性，共同获得了1957年的诺贝尔奖。几年前的1954年，杨振宁与罗伯特·米尔斯（Robert Mills）一起，提出了普通电磁规范论的一个普遍理论。差不多同一时间，英国剑桥大学阿卜杜斯·萨拉姆（Abdus Salam）教授的博士研究生罗伯特·肖（Robert Shaw）也独立地提出了这一理论。这些"杨-米尔斯"理论是现代规范理论的先驱。

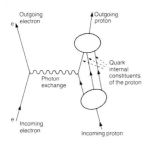

图12.2 电子-质子散射的费曼图。散射过程表示为电子和质子的一个夸克之间"交换"一个虚光子。

在前几章中，我们碰到过费曼图，并把它当成描述基本粒子之间相互作用的一个图解工具。例如，图12.2是电子被质子散射过程的费曼图。这张图显示了一个虚光子在电子和构成质子的一个夸克之间被交换。通过交换虚光子能够产生力，这一概念使我们自然想到这种力的作用距离应该有多远这个问题。根据不确定性原理，我们知道可以将能量 ΔE 借过来 $\Delta t \approx h / \Delta E$ 那么长时间，而不违反能量守恒定理。如果我们将这个时间，Δt，乘以粒子的速度 v，就能估计出这种粒子走过的典型距离

$$R = v \times (h/\Delta E)$$

范围＝速度×时间

正是从这种思路出发，并把已知的核力作用范围代入到上式，日本物理学家汤川秀树（Hideki Yukawa）因此预言了一种质量介于电子和中子之间的粒子的存在。

汤川秀树预言这种粒子的质量大约是电子质量的200倍到300倍之间。作为比较，质子比电子重大约2000倍。这一预言是1935年作出的，当时还从来没有观察到过这种粒子。因此毫不奇怪，当两年后在宇宙射线实验中发现了差不多质量的新粒子时，看起来汤川的预言似乎已经得到了激动人心的证实。虽然由于第二次世界大战的影响，有关这些新粒子的研究慢了下来，但工作并没有完全停止。三位年轻的意大利物理学家，马切罗·康维西（Marcello Conversi），厄托尔·潘西尼（Ettore Pancini）和奥勒斯特·皮奇欧尼（Oreste Piccioni），当时正在躲避德国人，怕被从意大利解递到德国做苦工。他们在罗马的一间地窖里面工作，发现这种新粒子有一些令人迷惑不解的特点。这种粒子一点也不像强力的媒介粒子。它与原子核没有强相互作用，却似乎更像一个电子那样与核相互作用。直到1947年，有人指出可能存在两种质量差不多的新粒子，这一谜团在逐渐解开。一种是已经被观测到的那一种，它的相互作用跟重的电子差不多，而另外一种，当时还没观测到，应该就是汤川秀树的强相互作用媒介粒子。这种猜测是正确的，后来

252

253

汤川秀树（Hideki Yuk-awa，1907—1981）因为预言介子是强力的媒介粒子而获得了1949年的诺贝尔物理学奖。汤川秀树是获得诺贝尔奖的第一位日本科学家。

在英国布里斯托工作的瑟斯尔·弗朗克·鲍威尔（Cecil Frank Powell）和归瑟匹·欧奇阿里尼（Guiseppe Occhialini），在照相乳液中的宇宙射线径迹图中结论性地证实了，汤川预言的那种难以捉摸的粒子的确存在。这种新粒子应该叫什么呢？有人认为应该叫yukon，以纪念汤川秀树，经过一些争论，这些中等质量的粒子现在叫介子[meson，来自于希腊单词mesos（μεσος），意思是中间的]。这些介子中最轻的一种叫作π介子，或者简称为π子。最早发现的重电子现在叫作μ介子（μ子）。汤川本来可以成为一位实验物理学家，他更愿意成为一位理论物理学家的原因很有意思，可以作为这段讨论的一个注脚。他说他的决定部分是因为"不能掌握非常简单的，实验用玻璃装置的制造方法"。

汤川预言的介子的发现标志着现代粒子物理学的诞生。这是新的效率更高的高能粒子碰撞观察方法不断发展的结果。对新观测技术的研究一直延续到今天。鲍威尔和欧奇阿里尼一直在与伊尔福特公司（Ilford Ltd）的照相实验室合作，研究并生产能更好显示粒子径迹的感光乳剂。欧奇阿里尼将这样一些新感光版带到了法国境内比利牛斯山脉的山顶上，将它们曝露在高能宇宙射线的轰击之下。这些感光版取得了一些什么样的实验成果？用鲍威尔自己的话能够最好地说明这些：

> 收回感光版并在布里斯托显影以后，我们立即就感到，我们发现了一个全新的世界。慢速质子的径迹上挤满了显影颗粒，看起来几乎就是一根结实的银丝，在显微镜下，一块小小的照相乳剂内充满了高速宇宙射线粒子产生的各种分裂碎片的径迹，这些宇宙射线的能量比当时人类能够制造出来的任何一种高能粒子的能量都要高得多。当时看起来就好像，我们突然闯进了一个被围墙包围的果园，果园内挤满了各种保护得很好的，郁郁葱葱的果树，树上结满了各种奇异的，没有受到过任何危害的，已经成熟了的水果。

254　　即使到了最近，粒子物理领域在理论上已经取得了很大的进展，μ介子存

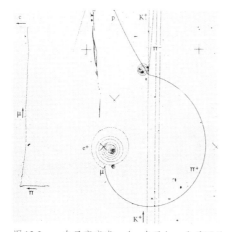

图12.3 π介子衰变成一个μ介子加一个看不见的中微子。μ介子继续分解成一个电子和另外两个中微子。左边的图显示了这条衰变链在照相乳剂中的径迹。右边是云室显示的同一过程。因为云室中有磁场，所以径迹线是弯曲的，走得较慢的电子的径迹弯成了手表发条状

在的深层原因还是一个谜。据说诺贝尔物理学奖获得者，伊西多·拉比（Isidor Rabi），知道发现了μ介子的时候，说道："谁要它来的？（Who ordered that?）"，这个问题一直无法回答。在解决轻子谜团这个问题上，我们现在已经知道了一些更深一步的，有可能被证明是极端重要的线索。有意思的是，这一线索的发现过程，重复了μ介子和汤川的介子被发现时的困局。在二十世纪七十年代中期，物理学家们当时正在寻找一种新介子，以验证他们关于一种新夸克的理论。可是他们发现的是另一种重电子，质量跟新介子预计的质量几乎相同。这一发现主要是因为美国物理学家马丁·佩尔（Martin Perl）的努力，佩尔把这种新粒子叫作τ轻子（即τ介子，也叫τ子，τ音套——译者）。预言中的新介子后来很快就发现了，完成了历史的一次非常奇怪又无法解释的重复。

同一年，英国曼彻斯特的乔治·罗彻斯特（George Rochester）和克里福特·巴特勒（Clifford Butler）发现了其他一些奇怪的宇宙射线事件（图12.5）。这些奇怪事件的特征是，他们都有两对指向初始反应点的"V"形径迹线。因为在探测器上只有带电粒子才会留下径迹，我们可以知道这两个"V"字是两个中性粒子衰变产生的带电粒子留下的，两个中性粒子是在第一次碰撞点上产生的。这些中性粒子，后来很快被叫作奇异粒子，它们在衰变之前走过了一段距离。加上外加磁场以后，拍下这些事件的照片，然后仔细测量这些径迹线的曲率，再利用能量和动量守恒定理，可以算

图12.4 位于日内瓦的CERN实验室的中微子实验装置中的一台。探测器重1400吨，由厚铁板之间夹着闪光计数器和飘移室构成，计数器和飘移室是用来探测中微子反应中产生的带电粒子的

255

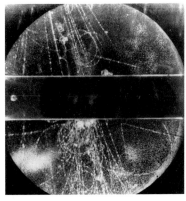

图 12.5　奇异粒子的发现。宇宙射线与放在云室中的铅块相互作用，产生一个K介子。它的衰变产物是两个带电π介子，在照片的右下方可以看到一个"V"字

图 12.6　双"V"事件在云室中很常见。一个带负电的π介子在A点与云室中很丰富的氢中的一个质子碰撞。反应产生了两个奇异粒子，一个中性K介子和一个中性Λ粒子。Λ粒子在B点衰变成一个质子和一个π⁻，K介子在C点衰变成一个π⁺和一个π⁻

出参与这一事件的所有粒子的质量。用这种办法，我们发现了奇异重子和奇异介子。除了以成对的"V"线出现这一点有些奇异以外，还有什么特点令这些新粒子叫作奇异粒子呢？考虑一个典型的"双V"事件（图12.6），它对应反应

$$\pi^- + p \rightarrow \Lambda^0 + K^0$$

其中Λ粒子（Λ）是奇异重子，K介子（K）是奇异介子。这些奇异粒子事件中最难以理解的一点是，虽然从π介子和质子的碰撞很容易产生这些奇异粒子对，但是这些奇异粒子自己却很难变回到质子和π介子。也就是说，我们只能得到以下结论，就是奇异粒子成对产生的反应是通过强相互作用实现的，但是单个奇异粒子的衰变却由弱相互作用控制

$$\Lambda^0 \rightarrow p + \pi^-$$

$$K^0 \rightarrow \pi^+ + \pi^-$$

通过观察Λ粒子和K介子的其他弱相互作用衰变模式，这一说法得到了证实。Λ粒子和K介子还有如下的衰变模式

$$\Lambda^0 \rightarrow p + e^- + \bar{v}$$

$$K^0 \rightarrow \pi^- + e^+ + v$$

现在我们已经知道，奇异粒子与普通的物质如质子、中子、π介子等不同，它们含有一种新型的荷。在强相互作用反应中，反应末态的奇异荷数目必

须与反应初态相同。因此，在上述反应中，如果我们让K介子的奇异数等于+1，Λ粒子的奇异数一定就等于−1，这样的话，末态的净奇异数为零，跟初态π介子-质子一样。奇异粒子衰变的时候，反应式两边的奇异数不一样。这就意味着，衰变过程不能通过反应速度快的强相互作用进行，而只能被迫以反应速度慢得多的弱相互作用形式，也就是贝塔放射性的方式进行。

回过头来看，很清楚，奇异粒子的发现是我们理解强相互作用和弱相互作用的转折点。在罗彻斯特和巴特勒发现"曼彻斯特V粒子"的时候，还有很多的争论和迷惑。罗彻斯特自己曾经写道："1947年以后的两年里，曼彻斯特研究小组既着急又尴尬，因为后来再也没有发现更多的V粒子。"直到1950年，加州理工学院的一个小组，利用安装在他们学校附近威尔逊山山顶上的一台云室，证实了他们的发现。到1953年4月，在加速器的云室照片中也观察到了V粒子，这标志着现代粒子物理时代的开端。考虑到他们发现的重要性，以及他们为了使粒子物理学界相信他们的发现而作出的巨大的努力，非常奇怪，罗彻斯特和巴特勒一直没有被授予诺贝尔奖。从这以后，夸克每一种新味的发现者都因为他们这一成就而获得了诺贝尔奖。

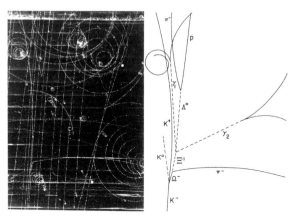

图12.7　世界第一例Ω⁻事件。Ω⁻粒子含有三个奇异夸克，它的衰变分为三个阶段，首先衰变为Ξ⁰粒子，然后到Λ⁰粒子，最后在Λ衰变中失去最后一个奇异数。在这一衰变链中要产生一个中性π介子，然后衰变成两个光子。光子是中性的，不留径迹线，因此重构衰变过程通常非常困难。这个事件非常引人注目，是因为π介子衰变产生的两个光子都在云室中转变成了一个电子-正电子对。这是一个令人惊喜的小概率事件，发现这一事件的布鲁克海文实验室因此而赢得了寻找Ω⁻粒子的竞争。闪电似乎两次击中了同一个地方，很多年后，在寻找粲粒子的过程中，布鲁克海文同样非常幸运

图12.8　实验粒子物理现在需要跟从不同国家来的很多物理学家合作。这张照片上是寻找到Ω⁻粒子的114位科学家中的几位

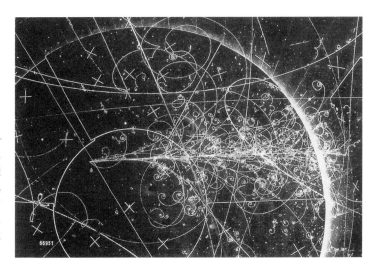

图 12.9　在 BEBC（Big European Bubble Chamber, CERN 欧洲大气泡室）拍摄的一张中微子反应照片。中微子束从左边进来，与质子中的一个夸克碰撞，产生了一个非常复杂的粒子喷注

在20世纪50年代和60年代，实验物理学家们发现了质子，中子、π介子，以及很多奇异粒子的许多短寿命激发态，即"共振态"。这些粒子怎么可能都是基本的呢？盖尔曼（Gell-Mann）和茨威格（Zweig）通过引入夸克的概念，为基本粒子世界带来一些秩序。重子由三个夸克组成，介子由一个夸克和一个反夸克组成。盖尔曼走的是一条正确道路，这一点在他预言了 Ω^- 粒子的大约一年之后，得到了有力的证明。质子和中子由两种非奇异夸克组成，而根据预言，Ω^- 粒子完全由奇异夸克组成。按照现在的理解，各种短寿命的共振态是这些夸克体系的激发态，跟我们熟悉的原子和原子核的激发态类似。虽然现在看来，解决这个问题的组分夸克模型是相当显然的，但是在二十世纪六十年代，流行观念是，所有的粒子都是同等基本的，当时的口号就是"原子核内大民主"。物理学家们花了不少时间才逐渐适应物质的确是由更基本的组分组成的这一想法。在六十年代后期，只有很少几个有远见的物理学家，比如英国牛津大学的狄克·达利兹（Dick Dalitz），坚持用夸克来解释激发态，但他们面对的常常是他们一些同事的不相信和嘲弄。直到六十年代末，在加利福尼亚斯坦福进行了电子-质子散射实验（见第三章），才有力地证实了基本粒子的夸克模型理论。利用电子与质子中的夸克碰撞的理论，很自然地解释了这些电子散射的实验结果。在这些早期实验以后，日内瓦的欧洲粒子物理研究所（CERN），汉堡的德国电子同步加速器中心（DESY），以及芝加哥附近的费米实验室等，进行了进一步的实验，也都证实了这一理论。现在大家已经接受重子和介子都由夸克组成的想法，虽然实际上谁也没有看到过一个自由的、独立的夸克。

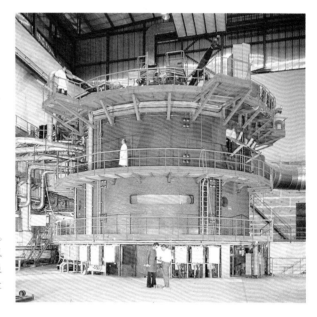

图 12.10 CERN 的欧洲大气泡室（BEBC）。里面填充的是液氢，或者是液氖和液氢的混合。包围云室的是超导铌钛合金线圈，它能在云室内部产生一个非常强大的磁场

　　我们要引入另外一个新词汇，来结束本节的讨论。重子和介子通过强大的核力相互作用。而轻子只能受到弱力和电磁力的影响。通过强力发生相互作用的粒子叫作强子（Hadron）。这个词首先是由俄罗斯物理学家奥昆（Okun）提出来的，来源于一个粗看起来不怎么合适的希腊单词，因为 hadros（αδρoζ）是希腊语大、粗块的意思。可是，轻子（lepton）这个词的希腊词源 leptos，除了轻的意思外还有一个意思，就是细。在这个意义上，hadros 是 leptos 的反义词，因此，用来区别参与和不参与强核力相互作用粒子的一个合适词汇就这样诞生了。

弱光子和希格斯（Higgs）真空

　　1979 年度的诺贝尔物理学奖授予了三位物理学家，谢尔顿·格拉肖（Sheldon Glashow），阿卜杜斯·萨拉姆（Abdus Salam）和斯蒂文·温伯格（Steven Weinberg），以表彰他们"对统一基本粒子弱相互作用理论的贡献"。这是诺贝尔授奖委员会一个非常大胆的举动，因为格拉肖、萨拉姆和温伯格的统一理论预言了两种新粒子，W 粒子和 Z 粒子，这两种粒子的质量比质子大 80 到 90 倍，但当时，还没有观察到这两种粒子的存在。最后日内瓦 CERN 的质子—反质子对撞机终于非常完美地证实了这两种粒子的存在之后（图 12.23），诺贝

```
T
261503  1MPCOL G
22931   GNTC G
D970    LA989 UOP411
GXXX CO SWSM 094
STOCKHOLM 94/89  15 1145- PAGE 1/50


PROFESSOR ABDUS SALAM
IMPERIAL COLLEGE OF SCIENCE
AND TECHNOLOGY
PRINCE CONSORT ROAD
LONDON(SW7 2AZ)


DEAR PROFESSOR SALAM,
I HAVE THE PLEASURE TO INFORM YOU THAT THE ROYAL SWEDISH ACADEMY
OF SCIENCES TODAY HAS DECIDED TO AWARD THE 1979 NOBEL PRIZE
IN PHYSICS TO BE SHARED EQUALLY BETWEEN YOU, PROFESSOR SHELDON L.
GLASHOW AND PROFESSOR STEVEN WEINBERG, BOTH AT HARVARD UNIVERSITY,
FOR YOUR CONTRIBUTIONS TO THE THEORY OF THE UNIFIED WEAK AND
ELECTROMAGNETIC INTERACTION BETWEEN ELEMENTARY PARTICLES,
INCLUDING INTER ALIA THE PREDICTION OF THE WEAK NEUTRAL CURRENT.
      C.G. BERNHARD
      SECRETARY GENERAL


1V SENT 1206 JC
22931   GNTC G
261503  1MPCOL G


T
```

图 12.11　诺贝尔授奖委员会发送给阿卜杜斯·萨拉姆，通知他获得诺贝尔奖的电传文档

尔评奖委员会一定全体长吁了一口气，终于放下了悬着的心。1984 年度的诺贝尔奖授予了卡罗·鲁比亚（Carlo Rubbia）和塞蒙·范德米尔（Simon van der Meer），以表彰他们在这些实验中的贡献。弱相互作用与电磁相互作用的统一是怎么实现的？这些理论与规范原理又有什么关系？为了理解这些问题的答案，我们必须再一次检视一下汤川关于力作用范围的讨论，并且看一看这与被交换的虚粒子的质量有什么关系。

汤川从当时已经观察到的核力的作用范围推算出了 π 介子的质量。粒子越重，要产生它需要借的能量就越多，在借得能量这段时间内，能够移动的距离就越短。以非常高的"相对论"速度运动的粒子的能量 E，动量 p 和质量 m，有如下关系

$$E^2 = p^2 c^2 + m^2 c^4$$

这里 c 是光速。在"非相对论"的低速情况下，这一关系简化为更常见的形式

$$E^2 = \left(p^2/2m \right) + mc^2$$

这一等式的意思是，非相对论粒子的总能量，是通常的动能加上由爱因斯坦著名的质能关系定义的质量能。对于光子，我们必须使用相对论公式，因为光子总

261

谢尔顿·格拉肖（左）和斯蒂文·温伯格在他们获奖当日，同时出现在哈佛大学的一次记者招待会上。他们与阿卜杜斯·萨拉姆一起，因为在弱力和电磁力统一理论中的贡献，被授予诺贝尔奖。

阿卜杜斯·萨拉姆（1926—1996），出生于现在的巴基斯坦，曾经在拉合尔大学学习数学。他最初想成为一名公务员，但是最后接受了英国剑桥大学的奖学金，学习物理。在去世以前，他一直是伊斯兰世界最著名的科学家之一。他把他那份诺贝尔奖金捐献给了他在意大利特里雅斯特的研究所，这所研究机构主要是为了帮助来自发展中国家的科学家而建立的。

是以光速运动。而且，我们已经发现光子的静质量为零，因此，光子的能量与动量关系由上面第一个式子给出，并且 m 为零。如果我们回到汤川的借能量观点，这就意味着动量很低的虚光子总能量几乎为零。这种虚光子几乎可以走任意长的距离，而不用考虑是否会违反能量-时间不确定关系。根据这一观点，电磁相互作用在非常长的距离内都有效，这一预言得到了实验的证实。

第一眼看来，对局域相位不变性的要求，似乎规定了被交换的规范粒子的质量必须为零，跟光子一样。这是因为我们必须抵消局域相位变化在屏幕上所有位置产生的影响，而这些位置的距离可能很大。实际上，零质量的要求并不必要，但是有静止质量的规范粒子只是在某种特殊情况下才可能存在。我们可以通过换个角度考察磁场和超导体的关系来说明这一点。在第七章中，我们已经看到了磁场在超导体中不能进入很远。磁场一进入超导体，就会在很短的距离内迅速衰减。这是超导体被放入磁场中时，产生感应电流而引起的效应。感应电流会产生一个磁场，将进入金属内部的外加磁场屏蔽或者抵消。所有的金属都会发生这种抗磁效应，但是在超导体中，因为没有电阻，除了很薄的表层以外，这些感应电流产生的磁场几乎完全抵消了进入金属的外磁场。我们改变思考方式，从进入超导体的磁场深度考虑这一现象。因为磁场穿透深度很小，所以总效果就相当于，在超导体内，光子似乎有了很大的质量。

在这种情况下，我们当然知道，这种等效光子质量是由外加磁场诱导产生的超导屏蔽电流引起的，而在超导金属外面，光子仍然没有质量。但是现在让我们想象一下，如果从一个很小，永远生活在这种超导体内部的人的观点来看，他的世界大概是个什么样子。这种小人可能不是非常聪明，不能意识到自己生活在用来屏蔽外部磁场的电流中。而是，他们会得出光子具有质量的结论，质量大小与磁场在金属中传播距离有关。正是在这种意义下，规范粒子可以在保持局域相位不变性的情况下获得质量。

所有这些与弱相互作用又有什么关系呢？在前一章中，我们画出了电子—夸克散射的费曼图，其中的电磁相互作用是由交换虚光子实现的。对于弱相互

262

图 12.12　安装在 CERN 地下第二区的庞大 UA2 探测器的照片。这一装置被安装在 SPS（质子同步加速器）的隧道中，是储存在 SPS 中的高速质子和反质子发生对撞的地方

作用，我们可以画出类似的费曼图。例如，在中子的贝塔衰变过程中，一个下夸克转变成了一个上夸克，同时放出一个虚 W 粒子，然后这个 W 粒子衰变成一个电子和一个反中微子。这种情况与电磁相互作用不同，实验上发现弱力的作用范围非常小。根据汤川的观点，我们可以知道 W 粒子的质量一定相当大。W 粒子必须带有电荷，这与光子不同，光子是电中性的。粗略地看，QED 的关于无质量中性光子的局域相位理论，与关于带有质量和电荷的 W 粒子的弱相互作用理论相比，似乎毫无相似之处。

到了这里，我们关于超导体的讨论才变得有意义。想象我们跟生活在超导体内部的小人一样。因为他们的背景，也就是"真空"，有屏蔽电流，光子看起来只能够移动一个很短的距离，所以他们认为光子是有质量的。因此，如果我们生活在内的"真空"与某种"弱超导体"类似，也会出现对应的"真空屏蔽电流"，那么 W 粒子看起来就会有质量。这就是"希格斯机制"背后的主要思想。考虑到与超导电性的密切关系，也许一点也不奇怪，这一给规范粒子带来质量的机制，最初是由著名的固体物理学家菲利浦·安德森（Philip Anderson）提出来的，我们在第七章中简单地介绍过他。在超导体中，屏蔽电流实际上是旋转着的电子库珀对。在弱相互作用的规范理论中，大家相信这些电流是由一种叫作希格斯玻色子的粒子产生的。彼得·希格斯（Peter Higgs）是英国爱丁堡的一位理论物理学家，他是最早将安德森的想法在相对论条件下实现的几位物理学家之一。

在 W 粒子被发现以前，为什么诺贝尔评奖委员会有足够的信心将大奖授给格拉肖，萨拉姆和温伯格呢？一个原因是，他们成功地预言了一种新的夸克，

pp̄ PARTY
RESTAURANT NO. 1
17 h
FRIDAY 1 JULY 1983
VENDREDI 1 Juillet 1983

all those who contributed
in one way or another to the
splendid discovery of the
W± bosons, and more recently
to that of the Z⁰ boson, are
cordially invited to celebrate
these successes.

Henry Whopper

Tous ceux qui ont
contribué d'une
manière ou d'une
autre à la magnifique
découverte des bosons
W± et, plus recemment,
à celle du boson Z⁰,
sont cordialement invités
à fêter ces succès.

Henry Whopper

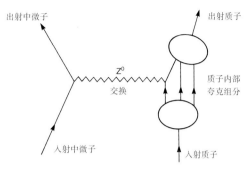

图 12.14　中微子-质子散射的费曼图。中微子与质子中的一个夸克交换一个虚 Z 玻色子

图 12.13　为庆祝 W 和 Z 玻色子的发现，在 CERN 举行晚会的海报

也就是所谓的粲夸克。事情是这样的。这现在叫作标准模型，或者 GSW 模型中关于电弱相互作用的理论预言，除了带电的 W 粒子以外，还应该存在另外一种电中性的大质量粒子，Z 粒子，它才是真正的弱光子。如果这种粒子存在，它应该在按照图 12.14 所示费曼图作用的中微子散射中作出贡献。与交换 W 粒子的相互作用不同，夸克的电荷在这种交换 Z 粒子的相互作用中不发生改变。这些反应就是诺贝尔授奖委员会发给萨拉姆的电传中所说的"中性流"。在经过了很多谣言和误报之后，1974 年，在英国伦敦举行的一次国际会议上，终于向全世界宣布了这些事件的发现。会议邀请的关于弱相互作用的总结性发言人是希腊物理学家约翰·伊利欧普罗斯（John Iliopoulos）。他在发言中提出了一个著名的挑战。就像中性流的发现是这次伦敦会议最激动人心的事件那样，伊利欧普罗斯提出，他愿意押一箱葡萄酒，赌下一次会议的最大事件是粲夸克的发现。伊利欧普罗斯赢了。

为什么中性流的存在就意味着一定有一种新夸克的存在，这是一个复杂的问题。如果我们相信弱相互作用的规范理论，就必须存在第四种夸克，来避免与当时确凿无疑的实验数据发生矛盾。这种新夸克必须有一个新的量子数，就是格拉肖命名的粲数（charm，英文原意为魅力）。就像带有不同电荷的粒子受到的电磁力强度不同一样，不同奇异数和粲数的夸克受到的弱力强度也不同。这是在 1974 年夏天面临的形势，比较客观地说，当时没有多少物理学家认为伊

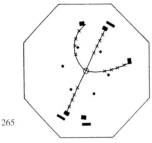

265

图 12.15　J/ψ 粒子在纽约的布鲁克海文，和加利福尼亚的 SLAC 上（斯坦福线性加速器中心）差不多同时被发现。这是在 SLAC 上的电子-正电子对撞机上重现的一次"ψ形"事件。它是由一个大质量版本的ψ衰变到一个普通ψ加上一个带正电荷一个带负电的 π 介子引起的。通过它的衰变产物，电子-正电子对，可以确认ψ粒子

266

基拉尔杜斯·霍夫特（Gerardus't Hooft）出生于1947年，现在是荷兰乌得勒支大学的物理学教授。当他在蒂尼·韦尔特曼（Tini Veltman）的指导下在乌得勒支大学攻读博士学位的时候，霍夫特在自洽计算规范理论的费曼图方面，取得了重大的进展。韦尔特曼和霍夫特获得了1999年度的诺贝尔物理学奖。

利欧普罗斯能赢得这次赌局。但是到了这一年的秋天，当一种崭新的介子同时在美国的斯坦福和布鲁克海文被发现的时候，物理学界非常兴奋。斯坦福的伯顿·里克特（Burton Richter）及其研究小组将这种新介子命名为ψ介子，而布鲁克海文的丁肇中及其小组使用了 J 粒子这个名字。今天，已经没有人严肃地怀疑 J/ψ 介子是一个粲夸克和一个反粲夸克结合而成的这个事实。但是在当时，当然，情况并不完全明朗，因此对 J/ψ 粒子及其属性还有其他许多聪明的"解释"。现在，当一整套全新和复杂的粲素态谱，以及一个全新系列的由粲夸克和非粲反夸克组成的介子族被揭示出来以后，这些理论都消失了。

　　下面是关于这个成功故事的几句后话。当格拉肖，萨拉姆和温伯格做出自己在电弱相互作用标准模型方面的贡献的时候，还存在一个很严重的问题。那就是，虽然他们的理论非常有希望解释当时的实验数据，但是没有人知道怎么去计算非树形的费曼图——树形费曼图是没有闭合环的费曼图。环状图通常涉及电荷 e 的高次幂，电荷 e 是决定 W 粒子和 Z 粒子与夸克和轻子耦合强度的一个量。因为 e^2 非常小，e^4 就会更要小得多，因而这些"高阶"环状图相对而言可以忽略。不幸的是，计算这些环状图的所有努力结果不是失败，就是无法处理的无穷大，因此，谁也不知道怎么来解释这些理论。最后，直到一个叫作基拉尔杜斯·霍夫特（Gerardus't Hooft）的年轻荷兰人的出现，所有的事情才开始变得明朗起来。按照物理学家悉尼·克尔曼（Sidney Coleman）的说法："霍夫特的工作把温伯格—萨拉姆的丑陋小青蛙变成了一个迷人的王子"。几年之后，克尔曼责备霍夫曼的论文导师蒂尼·韦尔特曼（Tini Veltman）不该在他的研究工作中坚持"打扫理论物理的一个被人遗忘的角落"。幸运的是，韦尔特曼立场坚定，丝毫不受当时流行研究方向的影响。他也是最先几个认识到规范理论的重要性的人。让人满意的

丁肇中和他的小组中的其他成员在纽约的布鲁克海文发现了 J/ψ 粒子。据信，这种粒子是一个粲夸克一个反粲夸克构成的束缚态。丁肇中与伯顿·里克特分享了 1976 年度的诺贝尔物理学奖，里克特带领他的小组在加州的 SLAC 发现了同一种粒子

1974 年 11 月，在加州 SLAC 的电子-正电子对撞机上发现 J/ψ 粒子的物理学家小组的主要几位。从左到右分别是盖森·戈德哈勃（Gerson Goldhaber），马蒂·佩尔（Marty Perl）和伯顿·里克特（Burton Richter）。马蒂·佩尔后来因为发现了 τ 轻子，被授予了 1995 年度的诺贝尔物理学奖

是，韦尔特曼和霍夫特都因为他们的开拓性工作而荣获了 1999 年度的诺贝尔物理学奖。

夸克和胶子

　　从原子核物理发展的早期开始，物理学家们就希望关于强力的理论会简单而优美。随着 π 介子，所有其他强子，以及它们的激发态的发现，很快大家就意识到，中子和质子之间的力是非常复杂的。在物理学家们正忙于发现这些粒子的时间里，他们也知道了强子是由夸克组成的。如果存在一个关于强子作用力的简单理论的话，很自然应该考虑建立一套关于夸克的理论。也许，所谓的强相互作用只是非常强大的，可以用简单和优美的理论来描述的夸克间相互作用的一个飘忽的影子？

　　我们已经看到，夸克有几种不同的类型：非奇异，奇异，粲，等等。能将这些不同的夸克味区分开的是电弱力，无论作用在一个奇异夸克还是一个粲夸克上，强力总是相同的。粒子物理学家们给这些量子数取了些轻松愉快的名字，关于这点我们必须向大家道歉。一个像奇异数这样的量子数代表一种定义明确的物理属性。在早期，有些物理学家更愿意用超荷这样的名称来指奇异数

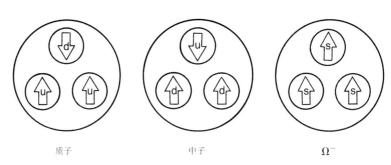

图 12.16 质子，中子和 Ω 粒子的夸克组分。对于质子和中子，我们要求夸克按照可能的自旋方向排列，只要加起来的总自旋是 1/2。Ω 粒子的自旋是 3/2，因此所有三个奇异夸克的自旋必须指向同一个方向。除非夸克有额外的隐含量子数，根据泡利不相容原理，这是不允许的

(奇异数的英文名为 strangeness，就是奇异性的意思。中国物理学家在确定名词的时候，加上了一个"数"字，以避免歧义——译者注)。在粒子物理中，超荷这个名称当然看起来更正式，也更冠冕堂皇，但是大多数物理学家仍然更愿意使用奇异数这个名称。类似地，非奇异夸克，就像它们的名字那样，奇异数为零，但是它们有不同种类的荷。物理学家们没有用"同位旋第三分量的本征值"来命名这些夸克，而是更愿意使用简短的名称上和下。考虑到前三种夸克的名字分别叫作上、下和奇异，毫不奇怪，后面三种夸克分别叫作粲、顶和底。这并不是拿纳税人的钱开玩笑，这只是说明了物理学家们也是人！1977年，利昂·雷德曼（Leon Lederman）宣布，费米实验室发现了 Υ（希腊字母，念宇普西隆——译者注）粒子。人们相信，γ 粒子与 J/ψ 粒子类似，含有一个底夸克和一个反底夸克。跟粲夸克的情形类似，物理学家们现在已经发现了一整套含有底夸克的介子谱。就像伊利欧普罗斯预言了粲夸克的发现一样，现在已经很清楚，还需要另外一种夸克才能完成上和下、粲和奇异、顶和底这三个夸克对。与这三对夸克对应的是三对轻子，分别由电子、μ 子、τ 子和它们对应的中微子组成。直到 1995 年，大家盼望了很久的顶夸克才终于被发现了，同样是在费米实验室。它的发现过程中，最让人吃惊的是它的巨大质量——大约比质子的质量大 180 倍。

　　强力根本分不出来夸克的不同味。但是强力对夸克携带的另外一种荷很敏感。粒子物理学家们把这种新的量子数叫作色，这里再次提请大家注意，这个词只是某种特定数学属性的简称。我们可以以一种书生气的严谨态度，说"夸克按照特殊幺正群 SU(3) 的基本表示变化"，当然，说它们有另一种色荷要更方便些。我们可以通过如下的说明，阐述为什么物理上需要这种色量子数。让我们考虑盖尔曼预言的 Ω⁻ 粒子。这是一个重子，因而含有三个夸克。为了把它的

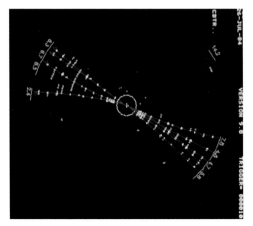

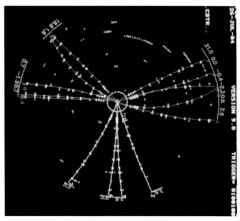

图12.17　在德国汉堡的佩特拉（PETRA）电子–正电子对撞机上，由TASSO探测器观测到的一个夸克–反夸克背对背"喷注"事件的例子。多数径迹是π介子留下的

图12.18　PETRA上进行的电子–正电子湮灭实验有时候会产生这种"三喷注"事件，这也是在TASSO探测器上观察到的。人们相信，这类事件是因为一个夸克，一个反夸克和一个胶子分裂成普通强子引起的

电荷数凑成−1，奇异数凑成−3，这三个夸克必须都是奇异夸克（图12.16）。Ω⁻粒子的自旋角动量是3/2个基本角动量单位。因为夸克都处在最低的能级上，轨道角动量为零，因此Ω⁻粒子的自旋一定是从夸克的自旋来的。粗略地说，每个夸克的自旋是1/2，这些自旋必须指向同一个方向才能加起来达到3/2的总自旋。这些看起来很令人满意，会有什么问题呢？问题在于我们在第六章讨论过的泡利不相容原理。夸克是费米子，必须遵守泡利原理。如果像刚才说的那样，Ω⁻粒子中的所有夸克的量子数都相同，泡利原理不允许这种情况发生。夸克的色量子数的引入正是为了解决这个问题。色与一种叫作群的数学结构有关，并且，特别地，在这里是所谓的"特殊幺正群SU(3)"。这个群里面的3表示夸克有三种不同的状态。再说明一次，我们通常非正式地把这种情形叫作夸克有三种不同的色。这只是数学上的一个简称，一定要记住这一点。夸克并没有真正物理上的，与强力有关的颜色。现在我们可以看出，色如何解决了我们的Ω⁻粒子问题。因为夸克有三种可能颜色，所以Ω⁻粒子中的每个夸克一定各有一种颜色——也就是红、绿和蓝——以满足不相容原理的要求。

　　关于我们长期探寻的强力理论，量子色动力学（QCD），我们现在就可以描述它的所有组成部分了。QCD是基于夸克量子振幅的色荷局域相位不变的一套规范理论。虽然这句话听起来好像很可怕，但是很难想象，关于强相互作用，还可以更简单的理论。就像电弱力是由零质量的规范粒子，也就是我们碰到最多的光子，作媒介粒子的那样，我们可以预言，夸克-夸克间的相互作用可以通过交换类似的"强光子"来描述。物理学家们把这些粒子叫作胶子，因为，在非常贴切的意义上，它们是把所有东西粘在一起的胶水。光子与夸克的普通电荷相互作用，胶子与夸克的色荷相互作用。而且，胶子自身也带有一个色荷，因此根据规范原理的要求，与我们的光子不同，胶子还必须与自己相互作用。物理学家们相信，正是因为这一关键因素，造成了量子色动力学（QCD）与量子电动力学（QED）的巨大差别。为什么我们要说 QCD 与 QED 有很大差别呢？这是因为我们在实验室很容易观察到电子，而夸克仅仅是在强子中与别的夸克或反夸克结合在一起时才能被"看见"。物理学家们相信这不是偶然的，夸克和胶子之间的相互作用方式使我们不可能分离出单个夸克。这一性质叫作夸克禁闭，我们在下一节中将讨论这一性质可能会引起什么问题。

超导体，磁单极和夸克禁闭

269   在牵涉高能粒子对撞的实验中，只观察到了普通的强子。尽管偶尔会有一些惊喜的骚动，但是从来没有很确定地观察到分数电荷的夸克之类的粒子。两个能量非常高的质子对撞的时候，我们没有观察到质子分裂成夸克。结果是，对撞能量被用来产生一大堆的介子、重子和反重子。我们相信的，一个电子和一个正电子湮灭会朝相反方向飞出的一个夸克和一个反夸克，即使在这个反应中，我们还是看不到夸克，实验结果只是夸克和反夸克的遗迹，也就是两束正常的强子喷注。根据某一张费曼图，其中某个夸克应该放出一个高能胶子的三喷注现象，也在实验上观测到了，但是出现的三个喷注中，我们都没有看到单独的夸克或者胶子。

现在我们已经积累了大量详尽的证据，表明强子含有夸克和胶子，但是它们的相互作用方式很奇怪，我们好像永远也不能分离出单个的夸克或者胶子。
270 如果我们试图将一个夸克从一个重子里面拉出来，我们必须用很大的能量，需要的能量非常大，以至于没有拉出夸克，而是拉出了一个夸克-反夸克对（图 12.19）。因此结果不是分裂了一个重子，而是得到了一个重子和一个介子。根据这种夸克图像，汤川强相互作用的介子交换模型显然不是基本的。有关 π 介子交换在核力中有多大贡献的测量，只能非常间接地为我们提供关于基本夸克胶子作用的一些信息。但是根本的问题仍然存在：禁闭是怎么出来的呢？还没有人确切地知道，但是存在一些线索和猜测。最有意思的一个推测，像弱力那

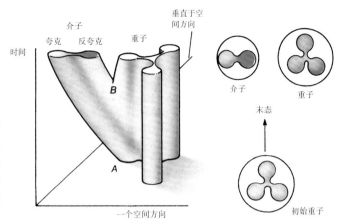

图 12.19 一个说明夸克禁闭的重子和介子模型。为了画出这张图，只用了两个空间维。夸克用淡色的空心圆圈表示，反夸克用深色的圆圈表示。胶子作用力表示为弹性橡胶皮状，将夸克束缚在强子中。当夸克 A 被从其他夸克旁边拉开的时候，需要给系统提供很大的能量，以至于最后在 B 点产生了一个夸克–反夸克对，因而出现了两个普通强子

样，与超导体物理中的另一个固体物理概念有关，但是这次在理解上有一个新的困难。

我们必须介绍两种思路。第一种跟经典电磁学有关。大多数人都知道，虽然电荷可以单独存在，磁荷显然只能以南北磁极对的方式存在，就像条形磁铁那样。将一块磁铁断开成两半并不能分解出一个磁单极，而是产生了两个小一点的磁铁。这种对磁铁的分析有时候被用来解释某种禁闭，在这里是单极禁闭，但是针对夸克禁闭而提出的机制要微妙的多。电荷和电流系统产生的电磁场由麦克斯韦方程组描述。因为在自然界中没有发现过磁单极，因此麦克斯韦方程组在交换电场和磁场的情况下不对称。如果单独的磁荷或者磁流的确存在，最后的电磁方程组在交换电场和磁场时，就会有一个很有意思的双重对称性。这是狄拉克典型的奇思异想，他第一个严肃地考虑，在量子力学中，如果存在磁单极将会出现什么情况。出于一个太复杂而难以在这里描述的理由，狄拉克证明，只要存在一个量子力学意义的磁单极，就意味着所有的电荷都必须是电子电荷的整数倍！如果上述假设性的关于磁单极讨论似乎离现实很遥远，那么还有一种想法，是建立在实验的坚实基础之上的。在这一章的前面，我们已经解释过，在一块超导体中，屏蔽电流如何抵消了外加磁场。实际上，在实验中发现，"经典"超导体共有两种类型，新的高温超导体也一样。Ⅰ型超导体像我们说过的那样，把磁场屏蔽在超导体外。而Ⅱ型超导体，并不是把磁场完全屏蔽在超导体外，而是允许磁场以很细的丝的形式穿过超导体（图 7.22）。

271

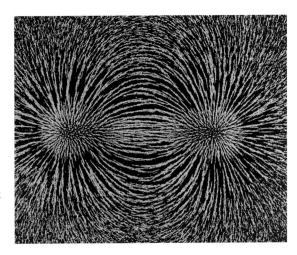

图 12.20　放在条形磁铁上方的卡片上散落的铁屑，揭示了磁铁周围磁场的分布情况

这里我们碰到了量子力学另外一个超出常规想象的结果，也就是这里每根磁场丝的磁通是量子化的，只能取某些值。

272　　　现在我们可以解释夸克禁闭是怎么出来的了。我们假定 QCD 的真空态跟 II 型超导体差不多。因为 QCD 非常类似于 QED，所以应该一点也不奇怪 QCD 既有色电场又有色磁场。表现跟 II 型超导体差不多的真空应该只允许色磁场以细丝的形式存在，如图 12.21 所示。从细丝中穿过的量子化磁通量应该正好是从一个色磁单极的开始到结束的磁通量。这与禁闭有什么关系呢？图 12.20 通过铁屑的图案，显示了一个条形磁铁的磁场线。与这一图像相比，以磁通细丝的方式通过一块 II 型超导体的磁单极–反磁单极对的磁场很不一样。围绕磁通细丝的超导屏蔽电流将磁场线压缩到一根小管中。如果两端不是磁单极子，而是夸克和反夸克，并且我们能够让夸克之间的色电场以同样的方式被压缩成管道，我们就有了夸克禁闭所需要的场形式。这是因为色电场线被压缩成很细的小管，因此，分离一个夸克–反夸克对所需要的能量，随夸克–反夸克之间距离的增加而等比例增加。在这种情况下，如果要把一个夸克和一个反夸克分离无限远，就会需要无限多的能量。这正是夸克禁闭的特点。

　　　到现在为止，我们只是禁闭了单极子而不是夸克。但是，正像以前说的那样，这个故事还有最后一个困难。一个夸克–反夸克体系是由色电场，而不是色磁场束缚在一起的。而且，夸克没有磁荷，也不是磁单极子。现在让我们回忆，在存在磁单极子的情况下，麦克斯韦方程在交换电和磁时是对称的。利用这种双重对称性，我们可以看出，如果物理真空跟双重的 II 型超导体差不多，电场就会被压缩到禁闭要求的小管中。与超导体中的库珀对围绕磁通丝旋转不

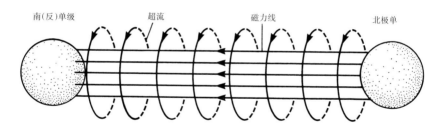

图 12.21　在一个超导体中，连接一个磁单极-反磁单极对的磁场线。磁场被压缩到一个很窄的小管道中，管道周围是库珀对旋转产生的超导电流。人们认为夸克禁闭是因为类似的机制，普通的真空起着"双重超导体"的作用，其中环绕的磁单极流将夸克-反夸克之间的电场压缩成一根小管

同，物理真空中现在需要有磁单极流来把电场限制在小管道中。这是一个很美妙的想法，它能给我们提供一个禁闭模型，但是，我们怎么知道QCD的真空态就像一个双重的 II 型超导体呢？

　　有没有办法让我们检验这些关于禁闭的理论，并且研究QCD的长程性质呢？1973 年，戴维·珀利策（David Politzer），还有戴维·格罗斯（David Gross）和弗朗克·魏茨克（Frank Wilczek）也独立地证明了QCD有一个非常引人注目的特点，就是距离越近有效耦合越小。这意味着，虽然QCD描述了夸克之间导 [273] 致它们的长程禁闭的、非常强的相互作用，但在近距离内，可以使用耦合"常数"的展开，也可以使用熟悉的费曼图作出理论预言，来与实验对照。这种性质，叫作"渐进自由"，意味着QCD可以用来非常成功地描述高能电子和中微子散射实验的某些性质。渐进自由的缺点是，随着距离的增加，有效耦合强度也会增加。在这种情况下，显然我们不能做耦合常数幂次的"微扰"展开，因 [274] 为耦合常数的高次项至少跟低次项一样重要。如果我们不能利用费曼图作展开，怎么才能计算出这些QCD的"非微扰"方面，比如禁闭的性质呢？这个问题的一个答案是，很多物理学家正在用非常强大的计算机通过数值计算的办法解这些QCD方程！为了把QCD方程写成一个便于为计算机编程的形式，我们首先必须将方程做很大的简化。最重要的简化是将连续的时空简化为四维空间上一个有很多分立点组成的"点阵"！而且，为了处理快速振荡的量子振幅，物理学家们大胆地将时间方向旋转到一个"虚"的时间方向上。解决这一简化的格点规范理论所需的计算技术利用了量子力学中的费曼路径积分公式。这种格点QCD的编程工作最早是美国物理学家肯·威尔逊（Ken Wilson）和麦克尔·克鲁兹（Michael Creutz）在 20 世纪 70 年代进行的。为了使我们用一些分立点近似处理时空得到的结果可以与实际的QCD的连续时空相比较，四个时空维中的每

图 12.22　质子里面的汤普金斯先生。在这张图中，我们为汤普金斯先生的探险之旅另外加了一章。在质子中他碰到了三个夸克小矮人，他们被判终生监禁，在盖尔曼的夸克监狱中服刑。汤普金斯先生看见监狱里的条件，心惊胆战。小矮人们全部被铁链铐住脚踝，拴在一起，但他们似乎对这种严酷的限制满不在乎。确实，只要他们拥挤在监狱的中心，就可以很高兴地保持自由。"非常舒服"，他们说，但是汤普金斯先生不太相信。"现在让我给你变个戏法"，一个用手倒立的夸克说。汤普金斯先生和教授同意抓住那个夸克并且朝两边拉。那个夸克变得越来越兴奋并且不断要求他们更使劲。突然链条断裂了，他们都摔到了监狱之外。汤普金斯先生回过神来之后，看到了一幅奇异的景象。监狱之外有两个用链条拴在一起的夸克！汤普金斯先生擦了擦眼睛，转过头问教授，教授解释说第二个夸克实际上是反夸克。汤普金斯先生还在发呆，当他回头看监狱中的时候，更是吃了一惊，监狱里面有还有三个被链条拴在一起看起来很高兴的夸克。教授解释说，当一个胶子链断裂的时候，总会出现一个夸克和一个反夸克，但是汤普金斯先生已经没有在听了。这些内容对他来说太多了！[感谢弗兰克·克罗斯 (Frank Close) 画的小矮人]

一维都需要有很多个点。结果就是需要更强大的计算能力。出于这一原因，全世界的物理学家们已经把很多计算机集合到一起，做成了很大的超级并行计算机，这种计算机已经能计算出一些比较实际的结果了。到目前为止，这种计算机模拟的结果很鼓舞人心，让我们有更多的证据证明 QCD 的确是正确的根本性理论。

标准模型之后

后面还剩下些什么要做？CERN 的大型电子-正电子加速器（Large Electron Positron accelerator, LEP）已经证实了 W 粒子和 Z 粒子的存在，也检验了 GSW 理论别的一些预言（图 12.23）。尽管标准模型已经有了这些让人兴奋的实验验证

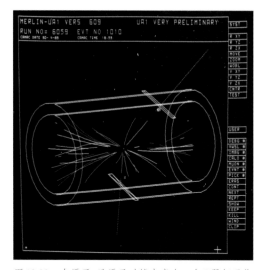

图 12.23　在质子-反质子对撞中产生一个 Z 弱相互作用玻色子过程的彩色图形再现。Z 粒子是从柱状探测器旁边出来的蓝线和白线。这些线是 Z 粒子衰变产生的电子和正电子留下来的。这一事件是在由诺贝尔奖得主卡罗·鲁比亚（Carlo Rubbia）带领的 UA1 实验中观察到的

的胜利，但是还有几个根本问题没有回答。除了电子和中微子对以外，虽然标准模型也允许 μ 子和 τ 子以及它们的中微子存在，但是它们并没有很强的存在理由，也不能计算它们的质量。我们也没有真正理解为什么会有三对夸克，（上，下）、（奇异，粲）和（顶，底），对应这些轻子对，也无法解释不同夸克的巨大质量差别。

　　在我们的拼盘游戏中，还有关键的一片没有得到证实。这与神秘的希格斯粒子有关。标准模型无法预言这种粒子的质量，因而所有寻找这种粒子的实验努力都遇到了很大的困难。而且，在真正的超导体中，希格斯粒子的固体物理类比是电子的库珀对。因此，希格斯粒子可能

不是真正的基本粒子，而可能是某种复合粒子。无论如何，大家相信希格斯粒子的一些特征现象只有在能量达到一万亿电子伏特左右（TeV）才会出现。正因为这一原因，CERN 正在利用 LEP 加速器所在的同一隧道，建造大型强子对撞机（Large Hadron Collider，LHC）。来自世界各地的物理学家们正在忙于为 275

LHC 设计和建造庞大的、将能够发现希格斯玻色子的新探测器。

　　有没有出现一些超出标准模型的新物理迹象？答案是有！一些令人感兴趣的迹象表明，我们的标准模型可能需要扩展。第一个迹象与中微子是有质量呢，还是跟光子一样没有质量这个问题有关。我们在第十章中讨论过，探测太阳核

277

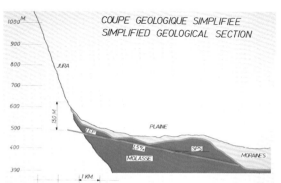

图 12.24　日内瓦附近群山的一幅截面图，说明了 LEP/LHC 隧道的位置

276

图 12.25 用来开挖 LEP 加速器的大型掘进机，现在用于 LHC 项目，位于日内瓦附近法国–瑞士边境地区很深的地下。组成 LHC 加速器的超导磁体环就安放在这条隧道中

反应产生的中微子的实验发现，探测到的中微子数目比仔细的理论计算结果要少。关于这种观测到的电子中微子匮乏现象，一种可能的解释是，中微子有一个不为零的质量，因而电子中微子会在某种与 μ 子中微子和 τ 子中微子的混合态中"振荡"。直到最近，这种太阳中微子的观测结果仍然是一个令人感兴趣的问题。我们还需要更多关于可能的中微子振荡的证据。最近，一个叫作超级神冈（Super-Kamiokande）的大型中微子实验得到了令人兴奋的结果，改变了人们以前的观点。实验在日本神冈茂住（Kamioka Mozumi）地面 2700 米以下的矿井中进行，利用了 50000 吨水和 11200 个光电倍增管。光电倍增管是非常灵敏的光探测器，能够探测到单个光子。中微子在探测器内部发生反应，产生电子或者 μ 子，电子或者 μ 子会发出切伦科夫光。切伦科夫光是带电粒子在水中以超过水中光速的速度前进时发出的。它与飞机在空气中以超音速飞行时产生声音冲击波的情况类似。探测器建在很深的地下是为了屏蔽宇宙射线产生的 μ 子，这些 μ 子会淹没中微子与水反应产生的 μ 子的信号。除了证实了太阳中微子的结果以外，这一实验装置还可以测量"大气中微子"的数目，大气中微子是宇宙射线与高层大气反应产生的电子或 μ 子中微子，它们能够穿透岩石到达探测器。实验发现，μ 子中微子的数目比预计的要小得多，这是 μ 子中微子也经历中微子振荡的强有力的证据。位于安大略一个镍矿矿井下面的萨德伯里中微子天文台（Sudbury Neutrino Observatory，简称 SNO），最近也宣布了证实太阳中微子振荡需要的证据。SNO 项目独特的一点是使用了含有氘的重水。太阳上发生的核反应产生电子中微子，SNO 的重水探测器能够把这些中微子选出来。只有这种中微子才能被氘原子核中的中子吸收，令氘核变成两个质子并且迅速分离。所有的这些新实验结果都说明，必须扩展标准模型。

278

280

图 12.26　CERN 实验室的航空照片，它位于瑞士日内瓦附近的法国-瑞士边境上。大圆圈标记了地下 LEP 隧道的位置，该隧道现在被用作建造 LHC 加速器

下面两条线索没有那么直接，但是同样也说明了标准模型需要扩展。这两条线索中的第一条与宇宙中观察到的物质-反物质不对称有关。我们是由粒子而不是反粒子组成的。据我们所知，没有证据表明，在宇宙中别的地方也没有由反物质恒星和行星（和人）组成的星系存在。标准模型无法解释，为什么一个最初粒子和反粒子对称的宇宙，会演化成我们现在这样不对称的形式。当然，有可能宇宙刚开始就是不对称的，但是大多数物理学家觉着这种解释不太可信。第二条来自广袤宇宙的线索与"暗物质"问题有关。暗物质存在的结论是根据如下事实作出的。天文学家们观察了很多跟我们银河系差不多的旋涡星系。旋涡星系是由围绕它们的中心旋转的恒星和气体组成的碟形天体。这里的问题是，如果它们只由我们观察到的恒星和气体组成，那它们旋转的速度就太大了，根本就不能稳定存在。对于星系团，也有同样的观察结果。因此我们推论，一定存在一些现在还没有观察到的暗物质，提供将这些星系和星系团维持在一起所需的引力。这些暗物质会是什么呢？一个可能是，至少这些看不见的暗物质中的很大一部分，可以由"超对称"理论说明，超对称理论是从一种特别的对称性出发的标准模型的扩展。

迄今为止，量子力学区别对待服从泡利不相容原理的"费米子"，如轻子和夸克，和作为力的媒介粒子的玻

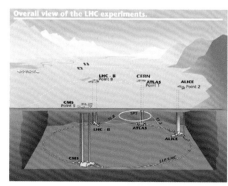

图 12.27　CERN 大型强子对撞机（LHC）的截面图，上面显示了四个实验井（刚开始只启用了三个）。每个 LHC 实验的实验小组包括来自欧洲、美国、日本的 100 多个研究机构的 1000 多名物理学家。因为对数据处理和计算能力的要求非常高，因此粒子物理学家们曾经帮助开发了一种新的分布式计算体系，名叫"网格"。正像 CERN 的蒂姆·伯纳斯-李（Tim Berners-Lee）和粒子物理学界开发了万维网（World Wide Web），用来共享信息那样，网格可以使人们共享数据和计算能力

279

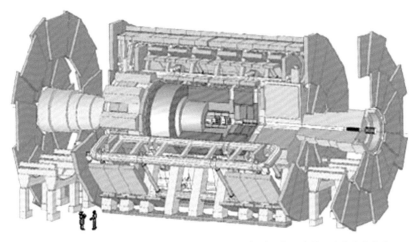

图12.28 位于CERN，为LHC建造的巨大ATLAS探测器的示意图。注意人的大小

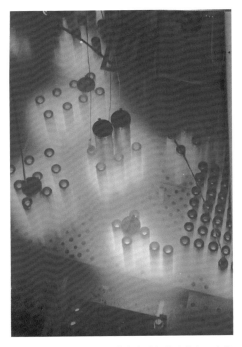

图12.29 核燃料储藏池中发出的怪异的蓝光，这是切伦科夫辐射引起的。放射性衰变产生的粒子的速度比水中的光速快，从而引起这种辐射。这与飞机在空气中以超音速飞行时会产生声音冲击波类似

图12.30 坐在橡皮艇里面的技术人员正在检查超级神冈探测装置的内部情况。探测装置工作时，水箱里面充满50000吨超纯水。这张照片上可以看到11200个光电倍增探测器中的一部分。

图 12.31 旋涡星系，星系团和暗物质。旋涡星系中的恒星和气体的轨道速度，在超出大多数可见质量的范围以外的地方，应该下降。因为观测数据显示，不存在这种下降，因此一定存在某种不可见的"暗物质"，一直延伸到距离星系中心很遥远的地方。类似地，没有哪个星系团或者超星系团，拥有足够多的可见物质把自己束缚在一起。这张照片上是距离地球最近的旋涡星系之一，NGC253，距离我们只有一千万光年

色子，如光子，W 和 Z 玻色子，胶子。超对称性是一种新的对称性，它要求，当把费米子改成玻色子，玻色子改成费米子的时候，基本理论的公式形式应该保持不变！这个说法意味着，还存在许多"超对称粒子"，也就是现在我们已经熟悉的粒子的超对称伙伴，等待我们去发现。除了我们知道的轻子和夸克以外，这个理论还预言了它们的一些新玻色子伙伴，被玩笑地叫成"睡子"和"叫子"（slepton 和 squark，分别是轻子 lepton 和夸克 quark 加上一个代表对称 symmetric 的 s 构成，这两个单词在英语中并不存在，但看起来像睡懒觉的人和呱呱叫的意思——译者注）。类似地，除了光子，W 和 Z 玻色子，胶子以外，我们应该也有超对称光子（photino），超对称 W 子（Wino），超对称 Z 子（Zino），超对称胶子（gluino）。作为一个例子，超对称光子，作为神秘的暗物质的一部分，应该充满整个宇宙。唉，可是到目前为止，还没关于任何一种超对称粒子的直接实验证据。大家热烈地期望，美国费米实验室的新一代加速器和欧洲 CERN 的 LHC 将为我们提供更多的线索，告诉我们超对称性是不是的确象理论物理学家们期望的那样起着重要的作用。

关于量子力学还有一个最后的挑战。这就是量子力学与引力统一，构成一套自洽的量子引力理论。沿着 QED 和 QCD 的思路建立一套引力规范场理论的努力还没有成功。与此不同，一些理论物理学家们正在寻找一种新的办法，以构建一套同时包含标准模型和引力的自洽和可计算的理论。这种理论叫作"弦理

282

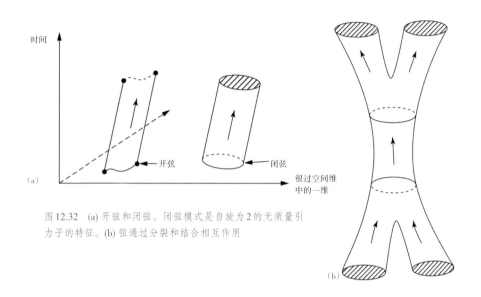

图 12.32 (a) 开弦和闭弦。闭弦模式是自旋为 2 的无质量引力子的特征。(b) 弦通过分裂和结合相互作用

论"，因为它不是将粒子比如说电子描述成时空上的点，而是将基本粒子设想为一根一维的弦。量子引力的特征质量就是所谓的普朗克质量，普朗克质量是由普朗克常数、光速和牛顿引力常数定义的。数值上，普朗克质量大约是质子质量的 10^{19}（10 后面跟 19 个零）倍。这个质量决定了弦的长度大小。这个数字大约是 10^{-33}（小数点后面跟 32 个零和一个 1）厘米，因此在一般的尺度下，弦粒子与点粒子无法区分。弦的两个端点既可以是松开的，也可以闭合构成一个环，它有一些振动模式，对应不同的属性如质量和自旋。在弦理论中，超对称性是自然出现的，弦理论学家们也非常高兴地发现，只可能存在数目很少的几种自洽的"超弦"理论，并且只需要十维时空！粗略地说，因为我们生活在四维时空中，对于这些试图正确描述我们的世界的理论，这些维数中的六维必须卷曲到一个小到无法测量的紧凑小球上。一个很有意思的问题是，我们到底能不能看见到这些"额外"维数的可观测效应呢？弦理论学家们也很高兴，最近的"M-理论"的发现：他们从一个单一的 11 维超引力理论出发，推导出了所有不同的 10 维超弦模型。现在，物理学家们仍然在探索这些理论引起的，各种让人着迷的可能性，但他们距离回答诸如超对称是怎么破裂的，观测到的粒子质量是怎么出来的等问题还很遥远。但是从我们上面的所有讨论可以看出，粒子物理、引力和量子力学很有可能为下一代物理学家们保留了大量的意外之喜。

第十三章　后话——量子物理与科幻小说

你小说读得太多了！

——理查德·费曼

序言：原子与原子核

现在，在学校里面，物质由原子构成的概念已经成为常规的教学内容了。²⁸⁵我们很难想象在十九世纪，大家对原子的怀疑和敌视态度。这一点似乎特别奇怪，因为早在公元前五世纪，在希腊哲学家留基伯（Leucippus）和德谟克利特（Democritus）的著作里面，就已经有了原子的思想。再考虑到当时丹尼尔·伯努利（Daniel Bernoulli），詹姆士·克拉克·麦克斯韦和鲁德维西·玻耳兹曼（Ludwig Boltzmann）都已经成功地利用气体的原子模型解释了气体的很多热力学性质，这种对"原子假说"的不信任就更令人奇怪了。在他们的原子模型中，原子是一个很小的坚硬小球，可以像台球那样移动和互相碰撞。尽管如此，在爱因斯坦1905年的关于"布朗运动"著名论文发表以后，几乎所有的怀疑者都沉默了，原子假说得到了大家的普遍认可。爱因斯坦那篇论文中，认为水分子会与悬浮在水中的花粉颗粒不停碰撞，因而解释了观察到的花粉在水中的不规则运动，即布朗运动。

正如我们知道的那样，原子是一个微小的，坚硬的，不可分割的小球的观点，到1911年就被否定了。这一年，欧内斯特·卢瑟福有了惊人的发现，即，原子的绝大部分都是空的！通过对原子阿尔法粒子散射实验的计算，卢瑟福得出结论，原子几乎所有的质量，和所有的正电荷，一定集中在一个比原子看起来的大小小得多的球内。他把这个小球叫作原子核，并且计算出它的半径大约比原子半径小10000倍。两年之后，与卢瑟夫一起在曼彻斯特工作的年轻人的

249

尼尔斯·玻尔，提出了他的著名的原子"电子轨道"模型。问题是，我们在第四章中已经看到，根据麦克斯韦的电磁理论，这个带负电的电子围绕带正电的原子核运行的模型是不稳定的。玻尔知道这是一个问题，但是他发现，他能把氢原子光谱线的频率解释为不同轨道上的电子"跃迁"产生的能量差。因此他提出，电子的确围绕原子核运动，但只能在某些稳定的、不服从经典物理定理的"量子"轨道上运动。原子的这一图像激起了大众的想象。原子不是坚硬的小球，而是绝大部分是空的。原子看起来就像一个小太阳系，原子核承担太阳的角色，绕轨道运行的电子承担行星的角色。

当时已经有了一种新的文学形式——科幻小说。这些物理学最新进展很快体现到了科幻小说中。在很多早期的科幻小说中，作者们试图将原子的最新发现写进小说，但是大多数描述都是不准确的。大约在世纪之交，关于"迷失的世界"这样的故事是这种新型小说的常见题材，在这些故事中，勇敢的探险者与怪异环境下千奇百怪的危险搏斗。到了二十世纪二十年代，科幻小说作家们发现，已经很难为迷失的世界找到一个新的合适的故事发生地。关于原子物理的新发现被大众了解之后，一些科幻作家将灵感转移到了原子现在拥有的巨大空间内。原子自己是一个小太阳系，里面住满了微小的智慧生物，这种想法是很多早期科幻小说的故事背景。科幻作家布赖恩·阿尔蒂斯（Brian Aldis）将这些小说说成是新型的《格利佛游记》（Gulliver's Travels），"显微镜下的格利佛"。这类故事的一个典型例子是 S．P．米克（Meek）上校的《亚微观世界》（Submicroscopic）。米克故事中的主角听了一次关于"现代"原子理论的演讲之后，决心成为一名科学家。在演讲中，"博士"通过一立方毫米氢气描述了一个原子的大小：

这里大约包含了九亿亿个原子，这是一个难以想象的数字。考虑一下，这一巨大数目的粒子要塞进一个边长只有不到二十分之一英寸的立方里面！可是原子还要小得多，如果拿这里面单个原子的大小与原子之间的距离相比，我们可以说，太阳系比它们还拥挤。

然后米克描述了电子围绕质子的"剧烈运动"，并认为"离心力和电吸引力的共同作用使原子处在动力平衡状态"。有了这种概念，建造一个"电子振动调节器"就成为可能。正如书中主角解释的：

玻尔和朗缪尔（Langmuir）的工作对我有特别的吸引力，我因此致力于研究他们提出的电子围绕原子核质子的运动。我的研究结果让我怀疑电子的运动不是圆形的，也不稳定，而是周期的简谐运动，只是谐振周期因为不断的碰撞而受到干扰。

赫伯特·乔治·韦尔斯
（Herbert George Wells, 1866—1946），更广为人知的名字是
H.G. Wells，他从 T·H·赫胥
黎（Huxley）的关于达尔文的
自然选择进化论的讲演中得到
了灵感。在他的第一本，也许
是他最著名的著作，1895 年
出版的《时间机器》（The
Time Machine）中，以及后来
很多别的著作中，都有一个很
明显的主题，就是人性根据这
些无情的力量演化。大家公
认，他预言了坦克、飞机、空
战、原子弹、核僵局等的出
现，在他的小说《莫洛博士
岛》（The Island of Doctor
Moreau）中，他甚至预言了一
种基因工程的出现。雨果·格
恩斯贝克（Hugo Gernsback）
在他 1920 年的《惊奇的故事》
（Amazing Stories）杂志上，几
乎重印了韦尔斯的所有小说。
因此，直到今天，韦尔斯的著
作在美国还有非常巨大的影
响。他的小说《地球争霸战》
（The War of the Worlds）是第
一部"外星人入侵"小说，奥
森·韦尔斯（Orson Wells）
的戏剧性表演，1938 年曾经
在纽约引起了 次人恐慌

科学的"解释"现在被贬低成了点缀着几个术语的
胡说八道！更多的故事中，发现了生活在微观尺度的新
文明社会。这类小说的"配方"很简单：从原子物理的
最新发现出发，加以荒诞的联想，以吸引读者，并且把
它作为一个虚张声势的探险故事的背景。今天，除了我
们的科学更复杂了以外，这种配方并没有发生多大的变
化，这可以从最近的两部非常受人欢迎的现代科幻作
品，《星际迷航记》（Star Trek）和《星球大战》（Star
Wars）中看出来。

287

科幻作品的关键要素是什么？按照科幻作家弗雷
德·珀尔（Fred Pohl）的说法："一本好的科幻小说不
仅仅要预言机动车的出现，还应该预言交通堵塞"。在
往前预言两步方面，大概没有哪位科幻小说作家能够比
赫伯特·乔治·韦尔斯（Herbert George Wells）做得更
好。韦尔斯，更广为人知的名字是 H.G. Wells，于 1866
年出生于英格兰南部，那正是科学发生巨变的年代。那
时，达尔文、麦克斯韦、门捷列夫、焦耳和开尔文等正
在为进化论、电磁学、化学、统计物理和热力学构筑理
论基础。紧接着这些伟大的科学发现，二十世界的头十
年里又出现了普朗克、爱因斯坦、卢瑟福和玻尔，他们
推翻了经典物理，建立了量子物理理论。同一时期，爱
因斯坦促使物理学家们重新思考空间和时间的本质。令
人好奇的是，在 1895 年，爱因斯坦发表狭义相对论的整
整十年前，韦尔斯完成了他的著名作品《时间机器》
（The Time Machine）。在这个故事中，韦尔斯引进了穿越
时间旅行的概念，为科幻小说打开了一片新天地。还有
一个事实，知道的人没有那么多，那就是韦尔斯在原子
和原子核物理方面，也同样充满想象力。他在一次世界
大战前不久完成的一部小说，《解放的世界》（The World
Set Free），非常值得细读。

在二十世纪早期，欧内斯特·卢瑟福在加拿大，正
在对镭和其他重原子核的放射性衰变进行非常艰苦的全
面研究。到 1903 年，卢瑟福和他的合作者弗里德里克·

索迪（Frederick Soddy）已经能够定量分析这些衰变过程的放出的巨大能量。他们的计算工作是在爱因斯坦发现那个著名质能关系的十几年前进行的，当时物理学家们对原子核本质的了解还很少。这可是詹姆士·查德威克发现中子存在的将近三十年前，也是弗朗西斯·阿斯顿（Francis Aston）提出存在强核力的四十年前。因此一点也不奇怪，这些放射性衰变能量的来源当时还是个迷，但是他们两个人都很不舒服地知道，这种放射过程释放出来的巨大能量可能有潜在的危害。1904 年索迪写道：

有可能所有的重物质都拥有跟镭类似的，隐藏在原子结构内的能量。如果这些能量能够被人开发出来，并且加以控制，拥有这种能力的人就可以改变世界的命运。吝啬的自然有一根用于小心调节这种能量输出的杠杆，能够控制这根杠杆的人，将拥有一种武器，只要他愿意，就可以用它来摧毁整个地球。

²⁸⁸

1909 年，索迪写了一本书，书名叫《镭的解析》（*The Interpretation of Radium*），这本书激发了韦尔斯的创作热情，他写了一本关于这种新的原子核能量的小说。这本小说就是《解放的世界》。书中，韦尔斯推测可以利用雪崩式的链式反应来制造原子弹。他设想这些炸弹是用一种新的叫作"carolinium"的人造元素制造的，他说这种元素"储存的能量最多，制造和操作最危险"。虽然可以理解，韦尔斯在一些细节上是不对的，他幻想的carolinium元素与元素钚有一些奇怪的巧合，钚元素是很多年后由格伦·西博格（Glenn Seaborg）发现的。韦尔斯不仅仅精确地预言了核武器令人震惊的效果，也预见了这种武器的大量拥有，会不可避免地引起核僵局状态的出现。在他幻想的世界中，只有在欧洲所有主要城市都被核武器摧毁了之后，才能实现对核武器的限制和真正的和平。我们都应该感激，在这个方面，事实比小说稍微好一点。虽然韦尔斯的小说在商业上并不成功，但是人们相信它改变了第二次世界大战的进程。阅读了《解放的世界》之后，匈牙利物理学家利奥·西拉德（Leo Szilard）很认真地发出了纳粹德国可能拥有原子弹的警告。他害怕只要技术上可行，海森堡和当时德国其他伟大的物理学家们就能制造出这种武器。西拉德说服他的朋友及难友，阿尔伯特·爱因斯坦，写信给罗斯福总统，告诉罗斯福这一危险。在他们的信中，爱因斯坦和西拉德用非常直观的语言描述了核武器带来的新威胁："这种类型的一个炸弹……在一个港口爆炸将摧毁整个港口以及周边的一些地区。"这是科幻小说能够影响历史进程的一个很有意思的实例。通过在科幻小说中令人信服地描述科学新发现的可能应用，韦尔斯告诉了西拉德核武器的危险。也许今天的科幻小说作

利奥·西拉德是匈牙利理论物理学家，于1898年出生于布达佩斯。1928年，他在柏林工作的时候，阅读了H·G·韦尔斯一份叫作《公开的阴谋》的宣言，宣言中韦尔斯呼吁，为了拯救这个世界，具有科学思想的实业家和金融家应该联合起来，成立一个公开的组织，筹建一个世界共和国。西拉德雄心勃勃地到伦敦会晤韦尔斯，讨论他的书中欧洲的权利。他也善于发明。他拥有一项新型冰箱的专利，这项专利的共同发明人是阿尔伯特·爱因斯坦。作为一个犹太人，他非常明智地在纳粹开始检查火车的前一天离开了德国。他写道："这说明如果你想在这个世界获得成功，你不必比别人聪明得多，而只需要比别人提早一天。"西拉德在1932年的时候阅读了《解放的世界》，三十年后他仍然能详细地总结这本书。1933年9月12日，西拉德被伦敦《泰晤士报》上面的一篇报道激怒了，这篇报道中，卢瑟夫爵士宣布，任何希望利用核能产生能量的想法都是"妄想"。在他返回下榻的伦敦一家旅馆的途中，南安普顿路的一盏交通灯下，西拉德

者，在基因工程和即将到来的生物信息工程革命中，也将起到类似的作用。

核能和科幻作品的"黄金时代"

在科幻小说界中，现代科幻作品的起源仍然是一个争议中的话题。布赖恩·阿尔蒂斯认为，现代科幻小说可以追溯到玛丽·雪莱的《科学怪人》（*Frankenstein*），后者又与早期的哥特小说有联系。有的人认为现代科幻小说的鼻祖应该是朱尔斯·凡尔纳（Jules Verne）和H·G·韦尔斯的作品。第三派认为只有在专门登载科幻作品的"纸浆"杂志出现以后，科幻才开始成年。所谓纸浆杂志是因为这些杂志用的纸张很便宜。一名移民到美国的欧洲人，雨果·格恩斯贝克，在1926年创办了科幻杂志《惊奇的故事》。虽然《惊奇的故事》也许不是世界上第一份科幻杂志，但它很快成了最有影响力的杂志。"科幻小说"（science fiction）这个词就是格恩斯贝克创造的。有了这些开端，一份对现代科幻作品的发展有深远影响的科幻杂志出现了。这份杂志就是《惊异科幻》（*Astounding Science Fiction*），它的主编是小约翰·W·坎贝尔（John W. Campbell, Jr.）。詹姆士·耿恩（James Gunn）在他的《图解科幻小说历史》（*Illustrated History of Science Fiction*）中，比较夸张地说道：

> 1938到1950的12年是"惊异"的12年。在这些年内，第一位著名的科幻小说编辑创办了第一份现代科幻杂志，培养了第一批现代科幻作家，并且，也孕育了现代科幻作品本身。

坎贝尔是受过良好训练的科学家，但是也写科幻小

289

想到了链式核反应的办法。1934年，他为他的关键思想申请了专利，在后来对专利的补充说明中，他清楚地说明了达到临界质量的必要性和制造核爆炸的可能性。卢瑟夫拒绝为他的实验提供必要的资金和设施支持。

雨果·格恩斯贝克（1884—1967）出生于卢森堡，在二十岁的时候移民到了美国。他在每年很多期的《现代电工》（Modern Electircs）杂志1911年第一期上发表了他的小说《拉尔夫124C41+》（Ralph 124C 41+），副标题是《2660年的爱情故事》。到1926年，格恩斯贝克已经能创办第一份专门的科幻杂志《惊奇的故事》了。杂志封面的口号说明了杂志的目的是"今天荒诞的幻想……明天客观的事实"。格恩斯贝克发明了《科幻小说》这个词，每年一度的科幻作品雨果奖就是以他的名字命名的

说。迄今为止最著名的科幻作家之一，艾萨克·阿西莫夫（Isaac Asimov），认为1938年8月期的《惊异》是科幻小说"黄金时代"的开始。这期杂志上有坎贝尔用笔名唐·A·斯图亚特（Don A. Stuart）发表的一篇小说《谁去那儿了？》（Who Goes There?）。阿西莫夫赞扬这篇小说是"有史以来最出色的科幻小说之一"，认为它应该是新一代有抱负的科幻作者的"训练手册"。关于坎贝尔和《惊异》杂志，阿西莫夫说道：

在黄金时代里，他［坎贝尔］和他主编的杂志主宰了科幻作品世界，阅读《惊异》就能够了解整个科幻领域。

1944年，军队情报部门的人员来到了坎贝尔《惊异》杂志的办公室。他们对坎贝尔在杂志3月刊上发表的一篇文章很感兴趣。这篇吸引了军方注意的小说是克利夫·卡特米尔（Cleve Cartmill）的《生死线》（Deadline）。现在来读这篇小说，就很容易理解为什么军方会警觉。当时是曼哈顿计划生产^{235}U原子弹"小男孩"的前一年。因此我们很容易想象，如果一本科幻杂志发表了不仅仅是制造原子弹的基本原理，还包括一些数量吓人的真实细节，这给他们会带来多大的恐慌。当时洛斯阿拉莫斯之外的科学界都认为，制造一枚原子弹需要数吨铀，但卡特米尔的原子弹"只需要几磅^{235}U"。当局警觉的原因并不奇怪：这正是盟军对纳粹保密的关键数据。战争结束以后，对海森堡和其他德国和物理学家的讯问证实，他们当时的确不知道这个发现。原子弹对^{235}U要求的数量那么少，在实际制造原子弹时，产生了可行和不可行的巨大差别。这个事实的意外发现引起了一系列事件，并最终导致曼哈顿计划的实施。1940年，在英国的伯明翰，两位德国难民，奥托·弗里希（Otto Frisch）和鲁道夫·佩尔斯（Rudolf Peierls），首先计算出了纯^{235}U原子弹所需的临界质量。弗里希和佩尔斯对所需质量之小非常惊奇：

我们估算出临界质量大约是1磅（1磅=454克），而

291

小约翰·伍德·坎贝尔 (John Wood Campbell Jr.) 是科幻作品界无可争辩的最伟大的主编，他培养了包括艾萨克·阿西莫夫和罗伯特·海恩莱恩 (Robert Heinlein) 等在内的整整一代科幻作家。1938年，他成为了《惊异》杂志的编辑，由于他坚持不懈的对作品质量的要求，以及对像阿西莫夫这样的科幻作者们的帮助和支持，他创造了现代科幻作品这个流派。他自己也用唐·A·斯图亚特这个笔名创作科幻小说。艾萨克·阿西莫夫评价坎贝尔发表在1938年《惊异》杂志上的小说《谁去那儿了？》是"有史以来最出色的科幻小说之一"

与纯自然状态铀有关的计算得到的结果是数吨。

弗里希和佩尔斯对自己的结果感到恐惧。他们计算出1磅左右的 ^{235}U 释放出的能量等于数千吨的普通炸药。一枚炸弹的爆炸就足以摧毁"一个大城市的中心"，千吨级炸弹时代到来了。弗里希和佩尔斯推测，大约有十万道分离工序的同位素分离工厂能够"在一段可以接受的，以星期计算的时间内，分离出1磅纯度合适的 ^{235}U"。虽然建设这样一家工厂的所需的费用是惊人的，这两位德国难民都非常害怕希特勒的物理学家会先做到这一点。正如他们在给英国政府的报告中所说："即使这家工厂的费用跟一次战役一样高，也是值得建的"。他们非常清楚保密的重要，因此佩尔斯自己誊写了报告，而不是让秘书誊写。他们的报告后来被叫作"弗里希-佩尔斯备忘录"。这份报告直接导致丘吉尔设立了一个叫作MAUD委员会的小组，研究制造这种原子弹的可行性。这个故事有一个典型的卡夫卡式困局，刚开始的时候，弗里希和佩尔斯被严禁阅读自己写的报告，因为他们是从敌国来的。

回到那部小说本身，作为一个故事《生死线》没有什么意思，也不真实。故事发生在另一个星球上，在"西拉"和"斯卡萨"之间正在发生一场战争，以比喻发生在地球上同盟国和希特勒与墨索里尼的轴心国之间的真实战争。在故事的开始，一名间谍被投放到敌人疆域的纵深处。他的任务是摧毁越来越绝望的"斯克萨"国秘密研制的一枚原子弹。突然，在这个根本不可信的故事的内容之中，第二次世界大战期间最大的军事秘密之一被不经意地泄露出来了。卡特米尔描述了斯克萨如何利用"新的原子同位素分离方法"分离出了几磅 ^{235}U。更糟糕的是，他书中的男主角解释了为什么只有几磅 ^{235}U 的原子弹能够释放出"几十万磅TNT炸药一样多的能量"，并且，如果"在一座岛上空爆炸，将使整个岛屿寸草不生"。故事中也介绍了怎么制造铀原子弹的相当准确的细节，引起了情报人员的警惕。小说中的原子弹由铀金属做的两个半球组成，中间用金属镉做的中子吸收层分开两个半球。一个小的爆炸装置炸开中间的分隔层，将两个半球聚到一起，达到链式反应所需的临界质量。

　　卡特米尔很可能不知道曼哈顿计划究竟是什么，也不知道人们多么害怕德国纳粹会首先制造出原子弹，但是他显然知道足够的核物理知识，能够把原子弹的细节猜得很准。这里还有另外一个奇特的巧合。故事中的人物曾经讨论，这种炸弹的爆炸是否会意外地点燃整个大气层，从而摧毁整个星球。实际上，爱德华·泰勒（Edward Teller），后来氢弹研制的负责人，在 1942 年的时候，曾经提出过这种世界末日的可能性。曼哈顿计划的负责人之一，亚瑟·康普顿（Arthur Compton），写下了罗伯特·奥本海默向他简单介绍这一可能性的情形：

　　原子弹是不是的确有可能引发大气层中氮的爆炸，或者海洋中氢的爆炸？这将会是世界末日。接受纳粹的奴役，比冒险拉下人类灭亡的帷幕总要好一些！

　　理论组的负责人，汉斯·贝蒂（Hans Bethe），非常担心，他非常仔细地检查了泰勒的计算。幸运的是，贝蒂发现泰勒作了一些没有得到证明的假定，这种灾难的可能性非常小！炸弹设计计划的正式记录中排除了这种可能性，上面说："点燃大气的可能性因此被科学和常识排除了"。尽管理论上排除了这一可能，但在新墨西哥州崔尼蒂（Trinity site）进行第一次原子弹试爆的时候，聚集在那里参观试爆的曼哈顿计划的物理学家们，心里一定还是有些紧张。如果克利夫·卡特米尔的确从来没有从参加曼哈顿计划的任何物理学家那里听到任何消息——当然如果他真的听到了什么他也就不会发表他这篇小说了——那么他能如此精确地猜出这一超级机密计划的内容，是非常惊人的。也许同样惊人的是，军方情报人员竟然会监控一份科幻杂志每一页的内容。也许更有可能的是，军方的一些官员在业余时间阅读这份杂志消遣的时候，注意到了它与曼哈顿计划的相似性。不管怎样，约翰·坎贝尔还是呼出了一口气，因为前来拜访的军方人员没有注意到他墙上的一张《惊异》杂志订购者分布图。如果他们注意了的话，他们可能看见几颗可疑的大头钉，上面标记的地址是，新墨西哥，圣达菲（Santa Fe），邮政信箱 1663，这是战时洛斯阿拉莫斯的邮政地址。更糟糕的是，有一个订阅者是德国火箭专家沃纳·冯·布劳恩（Werner von Braun），他在整个战争期间，设法将他订阅的《惊异》杂志进口到了德国。在这种情况下，很清楚，一本好的科幻小说，却给国家安全带来了坏的影响！

　　原子弹以一种强有力的方式，证明了我们对原子和原子核物理知识的了解。而核能利用，虽然并不是不存在环境问题，则是另一种更正面的代表。在 1942 年 5 月到 1950 年 1 月之间的《惊异》杂志上，阿西莫夫发表了他著名的《基地》（Foundation）三部曲。这一系列故事讲述了表面上不可一世的"银河帝国"的衰落，以及一个人试图尽量缩短即将不可避免地降临到银河系上的茫荒时代的努力。幕后英雄，哈里·瑟尔顿（Hari Seldon），发明了一种叫作"心理历史学"的科学，利用这种科学可以预言和描述帝国衰落的过程。一队"百科全书式学者"，也就是"基地"的工作者，在银河系边缘一个不引人注意的星球上建立了一个基地。基地的一个似乎是对谁也没有害处的任务是，在瑟尔顿预言的帝国衰亡期间，保留所有的科学知识。实际上，当帝国的统治在银河系边缘土崩瓦解的时候，基地不得不靠自己的智慧生存下来。这时，持续不断的科学发明，不再是无关痛痒的学院式奢侈行为，而是对基地的生存至关重要。在周围恒星系统的军阀之间，甚至在银河帝国的中心地区，科学技术倒退了，标志是失去了对原子能的控制。阿西莫夫把是否掌握原子能当成文明是不是健康的标志。即使在现在，两位当代科幻作家，拉瑞·尼文（Larry Niven）和杰瑞·波内尔（Jerry Pournelle），也把这一同样的标准当成我们自己的文明有没有希望的标志。《魔王之锤》（*Lusifer's Hammer*）是一部现代"世界末日"小说，小说中人类文明因为一颗彗星碰撞地球而毁灭。作为世界混乱状态的例子，这个故事发生在加利福尼亚，当代军阀们正在为争夺这块地方发动战争。在阿西莫夫的三部曲中，基地，将核能的秘密和相关的科学知识，当成垂死的银河帝国时期人类的希望。在尼文和波内尔的小说中，未来的希望寄托在一组科学家恢复了圣约阿昆（San Joaquin）核电厂的电力这件事情上。

我们很容易知道核电厂有什么问题和危险。发生在三哩岛和切尔诺贝利的核事故，以一种悲剧的方式，引起了大家对这些危险的注意。核能，铀矿开采和放射性的负面形象在《乔木》（*Silkwood*）和《雷心》（*Thunderheart*）等电影中也体现得很充分。华盛顿州的汉福特遗址是曼哈顿计划中大多数钚的生产地点，当然，要清除这里的污染所需的费用可能高达数十亿美元。但是对于受到大家围攻的核工业来说，仍然存在一些希望。首先，很显然燃煤和燃油气的发电厂也有它们自己的环境问题，它们对全球变暖的影响最大。其次，物理学家们可能会设计出一些方案，降低核废料的危险性。在洛斯阿拉莫斯和CERN的研究组正在研究"核嬗变"。这种想法是，用中子轰击危险的放射性元素，能够把它们转化成危险性小得多的核废料。例如，全世界的核反应堆都产生出一种副产品，^{99}Tc。它的放射性半衰期是二十万年。在它的原子核上添加一个中子，就把它变成了^{100}Tc，半衰期只有16秒，很快就会衰变成稳定和无害的^{100}Ru。这项研究的支持者声称，通过这种方式，危险性核废料的数量可以减小到百分之一。更有利的是，从此用不着去寻找能安全存放数十万年的核废料存放地点，因为需要的存放时间可以被减少到"仅仅"数百年。物理学家们还

图13.1 1944年3月刊的《惊异》杂志封面，上面有克利夫·卡特米尔的小说《生死线》。在小说里，卡特米尔泄露了第二次世界大战的最大秘密，也就是，"只需要几磅^{235}U"就可以制造出一个原子弹。德国投降之后，海森堡以及其他德国和物理学家被羁押在英格兰戈德曼彻斯特（Godmanchester）的霍尔庄园。在那里他们听到了原子弹在广岛爆炸的新闻。德国科学家之间的谈话被秘密记录下来，很清楚，海森堡以前认为，一个原子弹即使含有多达30千克的^{235}U也"不会爆炸，因为平均自由程太大了"。经过一个星期的高强度工作，海森堡意识到了自己思维上的错误，并给他的同事们做了一个演讲，讲解怎么才能制造一枚铀弹。这个结局还有一个原因就是，海森堡跟维纳·冯·布劳恩（Werner Von Braun）不同，在战争期间没有订阅《惊异》杂志

要做很多工作，才能以一种环境上可以接受的方式解决核废料问题。不管怎样，考虑到全球变暖已经越来越明显，核能在21世纪的能源中还会扮演重要的角色。

姜巴点多宇宙理论和薛定谔猫

另一个可能世界，很久以来一直是科幻作家最喜欢的概念之一。这种科幻小说的一个版本来自于简单的"如果怎样，将会怎样"问题。如果希特勒和轴心国赢得了第二次世界大战，会怎么样？这正是菲利浦·K. 狄克（Philip K. Dick）最著名的小说之一，《高堡奇人》（*The Man in the High Castle*）的故事前提。书中，美国被东边的德国和西边的日本瓜分。在一本地下流传的神秘小说《沉重的蚂蚱》（*The Grasshopper Lies Heavy*）中，故事情节根据这一前提发展，

图 13.2　菲利浦·K. 狄克（1928—1982）的小说现在风靡一时。也许狄克最广为人知的小说是他 1968 年出版的《机器人会梦到电子羊吗?》（*Do Androids Dream of Electric Sheep?*），这本小说后来被导演瑞德里·斯科特（Ridley Scott）改编到一部深受欢迎的电影《银翼杀手》（*Blade Runner*）中。他的短篇小说《记忆总动员》（*We can remember it for you wholesale*）是电影《魔鬼总动员》（*Total Recall*）的蓝本。他 1962 年出版的小说《高堡奇人》是最优秀的"另外的世界"科幻作品之一，描述了美国在第二次世界大战中战败，被德国和日本控制的故事。

展现了希特勒和日本人被击败的另一套世界历史。哪一种历史才是真实的？这两种世界可以同时存在吗？这本书以自己的独特方式探索了埃弗雷特和惠勒的多宇宙理论，虽然狄克似乎根本不了解这一理论。

"经典的"另一个世界小说着重强调关键时刻作出的选择决定未来，有时候这一时刻叫作"姜巴点"（Jonbar Point）。这条词汇是 1938 年杰克·威廉逊（Jack Williamson）在发表在《惊异》杂志上的《时间军团》（*The legion of time*）中提出来的。书中的男主角是来自哈佛的兰宁（Lanning），他接待了来自不同未来的两位女士的来访，一位来自希望之城姜巴，另一位来自堕落之城寨乱旗（Gyronchi）。两种未来互不相容，只能实现其中一种，结果取决于两种未来的潜能对兰宁一生的影响。兰宁跟踪出关键的选择是草地上的一个小男孩做出的。这个叫约翰·巴尔（John Barr）的小孩，可能捡起草地上的一块小磁铁，成为一位伟大的科学家，或者捡起一块小石头，成为一位流浪的工人。兰宁，自始至终与敌人进行了勇敢的搏斗，最后终于成功地把一块小磁铁扔到小孩的身边，并看见了小孩眼中闪现出了一线"科学的光芒"。这就是姜巴点这个词汇的来源。这种小说提出了一种人类个体的行为能够影响历史进程的乐观主义观点。未来掌握在我们手中。最近的一部电影《双面情人》（*Sliding Doors*）也展现了同一主题：在一种未来中，女主角追上了地铁列车，而另一种未来中没有。

还有一种类型的"平行世界"小说中假定，所有可能的选择都可以在姜巴点作出，但是每一种选择产生一个新的"并行"宇宙。根据在并行宇宙之间穿梭的机制的不同，这种多宇宙故事有很多种不同的版本。克里福特·D. 斯马克（Clifford D. Simak）的《太阳旁边的环》（*Ring Around the Sun*）和凯斯·劳末（Keith Laumer）的《多次元宇宙帝国》（*Worlds of the Imperium*）中，都设想了一系列并行但是不同的"地球"。麦克尔·莫尔科克（Michael Moorcock）的很多故事都发生在他称为的"多宇宙"中，也就是无穷多的其他宇宙。多宇宙也是英国科幻电视喜剧系列片《红矮星》的基础。这

296

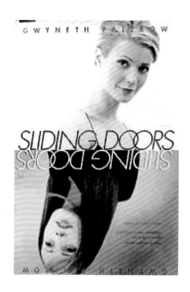

图 13.3　"并行宇宙"电影《双面情人》的海报。由格温妮丝·帕特洛（Gwyneth Paltrow）出演的女英雄的姜巴点是，她是否追上了一辆列车

部系列片中，所有常见的科幻手法仅仅是用来制造新的喜剧情境，这是对《星际迷航记》严肃态度的一种搞笑。例如，在"搞笑"版本中阿诺德·李莫（Arnold Rimmer）碰到了来自另一个宇宙的自己 A 李莫。两个李莫查出了他们的姜巴点，他们中的一个必须因此回去上一年学。与此相反，《星际迷航记》中的《下一代》（*Next Generation*）系列很严肃地对待这个问题。在《并行宇宙们》这一集中，沃夫（Worf）的飞船穿越了"时空的一道量子裂缝"之后，不同量子现实之间的位垒"垮掉了"。当沃夫从波函数的一个分支跳到另一个分支的时候，他经历了不同的量子现实。达塔（Data）将量子力学的多宇宙诠释总结为："所有可能发生的，都会发生"。

　　这种多宇宙概念有科学依据吗？在第七章中，我们介绍了量子力学的"测量问题"。这个问题的一个可能解答就是休·埃弗雷特提出的量子力学多宇宙诠释。与电子波函数在测量的时候坍缩到某一个特定的点上不同，埃弗雷特认为，所有的可能测量结果都会出现，只不过发生在不同的平行宇宙中。这种关于测量问题的"解释"虽然有一定的吸引力，但似乎不能预言新的东西，因为我们无法验证或者与这些多出来的宇宙相互作用。戴维·多伊奇，一位来自牛津大学的物理学家，对这一理论持比较正面的看法。大家认为，多伊奇是量子计算的先锋之一。他第一个告诉大家，量子计算机可以利用"量子并行性"——很多可能的计算通道同时计算——可以比常规计算机更快地运算出结果。多伊奇相信，量子干涉和量子并行现象只能通过量子多宇宙理论理解。但是别的物理学家们不同意他的观点！

　　我们已经讲过，埃尔文·薛定谔用他可怜的猫的设计了一个实验，讨论过这个关于测量、观察者和量子理论的问题。有几位科幻作家也勇敢地探讨了量子测量问题。第一位将这个问题作为故事发展前提的科幻作家是天文学家弗雷

297

图 13.4　英国电视系列片《红矮星》是对美国严肃系列片如《星际迷航记》的搞笑版。在《维跳跃》这一集中，有一个大家熟悉的"失败者"版本，完整的阿诺德·李莫德碰到了他的"胜利者版本"李莫 A。"姜巴点"可以追溯到他们的儿童时期，这时李莫 A 必须回去上一年学。这张照片上是阿诺德和他的量子克隆李莫 A

德·霍伊（Fred Hoyle）。霍伊是很少几位既是很有成就的研究性科学家，又是成功的科幻作家的人物之一。虽然他关于恒星中不同元素如何形成问题的研究曾经让他差点获得了诺贝尔奖，但对于大众来说，他最广为人知的一点也许是，他是宇宙"稳态模型"的几位创立者之一。这一理论认为，我们观察到的宇宙膨胀是因为物质不断形成引起的。有几年，稳态模型是大爆炸模型的强大竞争对手。实际上"大爆炸理论"这个名字，就是霍伊在一次电台谈话节目中，为了嘲笑这一理论而取的（大爆炸，"Big Bang"在英语俗语中有色情的意思——译者注）。目前，科学家们相信，过去的二十年来积累的各种新证据，都一致地支持大爆炸理论。霍伊第一部成功的科幻作品是《黑云》（*The Black Cloud*），于 1957 年出版。这本书中，讲述了一团有知觉的气体云侵入了太阳系，挡住了太阳，意外地威胁着地球上所有生命的故事。弗雷德·霍伊对"既有体系"，包括科学和政治的深深的不信任态度，在他描述的英雄科学家与官样文章和官僚体系的搏斗中，表达得淋漓尽致。他有一篇与我们的讨论有关的短篇小说，发表在他的一本小说集《79 号元素》（*Element 79*）中。这篇小说名叫《五人陪审团》（*A Jury of Five*），这篇小说令我们感兴趣的是，他用一种小说的方式讨论了量子力学的测量问题。故事情节围绕一次车祸发展，车祸中警察只发现了一具尸体，但是却不清楚究竟死的是哪位司机。另外一个人显然头部受了重击，迷迷糊糊地走到乡下去了。故事是从两位司机鬼魂的交谈开始的。他们能够听到和看到警察和他们的家人在说什么和干什么，但是无法与他们交流。最后的场景是太平间。当停尸柜里尸体脸上的裹尸布揭开的时候，与两位

图13.5　弗雷德·霍伊短篇科幻小说集《79号元素》的封面。书名也是里面一篇小说的题目，讲述的是一颗纯金的陨石摧毁了苏格兰的大部分，但是振兴了英国的经济，因为英国政府因此控制了全球黄金市场，79号元素就是金。在他的《五人陪审团》故事中，霍伊利用一个薛定谔猫伴谬的人类版本，阐述了量子力学中观察者的作用

司机有关的五个人在场。两位鬼魂司机之一的亚当斯（Adams），是牛津大学的一位羞怯和沉默寡言的哲学教授。另一位是精力充沛的商人，做过对不起他妻子的事。亚当斯突然意识到了正要发生什么事情：

298 　　　　两个鬼魂走向城里的途中，亚当斯说道："我相信我终于弄明白了。他们会发现我们中的一个死在停尸间，另一个活着在乡下神志不清。"

"我一点也不明白。"

"是你活着还是我活着，我觉得现在还没有定下来。"

"你是什么意思？"

"这将取决于他们想要谁活着。"

五人陪审团开始做自己工作，投票决定亚当斯死了。霍伊解释如下：

> 结果取决于，在哈德利（Hadley）的车撞到他车前方的时候，亚当斯的瞬间反应。现在，亚当斯的瞬间反应由他大脑中的生物电神经活动决定，大脑在最后的分析过程中启动了一个量子事件，该量子事件的发生与否就决定了亚当斯的瞬间反应。直到停在太平间里尸体上面的裹尸布被揭开的那一刻，代表这一事件的波函数仍然处于物理学家们所说的"叠加态"。让我们就这个理论物理最深刻的问题，也就是薛定谔波函数的坍缩问题，为精明的物理学家提供一条线索，这个问题的答案要到五人陪审团的具体投票方式中去寻找。

霍伊用一种很有意思的方式重新表述了薛定谔猫佯谬。在这里，尸体不是由魏格纳德的一位朋友来观察，而是由五个有不同意识的人投票来决定。不管是著名的数学家约翰·冯·诺伊曼，还是物理学家尤金·魏格纳，逻辑上都被迫承认波函数的坍缩发生在观察者的意识里。约翰·惠勒向前发展了一步，推测说：

> 从某种奇怪的角度考虑，宇宙是不是因为那些参与者的参与才"存在"的？"参与"毋庸置疑是量子力学带来的新概念。它推翻了经典的"观察者"理论，也就是安全地躲在厚厚的玻璃后面的观察者，可以不用参与被观察的事件，就可以观察事件的发生。

霍伊的小说当然是为了强调说明测量问题。但也为那些认为有意识的观察者与量子力学的疑难无关的人，提供了一个有趣的思维难题。

纳米科技与量子计算机

现在的科幻作家还能依靠什么新的量子技术引起大家兴趣？除了格雷格·伯尔（Greg Bear）的《天使女王》（*Queen of Angels*）和尼尔·斯蒂芬森（Neal Stephenson）的《钻石时代》（*The Dianmond Age*）之外，还没有几位作家敢于大胆接受纳米科技的挑战。格雷格·伯尔的《天使女王》发生在"二进制千年之交"2048年的洛杉矶。故事情节在复杂地交织着的关于一次谋杀的调查，和到

299

人马座α星行星的纳米机器人探险新闻之间开展。地外智能生物的可能性，计算机的自我意识，是故事主情节之外的辅情节，这些又与意识的操纵、探索和惩罚有关。纳米外科医生描述了他刚开发完成的，可以探索他称为"意识的王国"领域的技术——书中一位著名诗人的意识被干扰之后变成了一个杀人狂：

纳米治疗时代到来了，这一技术利用微小的外科修脑机器人（prochine）改变神经元的连接，实际上进行了大脑重构，这一技术的实现使我们能够完全探 300 索意识的王国。以前，如果不采用侵入性的方法，如微电极探针，放射性标记的结合剂等，我们没有其他办法可以了解下丘脑复合体单个神经元的状态，而那些方法也不能在探索意识王国的几个小时时间内有效地工作。但是微小的修脑机能够进入一个轴突或者神经元内，或者在它旁边测量神经元的状态，然后通过一根微观尺度的"信号"线发出一个信号，将信息发给灵敏的外部接受 301 器……我解决了这个问题。设计和生产它们问题没有我预计的大。第一个修脑机是纳米治疗状态监测单元，微小的传感器监控修脑机的行动，它们会完成我设定的各项工作。

在前往人马座α星探险的无人"AXIS"空间探测器上，类似的纳米科技奇迹也得到了应用。

AXIS的"意识"由一套机械系统和一套生物系统组成。在AXIS由一束强大的物质–反物质等离子体火焰加速的几年时间内，无人星际探测器由一台原始的、蹩脚的、防辐射的无机计算机控制……AXIS进入减速阶段的大约六个月前，非常奢侈地点燃一台很小的，比人类手指只大一点点的聚变发动机。发动机产生足够的热，供纳米机器活动，制造出AIXS的巨大的，但是很薄很轻的超导翼……AXIS等接近人马座α的B星以后，该星开始引起它的生物思维系统发育。

画面从一个场景切换到另一个场景，每一个场景都有浓厚的纳米技术背景——纳米木材，纳米管书籍，纳米食品及纳米香水等。警察也配备了一套给人深刻印象的设备，纳米分子盔甲，法医机器人灰尘鼠，嵌入在油画上面的纳米观察器和用来改变形状填入伤口的纳米飞镖。在处理隐藏武器的时候，纳米科技带来了如下景象：

她耐心地看着纳米机器人工作。车后架的金属管被挤压到灰色的蒙皮之下。产生的一团东西和分解好的部件缩小变成了一个圆形的复合物。纳米人正在那团凸出的物体里面制造一个东西，就像在蛋里面孵化胚胎……那团东西现在已经开始成形了。她已经能看出它的基本形状。在一边，一些生料被注入一

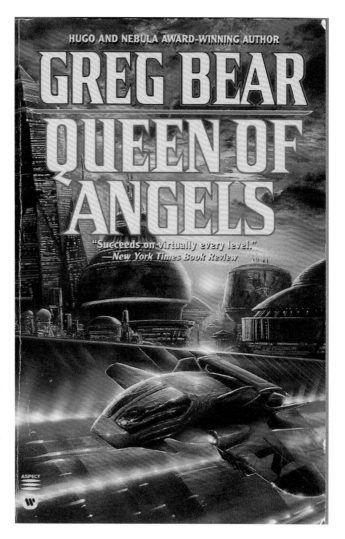

图 13.6　格雷格·伯尔的《天使女王》的封面，第一版出版于1990年。小说是一个在纳米技术奇迹下的谋杀故事。作者在小说的一条脚注中说："这里描述的纳米技术大多是推测性的"，这句话也适合 K·埃里克·德里克斯勒（K. Eric Drexler）的幻想小说《造物引擎》（*The Engines of Creation*）

块凸出的枪坯。纳米人从枪坯中撤出。枪柄、装弹器、燃烧室、枪管和准星等，逐渐成形。这团东西的另一边，正在形成另外一块东西，不是枪坯。这是一个备用弹夹。

　　在尼尔·斯蒂芬森的小说《钻石时代》（副标题是"一位年轻女士的看图识字初级读本"）中，也有对未来的类似幻想。这个故事中，纳米科技被用于艺术和娱乐，用于解决大众的温饱问题，用于"智能"迷雾之间的纳米战争，也被用于制作题目上说的那种智能和交互的"初级读本"。这里的初级读本是一个非常规的，革命性的技术奇迹，它能教会读者从神话，科学到武术之类的任何东西，以及在敌对环境下生存的各种技巧：

一页纸大约有十万纳米厚。这一长度能放下大约三十万个原子。智能纸由媒管之间夹着很多非常小的计算机网络构成。媒管是一种从一个地方走到另一个地方的时候，可以改变颜色的东西。两根媒管大约占纸张厚度的三分之二，它们之间的缝隙的宽度足够容纳十万个原子宽度的结构。光线和空气和容易进入这些缝隙，因此工作机构被安排在空泡内。空泡是没有空气的，有反射金属铝涂层的由原子构成的空心球壳，因而即使智能纸受到阳光照射，这些球也不会全部爆炸。原子球的内部形成某种理想的环境。里面有让纸变聪明的逻辑棒。每个这种球形计算机，通过一些柔软的连杆，与它周围东南西北四个方向的相邻计算机相连，这些连杆还连到一个柔软的、空心的原子管上，因而整张纸变成了一台由大约十亿个独立处理器构成的并行计算机。

纳米工程是约翰·海克沃思（John Hackworth）设计的初级读本比这种智能纸聪明很多倍。它是用一种"物质编译器"生产出来的。这种物质编译器从一条传送带上一次拾起一个原子，根据程序的要求，装配出所需要的结构。一个有大量纳米设备的世界，要求我们改变现在的思考方式：

航空器是指任何能待在空中的东西。这在现在很容易实现。计算机非常小。电源要强大得多。不制造出比空气轻的东西几乎是件困难的事情。非常简单的东西，比如包装材料（实际上也是被四处乱扔的垃圾），会飘来飘去，就像没有重量一样，而航空器的飞行员，在海拔十千米上空巡航的时候，已经非常习惯看见空的、被扔掉的购物袋从他们的窗口飘过（并可能被吸进他们的引擎）。

这种技术也有罪恶的一面。哈夫

图 13.7　尼尔·斯蒂芬森《钻石时代》小说的封面。小说的副标题是"一位年轻女士的看图识字初级读本"，指的是那本由大量奇迹般的纳米技术制造出来的智能读本，这一读本被小说中勉强能称得上是女主角的奈尔（Nell）获得

（Harv），小说中女主角奈尔的城市混混哥哥，向她解释为什么天空突然变成了铅灰色：

> "小虬，"他说："他们在跳蚤马戏团就那么叫这些小东西。"他捡起面具上一个黑色的小东西，用指尖一弹。出现了一团漂浮的灰尘，就像一杯水中的一滴墨水一样，在空中悬浮飘动，既不上升也不下降。灰尘中间出现了一些闪光，就像童话中的仙尘一样。"看，任何时候都有小虬存在。它们用闪光来互相交流，"哈夫解释说。"在空气中，食物中，水中，什么地方都有。原则上，这些小虬应该遵循某些规则，这些规则就叫协议。其中有一个协议规定，它们应该对不危害你的肺。如果你吸入了一个小虬，它应该自动分解成一些安全的碎片……但是总有些人有时会违反这些规定。那些不遵守协议的人。我想如果空气中小虬太多了，多到数以百万计，它们都必须在你的肺里面分解，这样也许那些安全的碎片也不安全了，如果真的数以百万计的话。但是不管怎样，跳蚤马戏团里的人说，有时候小虬们会互相争斗……这些灰尘，我们叫粉尘，实际上是那些小虬的尸体。"

那么这些情景究竟有多少真实成分？我们在第八章已经看到，纳米工程正在慢慢地变为现实，但是要达到这种复杂程度，显然还有很长的路要走。目前，我们还只处在获取对原子物质足够控制能力的初步阶段，有了这种能力，才能根据需要组装人造分子和其他纳米系统。要组装一个能够执行一段程序，或者对自己的环境进行某种控制的纳米系统，我们还需要做很多。在埃里克·304 德里克斯勒设想的分子纳米技术中，实现他的梦想所需要的最关键的要求是，能够建造一个"自组装系统"或者叫"组装器"———一个能够可靠地复制自己，和执行一个程序，建造指定纳米系统的纳米系统。向这个方向已经迈出了最初的几步，但是我们距离实现德里克斯勒的梦想还很遥远。当，或者如果，纳米技术达到了这一层次，德里克斯勒就可以看见一个没有饥荒，没有能源短缺，没有疾病的乌托邦世界，因为我们从任意原始材料出发定制食品，几乎不用什么代价就可以制造出微小的高效的光电单元，可以把微小的纳米外科机器人注入血液中以清除病细胞或病毒。当然，听起来实在太完美了，因此很难实现，也许这些的确会是一个毫无希望的梦想。但是这是一个值得去尝试的未来，而且，正如费曼在他1959年的演讲中所说，纳米技术是"进入物理新疆界的一份邀请"。四十年后，除了仍然为数不多的几位先驱物理学家的努力之外，

图13.8 K·埃里克·德里克斯勒和拉尔夫·C·梅克（Ralph C. Merkle）设计的两种宏观分子套筒轴承，他们两位是分子纳米技术最积极的倡议者。德里克斯勒幻想分子纳米技术的小说，《造物引擎》，出版于1986年，但是直到1991年德里克斯勒才从麻省理工学院获得博士学位。他就读的电子工程和计算机科学系认为，德里克斯勒的工作不属于自己学科，所以马文·明斯基（Marvin Minsky）把他招入了麻省理工学院著名的媒体实验室。虽然德里克斯勒认为，他对未来的设想还需要几十年的时间才能实现，他的合作者拉尔夫·梅克现在已经离开了施乐的帕洛阿尔托研究中心，转而为一家刚成立的纳米技术公司工作

费曼最初的邀请，和德里克斯勒的乌托邦梦想，仍然是振奋下一代科学家和工程师的巨大挑战。

科幻作品还有什么新概念？我们回到迈克尔·克莱顿的小说《时间线》，来结束这章的讨论。在《侏罗纪公园》（*Jurassic Park*）和《失去的世界》（*The Lost World*）两部作品中，迈克尔·克莱顿接受了基因工程概念的挑战。在《时间线》中他转向了量子远程传物和量子计算的概念。小说将未来的量子技术与时间旅行，和中世纪的历史揉合在一起，编出了一个引人入胜的故事。故事发生在新墨西哥的洛斯阿拉莫斯国家实验室附近，该实验室是现在量子密码学和量子计算方面研究最领先的研究中心之一。一家叫作国际技术公司（ITC）的刚成立的高科技公司，令人奇怪地资助英法百年战争历史的研究。场景在法国多尔多涅的发掘工地和新墨西哥的ITC总部之间不断切换。指导发掘的教授被召回ITC，会见公司总裁。在法国，有几天没有他的任何消息，突然他的学生发掘出了一个由他们的教授发出的，显然是来自中世纪的呼救信息！他的学生们很快飞回新墨西哥，组成一个营救小组，然后被送回到过去去营救他。ITC的经理们不得不向狐疑的学生们解释他们的新技术：

普通的计算机用电子的两种状态计算，这两种状态被定为0和1。所有的计算机都是通过操作0和1来工作的。但在二十年前，理查

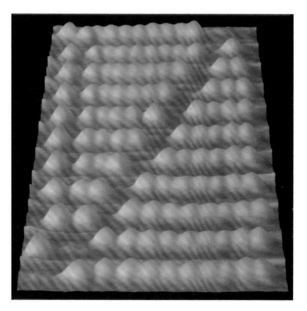

图 13.9 基姆·吉姆泽魏斯基（Jim Gimzewski）和他在 IBM 苏黎世的同事制作的一个分子算盘。"算盘珠"是布基球，即新发现的碳的一种稳定结构。算盘可以在室温下用 STM 来操作。虽然这是一项给人留下深刻印象的成就，但是与制造真正纳米尺度的计算机及别的装置相比，还有很大的距离

德·费曼提出，有可能利用电子所有的 32 个量子态来进行非常快速的计算。现在有很多实验室正在试图建造这样的计算机。它们的优点是难以想象的强大计算能力——强大到你可以用一道电子束描述和压缩一个三维的活体。就像使用传真那样。然后，你就可以将这束电子通过一个量子泡沫虫洞传送到另一个宇宙，并且将压缩的活体复原。这就是我们要做的。这不是量子输运，不是粒子纠缠，而是直接传送到另一个宇宙。

我们已经看到，量子计算正在变成事实，小规模的量子远程传物试验实际 306 上已经成功了。我们这里说的是从我们现有知识出发的合理外推，以一种听起来合理的方式加入有趣的量子技术——量子计算，量子输运，纠缠，量子多宇宙和虫洞等。书中有一个错误是"电子的 32 个量子态"的说法，但这种说法并 307 不会引起多少混乱。一部好的科幻小说的重要标志是，要能够前瞻不止一步。这里克莱顿不仅仅认识到了存储和压缩相当于一个人的信息量牵涉的巨大计算能力要求，也提出了解决这个问题的一个方法：

　　"……你将需要海量的并行处理，"戈登点头说，……"你把几台 308 计算机连在一起，把任务分配给它们，任务就能更快完成。一台大型

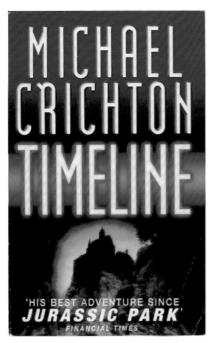

图 13.10　迈克尔·克莱顿的小说《时间线》的封面，这本小说将量子输运与时间旅行结合到一起。研究中世纪的考古学研究生被传到从前，去百年战争中的法国战场上营救他们的教授。作为科学根据，克莱顿的书中引用了戴维·多伊奇的《现实的结构：平行宇宙理论及其意义》(*The Fabric of Reality: The Science of Parallel Universes and Its Implications*)

图 13.11　一位艺术家想象中的未来"纽约量子传送局"。迈克尔·克莱顿在他的小说《时间线》中，设想了类似的时间旅行量子传送系统

并行计算机可能将16000个处理器连在一起。更大的，可能是32000个处理器。但是我们有320亿个处理器连在一起。"……戈登微笑着坐下。他看着等着他往下说的斯特恩。"进行这种处理的唯一可行办法，"斯特恩说，"是充分利用单个电子的量子特性。可是这就需要量子计算机。还没有人能够制造出量子计算机。"戈登只是笑了笑。"有人做出来了？"斯特恩问。

克莱顿也提到了量子计算的一个潜在问题。量子信息储存在脆弱的不同量子叠加态上，与普通的经典计算机一样，储存的信息可能有错误。在普通的计算机内存中，偶然出现的宇宙射线穿过存储器的时候，可能会意外地将一个随

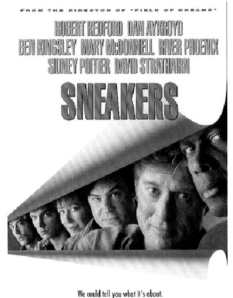

图 13.12 伦·艾德勒曼 (Len Adleman) 是洛杉矶的一位计算机科学教授,是 RSA 数据加密体系里面的 "A"。RSA 的依据是,分解非常大的数字在数学上是非常困难的。如果能够找到一个新的快速分解算法,或者建造一台量子计算机,这种 RSA 加密的数据就很容易受到攻击。在由罗伯特·瑞德福特 (Robert Redford) 主演的电影《通天神偷》 (Sneakers) 中,艾德勒曼被请来指导密码学。故事情节很多集中在偷取和争夺一个 "准量子计算机" 盒子的行动上

机的 1 变成 0 或者 0 变成 1。因此,计算机工程师们设计出了错误检测和恢复的方案,能够发现这种错误并且加以更正。对于量子计算机而言,出错误的可能性要多得多,虽然在原则上,这类错误是可以更正的。在时间中发出并回收一个像人类这么复杂的物体的时候,显然被传送的人的信息不能改变这一点非常重要。在研制他们的量子输运系统的时候,ITC 在处理这种 "传送错误" 方面并不完美,那只小猫威尔斯就是一个活生生的教训:

"威尔斯被分裂了," 克拉默对斯特恩说。"它是我们最早发回的几只测试动物之一。这是在我们知道在传送时应该使用水幕之前。它被分裂得很惨。"

"分裂?"

克拉默转过来对戈登说。"你什么也没有告诉他吗?" "当然我告诉他了," 戈登说。他对斯特恩说:"分裂意味着非常严重的传送错误。"

用 "传送错误" 这个词来轻描淡写地描述人命关天的肉体变形,使我们想

图13.13 汤姆·斯多帕德在他剧本《哈普古德》的封面上，引用了费曼的一句话："我们要讨论一个用经典方法不可能，绝对不可能解释的现象，这个现象的实质是量子力学。实际上它只有一点神秘之处……""量子力学的任何其他情况，最后总可以用这句话解释：'你还记得用两个洞试验的例子吗？这是一样的。'"在剧本中，克纳（Kerner），一个物理学家，双面或者三面间谍，对抓间谍的布莱尔说："你得到的是你审讯想得到的结果。"这使我们想起我们在讨论量子测量问题时碰到的情况

起了军队描述平民伤亡的"附带损害"这个词。总而言之，这些对量子计算的推测是《时间线》的一个令人兴奋的背景。很少有作家能像迈克尔·克莱顿那样，把不同的真正前沿科学研究结论集中到一起，并集成到一部充满睿智和丰富想象的科幻故事中去。他的这种能力在《掠食》（*Prey*）中也有很好的表现，这本书讨论了纳米科技与自适应智能间谍系统结合时，可能出现的危险不利因素。

结语

从我们的简单讨论中我们可以看出，虽然量子力学出现在很多当代的科幻作品中，但一般都不是故事的中心。不管怎样，量子跃迁和波粒二相性现在已经成为我们的日常词汇了，量子现象令人迷惑的本质甚至也已经成为一些小说和话剧的主题。在话剧《哈普古德》（*Hapgood*）中，作者汤姆·斯多帕德（Tom Stoppard）围绕双面间谍具有跟光一样的波粒二相性这一特点展开情节。里面的物理学家告诉抓间谍的人："双面间谍就像光一样。你得到的是你审讯

310

图13.14 在伦敦克特斯卢剧院（Cottesloe Theatre）首演的麦克尔·弗雷恩的话剧《哥本哈根》的节目单封面。话剧围绕一个真实的故事发生：海森堡的确在1941年到过哥本哈根，去会见玻尔，他们也的确讨论过原子武器的可能性。在他们发表的文集中，关于他们之间的谈话的内容，甚至会谈的地点，两人的说法都不一致。虽然海森堡并不是纳粹分子，也不同情纳粹，但是不容置疑的是，他认为德国赢得战争非常重要。根据斯蒂凡·罗森塔（Stefan Rozental）的说法，在那次会见中，海森堡说过"对丹麦、挪威、比利时和荷兰的占领是件不愉快的事，但是考虑到东欧那些国家，这是一次很好的势态发展，因为这些国家无法自己管理自己"。据报道，克里斯蒂安·穆勒（Christian Moller）回答道："到目前为止我们只知道是德国不能管理好自己"。战后，有人安排了海森堡与玻尔的再次会面，这次会见中，正如话剧中所说："两个人花了一个晚上，试图想起他们在1941年那次会谈中说了什么，但是却回忆不出来"。这显然是可以用海森堡的不确定性原理解释的一个例子

想得到的结果。"同样的对事实"真相"的探寻也出现在麦克尔·弗雷恩（Michael Frayn）最近的话剧《哥本哈根》（*Copenhagen*）中。这里，情节围绕纳粹占领下的哥本哈根，海森堡与玻尔之间的一次会见中，究竟发生了什么事情开展，海森堡是留在德国为纳粹工作的著名量子物理学家，玻尔是海森堡量子理论方面的导师。但是在这些话剧中，量子力学其实仅仅是被当成人与人之间复杂关系的一个比喻。在伯尔，斯蒂芬森和克莱顿的小说中，我们的整个未来都被量子技术控制。21世纪我们将看到，生物信息学和基因工程都会有巨大发展。同样，只要纳米技术梦想的一部分得到实现，很可能我们未来的工程师就会成为真正的"量子工程师"。物理学家保罗·戴维斯下面的话并不是没有根据的：

311

十九世纪是机器时代，二十世纪将会作为信息时代写进历史。我相信二十一世纪将会是量子时代。

Epilogue 尾声

　　一位诗人曾经说道"整个宇宙存在于一杯葡萄酒中"。我们也许永远也不会知道,他这么说是什么意思,因为诗写出来就是为了让人看不懂的。但是的确,当我们只要足够近地观察一个酒杯,我们就能看到整个宇宙。这些是物理的东西:流动的液体根据风和天气的状况蒸发,玻璃会反光,我们的想象中加进了原子。玻璃是从地球岩石中提取出来的,从它的成分中我们可以看到宇宙年龄的秘密和恒星的演化。酒里面有些什么奇怪的化学物质? 它们是怎么来的? 里面有酵母,有酶,有沉淀物,还有酒本身。通过酒我们还发现了一条伟大的普遍规律:所有的生命都是发酵作用。发现了酒里面的各种化学反应之后,谁都会发现很多疾病的成因,就像路易斯·巴斯德(Louis Pasteur)那样。红葡萄酒的颜色多么鲜艳呀,它的存在渗入了观察它的人类意识! 如果我们卑微的意识,为了自己的某些方便,将这杯酒,整个宇宙,区分为很多部分:物理学,生物学,地理学,天文学,心理学,等等,那么请记住大自然并不知道这些东西! 因此让我们把所有的东西都放回到一起,记住最终它是用来干什么的。让我们给自己一个最后的快乐:喝下去,忘掉它!

——理查德·费曼

术　语　表

323

alpha particle，	阿尔法粒子：氦原子核，由两个质子和两个中子构成。在阿尔法放射性衰变中，一个不稳定的原子核放出速度很快的阿尔法粒子。
amplitude，	振幅：波动离开平均位置的最大位移。振幅决定了波的能量。振幅大的波比振幅小的波能量大，这是显然的，我们可以比较风暴中的海洋和平静的水面。（概率振幅见 probability，概率振幅词条。）
angular momentum，	角动量：一个系统中旋转运动量的衡量。对于孤立系统，角动量是守恒的。量子理论中，角动量是量子化的。
antiparticle，	反粒子：与相关粒子质量相同，但是"电荷类"性质相反的粒子。当一个粒子与它的反粒子遭遇的时候，它们湮灭成为能量。例如，尽管中子不带电荷，但它也有一个反粒子，即反中子，因为中子有一个属性，对应于宇宙中重子总数的守恒。所以反中子的"重子数"与中子相反。
atom，	原子：一个原子核加束缚在周边的电子云。正常的原子是电中性的，是化学元素中最小可以区分的单位。
baryon，	重子：相互作用很强的费米子，如中子或质子。重子由三个夸克组成。
beta decay，	贝塔衰变：一个中子（或质子）改变成一个质子（或中子）并放出 个电子（或正电子）的放射性衰变过程。放出的电子叫作贝塔粒子。贝塔放射性衰变由弱相互作用控制，并且总是会放出一个反中微子（或中微子）。
Big Bang model，	大爆炸模型：这一模型提出宇宙开始与某一确定的时间（大约150亿年前）。早期的宇宙极端炽热、致密，但随着宇宙的持续膨胀不断冷却。宇宙的膨胀表现为星系的退却。
bit (and byte)，	位（与字节）：数据的最小单位，一个二进制位可以是0或者是1。"bit"这个词是"binary digit"（二进制数）的缩写。一个字节包含八个数据位。
black hole，	黑洞：一种引力控制了其他所有作用力的天体，它坍缩成为一个奇点，其中所有已知的物理定律都被破坏。当光或者其他任何物质进入奇点附近的一个临界区域后，永远都不能逃出来，这个临界距离就叫史瓦希半径。这一属性正是它的名字"黑洞"的来历。

324

Bose-Einstein condensate，	玻色-爱因斯坦凝聚：一团非常冷的稀薄原子气，因为温度非常低，以至于所有的原子以统一的量子方式运动，就像一个整体。
boson，	玻色子：一种粒子，它的特点是，任意数目的相同粒子可以占据同一量子态。力的媒介粒子如光子，胶子，都是玻色子。由偶数个"类物质"的费米子组成的复合粒子，比如⁴He（两个质子、两个中子和两个电子），也是玻色子。
brown dwarf，	褐矮星：一种"不成功"的恒星，质量比所有的行星都大，但是又不足以大到点燃其核心氢的聚变反应所需要的质量。
charmed quark，	粲夸克：一种夸克类型，跟"上"夸克一样电荷数等与质子的2/3，但是有一个额外的量子数"粲数"，粲数在强相互作用中守恒，但是在弱相互作用中不守恒。
classical theories，	经典理论：量子理论和相对论以前的物理学，通常指牛顿力学，电磁学和热力学

276

的主要理论。

colour charge，色荷：色荷是夸克和胶子拥有的一种荷。在量子色动力学（QCD）中，色荷引起夸克（和胶子）之间的相互作用力。在经典电磁理论中，普通电荷的作用与QCD中的色荷类似。

conservation，守恒：当某种量的总数总是保持为一个常数，我们就说它是守恒的。例如，孤立系统中的总能量是守恒的。

Copenhagen interpretation，哥本哈根诠释：对量子力学的正统诠释，它认为，使用"经典装置"的测量过程导致量子波函数坍缩到观察到的结果。

cosmic rays，宇宙射线：从地外粒子源过来的高能粒子。有些能量较低的宇宙射线无疑是从太阳来的，但是非常高能量的宇宙射线的来源至今还在争论之中。

325

dark matter，暗物质：天文学家们在估算星系中物质数量时发现，有些物质以暗物质的形式存在，不出现在照片上。暗物质是什么？这个问题是现在粒子物理和宇宙学的一个主要难题。

decoherence，退相干：一种认为量子体系永远也不能与周围环境完全隔绝的理论。这一理论提出了一个关于量子测量问题的解释，它认为，与环境的耦合引起量子振幅脆弱的相位关系很快消失。

deuterium，氘：氢的一种同位素，原子核中含有一个质子和一个中子。

down quark，下夸克：最轻的夸克，电荷数等与质子的-1/3。

Doppler effect，多普勒效应：到达波动接收器的波长随着波源与接收器相对运动速度不同而变化的现象。波源与接收器相互远离时，多普勒位移引起波长增加，相互接近时，波长减小。

Einstein-Podolsky-Rosen paradox (EPR)，爱因斯坦-波多尔斯基-罗森佯谬：一个著名的"思维实验"，它强调了在量子力学中，快速远离的量子客体之间存在"比光还快"的联系这样一种佯谬。约翰·贝尔将EPR的提议转变成在实验上可以检验的一个不等式，并为我们理解量子力学的本质提供了有益的暗示。

electromagnetic radiation，电磁辐射：见附录一。

electromagnetism，电磁作用：带电粒子相互作用时出现的，大自然最基本的几种力之一。将原子束缚在一起的电子和质子之间的电吸引力，就是电磁力的一个例子。

electron，电子：带负电荷的基本粒子，不参加强相互作用（与原子核）。电子是所有原子的组成部分，它们围绕中心的原子核运行，是原子的大小、强度和化学性质的来源。与原子核相比，电子非常轻。

electron-volt (eV)，电子伏特：与电子在原子中的束缚能差不多的一个能量单位。一个电子伏特是从一个一伏特的势阱中恰好把电子移出来所需的能量。

electroweak theory，电弱理论：统一电磁相互作用和核内弱相互作用的理论。在通常能量条件下，这两种力的相互关系不明显。在高能情况下，例如宇宙早期占统治地位的能量条件下，这两种力以同一种电弱力存在。

326

elementary particle，基本粒子：没有内部结构的粒子，是构成物质的最基本砖块。目前，夸克和轻子（电子、中微子等）被认为是基本粒子。

energy，能量：能够做事情的能力。能量的总量是守恒的，虽然它们可以转化成别的形式，例如电势能和动能。

exclusion principle (Pauli)，（泡利）不相容原理：两个费米子不能拥有同样的量子数。这一原理应用于原子中的电子，就能解释元素的周期性。

fermion，费米子：基本的"类似物质"的粒子，或者任何由单数基本费米子组成的复合粒子。因此，电子和夸克是费米子，质子和中子也是，因为它们含有奇数（3）个夸克。所有的基本费米子自旋为1/2。

Feynman diagram, 费曼图：一种将一个量子过程分解为简单项之和，并分别计算其对量子振幅贡献的图示表达方法。费曼的贡献是，为图中每一振幅成分的计算给出了确定的规则。

field, 场：平滑地在某一空间延展的任意量。场常与粒子相对，通常认为粒子的位置是确定的，而不是在空间中延展。

fission, 裂变：大原子核变成两个差不多的中等大小原子核的过程，可能还会释放出一些小的碎片。通过将中子射入某些原子核，可以引发这些原子核的裂变，这正是核反应堆的基本原理。

flavour, 味：区别夸克不同种类的一个属性，即上夸克、下夸克、奇异夸克、粲夸克、底夸克和顶夸克。轻子也有味属性，区分不同类型的轻子（电子、μ子，等等）。

force, 力：引起某个物体运动状态变化的任何东西。共有四种基本力：引力，弱力，电磁力和强力。

frequentcy (f) of a wave, 波的频率：一秒钟内通过某一特定点的波峰的数目。在量子理论中，量子粒子的能量与量子波的频率成正比。

327

fusion, 聚变：任何一种由两个或者更多原子核聚合在一起的核反应，形成的原子核中的中子数加质子数比任何一个反应初态原子核都多。氢聚变形成氦的核反应是太阳的能量来源。

galaxy, 星系：在一个空间区域中超过1000万颗恒星的聚集结构，与别的这种类型的聚集结构相隔很远。我们的太阳是构成我们银河系的2000亿颗恒星之一。

gamma ray, 伽马射线：能量很高的光子。

gauge theory, 规范理论：电磁理论是最简单的规范理论。在规范理论的公式表达中，电磁场是根据带电粒子的量子波函数在两个不同时空点之间的相位差不可测量这一要求而出现的。同样的方法也可以应用于关于弱相互作用的理论，和夸克之间的色力（QCD）。

gluon, 胶子：与夸克之间"色"力有关的量子粒子。

Grand Unified Theory (GUT), 大统一理论：一个认为电弱力与强力相关的理论。这一想法与电弱理论统一的想法类似，它认为这两种力之间的联系是比较隐蔽，除非能量很高，远远超出现在可以想象的加速器能达到的量级。

ground state, 基态：一个量子系统（比如一个原子）的基态是它能量最低的状态（用波函数表示）。系统处于任何其他能量值的状态叫作激发态。

hardon, 强子：任何能参与强相互作用的粒子。强子分为介子和重子。因此，π介子是介子，质子是重子，二者都是强子。

half-life, 半寿命，半衰期：某一特定放射性元素样品中，一半放射性原子完成变化所需要的时间。

Hall effect, 霍尔效应：磁场中的载有电流的导体或者半导体在垂直电流的方向产生电压差的现象。在很低的温度下，霍尔电压是量子化的，叫作"量子霍尔效应"。

Higgs particle or boson, 希格斯粒子或玻色子：由格拉肖、萨拉姆和温伯格在电弱理论中预言的一种假想性粒子，理论要求它们为 W 和 Z 粒子带来质量。

hydrogen, 氢：最轻的化学元素。普通氢的原子核就是一个质子。

328

ion, 离子：一个电子数不等于质子数的原子。一个通常的原子是电中性的，因为原子核中质子的正电荷被周围同样数目的带负电荷的电子恰好抵消掉。

interference, 干涉：波的一种特性，两列重叠的波的总高度等于两列单独的波高度的和。例如，如果两列相同的波遭遇，一列波的波峰位置是另一列波的波谷位置，这两列波在这点互相抵消，这叫作相消性干涉。在别的情况下，干涉可以增强波动幅度。

insulator，　绝缘体：导电性很差的材料。

isotope，　同位素：某一指定元素中，质子数相同中子数不同的核素叫同位素。

kaon (K-meson)，　K介子：一种奇异介子。

kinetic energy，　动能：物体运动产生的能量。

lambda (Λ)，　Λ粒子：一种奇异重子。

laser，　激光器：一种利用受激辐射产生相干光的装置。构成相干光的单个"光子波"统一振荡和传播，相当于一个等效的单一电磁波。

lepton，　轻子：像电子和中微子一样的费米子，不受强相互作用影响。

light year，　光年：光在一年内传播的距离。用我们更熟悉的单位表示，大约是十万亿千米。银河系中我们附近的恒星之间的距离大约是几个光年。

magnetic moment，　磁矩：一个磁体可以被看作是一对距离很近的磁北极和磁南极。磁矩是描述磁体在磁场中受力大小的一个量。

magnetic monopole，　磁单极：一种假想粒子，是单个孤立磁极。

Many Worlds interpretation，　多宇宙理论：一种认为对量子体系的测量引起宇宙分裂成多个宇宙的理论，这些宇宙对应实验的所有可能结果，但是各宇宙之间没有任何相互作用。

measurement problem，　测量问题：理解一个对应很多可能结果的量子波函数如何"坍缩"到一个确定状态的问题。坍缩不由薛定谔方程控制，为了解答这个问题，提出了很多可能的方案（见哥本哈根诠释，退相干和多宇宙理论）。

meson，　介子：任何参与强相互作用的玻色子。所有的介子都是不稳定的，是一个夸克和一个反夸克的束缚态。

metal，　金属：一种材料，是热和电的良导体，有光泽（光的良好反射体）。在金属中，大量电子可以在整块金属中自由运动。

molecule，　分子：两个或者更多原子的束缚态。

momentum，　动量：一种运动量的度量，定义为质量乘以速度。在没有外力的情况下，一个体系的动量是守恒的。

Moore's law，　摩尔定理：英特尔公司的奠基人之一，戈登·摩尔做的一项预言。他预言芯片中晶体管的数目以及芯片的性能每18个月翻一番。这个"定理"在过去的30年内都是成立的，但是，与真正的物理定理不同，随着芯片的最小特征尺寸逐步接近原子大小，它最终会失效。

muon (μ)，　μ子：一种与电子类似的轻子，但是比电子重200倍。μ子不稳定，很快衰变成一个电子和一对中微子。

nanotechnology，　纳米技术：使用小于约100纳米的装置的技术。这种尺度下的装置比我们熟悉的宏观物体小得多，必须同时遵守经典和量子物理定律。

neutral current，　中性流：参与作用的粒子电荷不变的弱相互作用。

neutrino，　中微子：电中性的轻子。中微子只参与弱相互作用（和引力作用），因此（低能状态下）穿透能力极强。中微子有三种，分别是电子中微子，μ子中微子和τ子中微子。

neutron，　中子：电中性的重子，质量与质子差不多。中子与质子一道，是原子核的组成部分。

neutron star，　中子星：几乎完全由中子构成的天体，直径大约为16千米（10英里），质量大致与太阳相当。一般认为中子星是超新星爆炸的产物。

nucleus，　原子核：原子的致密核心，由中子和质子被强力束缚在一起组成。

nuclear reaction,	核反应：原子核之间的相互碰撞，导致质子和中子的重新分布，碰撞后产生不同的原子核。
omega minus (Ω⁻),	Ω⁻粒子：由三个奇异夸克组成的，质量最小的重子。
particle,	粒子：像子弹一样，任意瞬间都有一个确定位置的小物体。一个量子物体有时候像粒子一样，但有时候又更像一列波。在这本书中，我们也用这个词描述各种有确定性质的量子物体，比如光子和电子。
periodic table,	周期表：按照原子核中质子数目递增排列的不同种类的原子（元素）组成的表。物理性质与化学性质类似的原子成规律地出现，被安排在同一列中（图6.1）。
phase,	相位：经过一个特定点的一列波会上下运动。在任意时刻任意位置，波动的状态由相位决定。当一个波长通过的时候，运动完成一个周期，这提示我们相位可以用角度衡量，360度对应一个周期。当两列波的波峰重合的时候，我们说这两列波同相，否则我们说它们之间有相位差，即它们之间的运动状态有差别。
photon,	光子：与光波，或者更普遍地说，电磁辐射对应的量子粒子。
Planck's constant (h),	普朗克常数：量子力学的基本常数。
plasma,	等离子体：离子和电子的混合物。在恒星的内部，普通的离子无法存在，等离子体由原子核和电子组成。
pion (pi-meson or π),	π介子：最轻的介子。它有三种，所带电荷分别是 +1，0 和 -1 乘以质子所带的电荷。
polarization,	极化，偏振：偏振光是指一束电场方向只沿一个方向振荡，或者围绕运动方向旋转的光。在量子层次，一个光子可以处在两个偏振状态之一，这两个偏振状态对应质量为0，自旋为1的量子粒子的两个自旋状态。
position,	正电子·电子的反粒子，带正电。
potential energy,	势能：一个体系因为它的位置或者状态所具有的能量。例如，地球（或者其他大质量物体）上面一个物体的高度决定了它的引力势能。
probability,	概率：一个表示某一事件发生可能性的数字。量子理论具有内禀的不确定性，因此概率是量子力学的描述的本质。所有可能的量子结果都有一个数字与它对应，叫量子概率振幅。这个数字的平方是事件发生的概率。
proton,	质子：电荷与电子相反，但是质量比电子大1836倍的粒子。质子参与强相互作用，在原子核中跟中子结合在一起。普通氢的原子核就是一个质子。
proton-proton cycle,	质子-质子循环：恒星内部发生的一系列核反应，总效果是把氢转变成氦。这一循环是太阳中能量产生的来源。
pulsar,	脉冲星：快速周期变化的射电源，相信是由旋转的中子星产生的。
QCD (quantum chromodynamics),	量子色动力学：关于夸克与胶子之间相互作用的量子理论。夸克和胶子带有一种与电荷类似的"荷"，叫作"色荷"（虽然它与我们平常熟悉的颜色概念毫无关系）。
QED (quantum electrodynamics),	量子电动力学：关于电磁相互作用的量子理论。
quantized,	量子化的：在一个特定系统中，只能取某些特定分立值的一个物理量，叫作量子化的物理量。因此，考虑到氢原子中只有某些分立的能级，我们说氢原子的能量是量子化的。
quantum dot,	量子点：一种量子"纳米电路"，其中电子被限制在一个很小的区域。限制区域可以做得非常小，产生可以观测的能量量子化，从而成为一个准"人造原子"。
quantum number,	量子数：一个说明量子系统状态的整数或半整数，或者数的集合。例如，氢原子的量子化的能级由一个含有一个正整数项的数列表示，这个数列从 n = 1 的基态开始。
quark,	夸克：一种基本粒子，被认为是构成强子物质如质子和π介子的基本砖块。夸克

331

带有一个分数电荷。

quasar (quasi-stellar object)，　类星体：一种类似恒星的天体，有很大的红移。如果红移是由宇宙的哈勃膨胀引　332
起的，那么类星体从一个不比太阳系大多少的中心区域内辐射出来的能量，大约
是常规星系的 100 倍！在大多数关于类星体的理论中，都包含巨大的黑洞。

qubit，　量子位：量子信息的基本单位。在一个两态量子系统中，一个量子位可以对应一
个经典位如 1 或者 0，或者二者的量子叠加。

radioactivity，　放射性：某些原子核的自发解体，辐射出阿尔法、贝塔或者伽马射线。

rectifier，　整流器：一种电子元件，允许电流往一个方向流动，但是不允许往相反方向流动。

red shift，　红移：接收到的光的波长，与光发射出来的时候相比，朝光谱红色方向偏移的现
象。红移最常见的原因是光源朝远离接收器的方向运动的多普勒效应。

refraction，　折射：光或者其他电磁辐射从一种透明介质进入另一种介质时，传播方向发生改
变的现象。

Relativity，　相对论：爱因斯坦关于时空的基本理论。狭义相对论是关于惯性系统的理论。广
义相对论适用于非惯性系统，也是一套引力理论。

Schrödinger's cat，　薛定谔的猫：一个思维实验，实验中一只猫被关在一个箱子里，箱子中有一个量
子过程有 50% 的机会导致它被杀死。这里强调了量子力学的测量问题，因为猫必
须以一种死和活态的叠加形式存在，直到打开箱子，观测到它的状态。

Schrödinger's equation，　薛定谔方程：量子力学的基本方程，描述在一个势中粒子的行为。

semiconductor，　半导体：传导电流的能力居与金属和绝缘体之间的一类材料，随温度升高，半导
体的导电能力将增加。

spin，　自旋：粒子的一种基本性质，相当于内禀角动量。

spontaneous emission，　自发辐射：一个孤立原子（或者其他量子体系）从一个激发态跃迁到低能量态，
并放出一个光子的过程。

Standard Model，　标准模型：关于粒子物理的已被大家接受的理论，也就是关于夸克强相互作用的　333
量子色动力学，和关于电磁力和弱力的电弱理论。

strangeness，　奇异数：强子的一种属性，在强相互作用中守恒，但是在弱相互作用中被破坏。
它与奇异夸克有关。

string theory，　弦论：基于大多数基本物理实体不是点粒子，而是像弦一样的一维物体这样一种
想法的一套理论。这种理论吸引人之处在于，它们为自洽的量子引力理论，和自
然界所有四种基本力的统一带来了希望。

strong interaction (force)，　强相互作用（力）：将原子核束缚住的力，同样也是强子之间相互作用的力。强
力是夸克间"色"力的剩余相互作用。

superconductor，　超导体：在某个临界转变温度下电阻消失的一种材料（通常是一种金属或者合金）。

superfluid，　超流体：在某个临界温度下，流动没有阻力，导热率很高的一种流体。

supernova，　超新星：一种规模极其巨大的恒星爆炸，在大约一个月的时间内，放出的能量大约
跟整个星系相当，然后逐渐消失。爆炸之后可能留下一个中子星或者一个黑洞。

supersymmetry，　超对称性：一种新型的对称性，要求把费米子换成玻色子或者反过来的时候，基
本理论的方程不变。这一假说意味着，我们熟悉的各种粒子应该有很多还没有发
现的超对称伙伴，即"超对称粒子"。根据这一理论，光子的费米子伙伴就叫
"超光子"(photino)，夸克的玻色子伙伴就叫"超夸克"(squark)！

temperature，　温度：热的度量。如果互相接触的两个物体温度不同，热会从高温物体流入低温物
体。一个物体的温度是物体中所有原子（或者其他成分）平均动能的一种度量。

transistor，　晶体管：一种半导体器件，上面两个极之间的电流可以被第三个极上加的电压控
制。

281

	tunneling,	隧道效应：量子物体能够通过经典能量禁止区域的现象。
334	uncertainty principle (Heisenberg),	（海森堡）不确定性原理：如果一个实验能够以某一精度(Δx)确定粒子的位置，那么自动导致能量的不确定度比Δp大，Δp由$\Delta x \Delta p$大于与普朗克常数有关的某一个最小值决定。同样的原理也适用于能量和时间测量的不确定性中。
	up quark,	上夸克：最轻的夸克，电荷等于质子电荷的2/3。
	virtual particle,	虚粒子：违反能量守恒定理的一种粒子，只在很短的时间内存在，以保证不违反能量-时间不确定性原理。
	W particle,	W粒子：大质量的带电粒子，与电中性的Z粒子一起，是弱相互作用的媒介粒子，就像光子是电磁相互作用的媒介粒子一样。
	wave motion,	波动：任何一种振荡或者移动的扰动，在任意瞬间都在向一个空间传播。最简单的波是一种周期的上下扰动。两个相邻波峰之间的距离叫作波长。
	weak force,	弱力：基本相互作用的一种。弱力与贝塔衰变和有中微子参加的任何相互作用都有关系。
	white dwarf,	白矮星：一种致密的残留恒星，这种恒星的典型质量与太阳差不多，但是大小与地球差不多。这种恒星因电子的泡利原理支撑，不致继续坍缩。这种恒星仍然很热，但是在不断冷却。
	X-rays,	X射线：电磁辐射或者光子的相对能量较高的形式。
	Z particle,	Z粒子：与弱相互作用相关的电中性大质量玻色子。
	zero-point motion,	零点运动：由于海森堡不确定性原理，绝对零度下原子的振动。
	Zeeman effect,	塞曼效应：原子处于磁场中时，一条光谱线分裂成两条或者更多条谱线的现象。

引文来源

序言

第 xiii 页："诗人们说……(Poets say …)"，Richard Feynman, *The Feynman Lectures on Physics*, Vol. 1, Ch. 3, p. 6 (Addison-Wesley 1966)

第 ix 页："最后，请允许我……(Finally, may I add …)"，Richard Feynman, *The Feynman Lectures on Physics*, Vol. 3, Epilogue (Addison-Wesley 1966)

第一章

第 1 页："……我想我可以相当有把握地说，没有人理解量子力学。(… I think I can safely say that nobody understands quantum mechanics)"，Richard Feynman, *The Character of Physical Law*, Ch. 6 (MIT Press 1967)

第 6 页："有人也许想说，父亲汤姆森因为发现电子是粒子而获得了诺贝尔奖，而儿子汤姆森（也应该）因为发现电子是波而获奖。(One may feel inclined to say that Thomson, the father, was awarded the Nobel Prize for having shown that the electron is a particle, and Thomson, the son, for having shown that the electron is a wave.)"，*The Philosophy of Quantum Mechanics* by Max Jammer, Wiley, New York 1974, p. 254

第二章

第 17 页："一个哲学家曾经说过……(A philosopher once said …)"，Richard Feynman, The Character of Physical Law, Ch. 6 (MIT Press 1967)

第 18 页："白球……(The white ball …)"，George Gamow, *Mr Tompkins in Paperback*, Ch. 7 (Cambridge University Press 1965)

第三章

第 35 页："我们从什么地方……(Where did we get …)"，Richard Feynman, *The Feynman Lectures on Physics*, Vol. 3, Ch. 2, p. 12 (Addison-Wesley 1966)

第 35 页："可能有点被……(probably a bit stunned …)"，Louis de Broglie in a letter to A. Pais, August 9, 1978.

第 35 页："我相信这是揭开……(I believe it is a first ray …)"，Albert Einstein in a letter to H. A. Lorentz, December 16, 1924.

第 37 页："理查德爵士正准备射击……(Sir Richard was ready to shoot …)"，George Gamow, *Mr Tompkins in Paperback*, Ch. 8 (Cambridge University Press 1965)

第 42 页："Three quarks for Muster Mark"，James Joyce, *Finnegan's Wake*

第四章

第 47 页："原子根本不可能存在……(Atoms are complete impossible …)"，Richard Feynman, *The Feynman Lectures on Physics*, Vol. 3, Ch. 2, p. 6 (Addison-Wesley 1966)

所有索引的页码为原文页码，译文中有原文页码标志。本章用到的人名，书名，出版社名，章节名等，为了便于参考检索，不再翻译。引文内容列举汉英对照。ibid 是同上的意思。——译者注

第48页：“这是我一生中见过……(It was quite the most …)”，Ernest Rutherford, quoted in *The Evalution of the Nuclear Atom* by G. K. T. Conn and H. D. Turner (American Elsevier 1965)

第52页：“什么事情都清楚了(Everything is clear)”，Niels Bohr, quoted in *What Little I Remember* by Otto Frisch, Ch. 2 *Atoms* (Cambridge University Press 1979)

第70页：“此时此刻，……(Here, right now …)”，Hans Dehmelt in Atomic Physics, 1984

第71页：“这个基本粒子……(The well-defined identity …)”，Hans Dehmelt in Science, 247, 1990

第五章

第73页：“在量子力学中，……(It is possible …)”，Richard Feynman, *The Feynman Lectures on Physics*, Vol. 3, Ch. 8, p. 12 (Addison-Wesley 1966)

第81页：“那是在一个晚上……(Measuring at night …)”，Gerd Binnig and Heinrich Rohrer, *Reviews of Modern Physics*, July 1987

第81页：“距离的变化……(a change in the distance …)”，Gerd Binnig and Heinrich Rohrer, quoted in Nano! by Ed Regis, Ch. 11 (Bantam Press 1995)

第81页：“我们的显微镜……(our microscope …)”，同上

第81页：“我忍不住不断……(I could not stop looking …)”，Gerd Binnig and Heinrich Rohrer, *Reviews of Modern Physics*, July 1987

第88页：“如果实验中，……(If alpha particles …)”，Ernest Rutherford, Philosophical Magazine 37, 581 (1919); quoted in *From X-Rays to Quarks* by Emilio Segre (W. H. Freeman and Co., 1980), p. 110

第90页：“柯克克罗夫特和沃尔顿……(Cockcroft and Walton …)”，Ernest Lawrence, *Lawrence and Oppenheimer* by Nuell Pharr Davis, Cape 1969 p. 45

第90页：“这就是物理学家……(That's what physicists …)”，James Brady, ibid., p. 45

第103页：“每一个在 ……(that every miner …)”，quoted in *The Physics of the Atom* by M. R. Wehr, J. A. Richards and T. W. Adair (Pearson Education 1984)

第六章

第107页：“正是因为电子……(It is the fact …)”，Richard Feynman, *The Feynman Lectures on Physics*, Vol. 3, Ch. 2, p. 7 (Addison-Wesley 1966)

第109页：“当一个人想起……(How can one avoid …)”，Wolfgang Pauli, quoted in *From X-Rays to Quarks* by Emilio Segre, Ch. 7 (W. H. Freeman and Co., 1980)

第109页：“我很久以前就……(I have already sent …)”，Paul Ehrenfest, quoted in *Quantum Profiles* by Jeremy Bernstein (Princeton University Press 1991)

第124页：“这一研究项目的总目标是尽可能完整地理解半导体的各种性质，不是依靠经验公式，而是基于最根本的原子理论。(The general aim of the program was to obtain as complete an understanding as possible of semiconductor phenomena, not in empirical terms, but on the basis of atomic theory.)”，John Bardeen, *Nobel Lectures, Physics 1942–1962*, Elsevier Publishing Company, Amsterdam, 1967, p. 319

第126页：“随着晶体管的出现……(With the advent of the transistor …)”，G. W. A. Dummer, *Electronic Components in Great Britain* 1952

第七章

第131页：“……一定存在某种……(… there are certain situations …)”，Richard Feynman, *The Feynman Lectures on Physics*, Vol. 3, Ch. 21, p. 1 (Addison-Wesley 1966)

第134页：“关于辐射的……(A splendid light …)”，Albert Einstein in a letter to M. Besso, 6 September 1916; *Albert Einstein–Michele Besso Correspondence 1903–1955*, edited by P. Speziali (Hermann 1972) p. 82

第134页：“作为一个凡人我最崇敬……(What I most admired …)”，Albert Einstein in a letter to V. Besso, 21 March 1955; *Albert Einstein–Michele Besso Correspondence 1903–1955*, edited by P. Speziali (Hermann 1972) p. 37

第140页：“如果他觉得……(… if he thought …)”，S. N. Bose in a letter to A. Einstein, 4 June 1924; quoted by

Abraham Pais in his book *Subtle Is the Lord* (Oxford University Press 1982), p. 423

第140页：“……一个重要的进展 (⋯ an important advance)”，ibid., p 423

第141页：“温度低到一定……(from a certain ⋯)”，Albert Einstein in a letter to P. Ehrenfest 29 November 1924

第141页：“理论很有意思……(The theory is pretty ⋯)”，Albert Einstein in a letter to P. Ehrenfest 29 November 1924

第142页：“如果把烧杯……(If the beaker ⋯)”，Kurt Mendelssohn, quoted in *Quantum Physics of Atoms*, Molecules, Solids, Nuclei, and Particles by R. Eisberg and R. Resnick (John Wiley & Sons, Inc. 1974) p. 439

第八章

第157页：“我们在理解……(We have always ⋯)”，Richard Feynman, *Simulating Physics with Computers* (International Journal of Theoretical Physics, 21 1982); reprinted in Feynman and Computation, edited by Tony Hey (Perseus Books 1999)

第159页：“他［上帝］不掷骰子 (He [God] does not play dice)”，Albert Einstein, in a letter to Max Born, 1926, in *The Born-Einstein Letters* edited by I. Born (Walker 1971)

第159页：“规定上帝……(⋯ to prescribe to God ⋯)”，Niels Bohr quoted by W. Heisenberg in *Physics and Beyond*, (Harper and Row 1971) p. 81.

第160页：“有一个好机会……(There is one lucky break ⋯)”，Richard Feynman, *The Feynman Lectures on Physics*, Vol. 1, Ch. 37, p. 1 (Addison-Wesley 1966)

第164页：“海森堡划分(Heisenberg split)”，John Bell, ‘Quantum mechanics for cosmologists’ in *Quantum Gravity* 2, edited by C. Isham, R. Penrose and D. Sciama (Oxford, Clarendon Press 1981); reprinted in Speakable and Unspeakable in *Quantum Mechanics* (Cambridge University Ress 1986) p. 123

第164页：“不明确的边界(shifty boundary)”，John Bell in the Preface to Speakable and Unspeakable in *Quantum Mechanics*, p. viii

第164页：“波动量子态(wavy quantum states)”，John Bell ibid., p. viii

第164页：“烂的(rotten)”，John Bell, in conversation, quoted in *Quantum Profiles* by Jeremy Bernstein (Princeton University Press 1991)

第164页：“测量不仅仅……(Observations not only ⋯)”，Pascual Jordan; quoted by Max Jammer in T*he Philosophy of Quantum Mechanics*, (Wiley 1974) p. 161

第165页：“整个公式体系……(The entire formalism ⋯)”，Niels Bohr, from *The Philosophy of Quantum Mechanics* by Max Jammer

第165页：“本来就不存在……(There is no quantum ⋯)”，quoted by Aage Petersen, *Bulletin of the Atomic Scientists*, (September 1963) p. 8

第165页：“在与原子有关……(In the experiments ⋯)”，Werner Heisenberg; quoted in *The Quantum World* by J. C. Polkinghorne (Longman 1984)

第165页：“月亮是不是……(Does the Moon only exist ⋯)”，Albert Einstein, quoted by Abraham Pais in *Reviews of Modern Physics*, 51, 907 (1979); *see also Subtle is the Lord* by Abraham Pais p. 5

第166页：“就像我们已经……(While we have ⋯)”，Albert Einstein, Boris Podolsky and Nathan Rosen, ‘Can quantum-mechanical description of physical reality be considered complete?’, *Physical Review* 47, 777, 1935

第166页：“幽灵般的，超距（spooky，action-at-a-distance）”，Albert Einstein; quoted in ‘spooky actions at a distance’, in *The great Ideas Today* (Encyclopedia Britannica Inc. 1988); reprinted in Boojums *All the Way Through* by N. David Mermin (Cambridge University Press 1990); *Born-Einstein Letters*, p. 158

第168页：“爱因斯坦和玻尔……(Einstein and Bohr ⋯)”，John Bell in conversation with Tony Hey at CERN in 1974

第173页：“如果真的有……(If all this ⋯)”，Erwin Schrödinger; quoted by Werner Heisenberg in *Physics and Beyond* (Harper and Row 1971) p. 73

第173页：“一只猫被关在……(A cat is penned up ⋯)”，Erwin Schrödinger; *Naturwiss*, 23 (1935); English translation by J. D. Trimmer, 124, 323 (1980)

第174页："对整个世界的传统……(The traditional description …)"，Richard Feynman, *Feynman Lectures on Gravitation* edited by Brian Hatfield (Addison Wesley 1995) p. 14

第175页："宇宙的任何……(every quantum transition …)"，Bryce DeWitt; quoted in *The Ghost in the Atom*, edited by P. C. W. Davies and J. R. Brown (Cambridge University Press 1986) p. 36

第176页："可以有很多很多的推测……(These are very wild …)"，Richard Feynman, *Feynman Lectures on Gravitation* edited by Brian Hatfield (Addison Wesley 1995) p. 15

第176页："现在这个时刻……(does not associate …)"，John Bell '*Quantum mechanics for cosmologists*', p. 135

第176页："如果我们严肃……(if such a theory …)"，John Bell, ibid., p. 136

第176页："在这个虚拟……(hinges on observing …)" interview with David Deutsch in *The Ghost in the Atom*, edited by Davies and Brown, p. 98

第178页："只要原则上……(So long as …)"，John Bell in 'On wave packet reduction in the Coleman-Hepp model', *Helvetica Physica Acta*, 48, 93 (1975); reprinted in *Speakable and Unspeakable in Quantum Mechanics*, p. 48

第179页："准确地知道它……(exactly when and where …)"，John Bell, ibid., p. 51

第九章

第181页："我想说的是……(What I want to talk about …)"，Richard Feynman, *There's Plenty of Room at the Bottom*, reprinted in *Feynman and Computation*, edited by Tony Hey (Perseus 1999), p. 63

第181页："我不是在发明……(I am not inventing …)"，Richard Feynman, ibid.

第181页："第一个做出……(to the first guy who makes …)"，Richard Feynman, ibid.

第181页："第一个将……(to the first who can take …)"，Richard Feynman, ibid.

第183页："……原则上……(… it would be …)"，Richard Feynman, ibid.

第185页："当这完成以后……(When this …)"，Robert Noyce, quoted in *The Genesis of the Integrated Circuit*, M. Wolff (IEEE Spectrum, August 1976); see also www.intel.com/intel/museum

第187页："集成电路……(Integrated circuits …)"，Gordon Moore, 'Cramming more components onto integrated circuits', *Electronics Magazine*, 1965; see also *www.intel.com/intel/museum*

第187页："1968年，在奥索卡……(In 1968, I was invited …)"，Carver Mead, in "Feynman as a Colleague" published in Feynman and Computation, edited by Tony Hey (Perseus 1999)

第188页："摩尔定理有一个……(A very small addendum …)"，Arthur Rock, 'Intel Processor Hall of Fame', *www.intel.com/intel/museum*

第189页："生活变得很有意思……(… life gets very interesting)"，Gordon Moore, *Scientific American Interview*, October 1997

第190页："互连技术已经……(Interconnect has been …)"，Semiconductor Industry Association Roadmap 1999

第193页："……人类小心积累的……(… all of the information …)"，Richard Feynman, 'There's Plenty of Room at the Bottom', p. 66

第197页："……我对只用……(I'm not happy …)"，Richard Feynman, in *Simulating Physics with Computers*, reprinted in *Feynman and Computation*, edited by Tony Hey (Perseus 1999), p. 151

第198页："美好的，激烈的……(Wonderful, intense …)"，Ed Fredkin, in conversation

第198页："很难……(It was very hard …)"，Ed Fredkin, "Feynman, Barton and the Reversible Schroedinger Equation", published in *Feynman and Computation,* edited by Tony Hey (Perseus 1999), p. 139

第198页："你的问题是……(The trouble with you …)"，Richard Feynman quoted by Ed Fredkin, ibid.

第198页："你们能不能……(Can you do it …)"，Richard Feynman, in "Simulating Physics with Computers", ibid.

第200页："我宁愿……(I would not call …)"，Erwin Schrödinger, *Proceedings of the Cambridge Philosophical Society*, 31, 555 (1935)

第201页："我忍不住想说……(I am tempted …)"，Charles Bennett, "Quantum Information Theory", published in *Feynman and Computation*, edited by Tony Hey , p. 179

第 204 页："站远点……(Stand by …)", advertisement in *Scientific American*, February 1996.

第 204 页："在所有的组织……(In any organisation …)", Charles Bennett, in conversation.

第 206 页："我们永远都应该……(We should always …)", Richard Feynman, *in Feynman Lectures on Gravitation* edited by Brian Hatfield (Addison -Wesley 1995)

第十章

第 207 页："我们印象最深刻……(One of the most impressive …)", Richard Feynman, *The Feynman Lectures on Physics*, Vol. 1, Ch. 3, p. 7 (Addison-Wesley 1966)

第十一章

第 227 页："就像……(It was as though …)", Richard Feynman, *Theory of Positrons*, (Physical Review, 76, 1949)

第十二章

第 245 页："现在我们的处境……(Now we are in a position …)", Richard Feynman, from a BBC *Horizon programme* produced by Christopher Sykes, edited transcript reprinted in *The Listener*, 26 November 1981.

第 253 页："收回感光版……(When they were recovered …)", Cecil Powell, quoted in *From X–Rays to Quarks* by Emilio Segre, W. H. Freeman & Company (1980) p. 250

第十三章

第 285 页："你小说读得太多了(You read too many novels)", Richard Feynman, in conversation with Tony Hey at Caltech, 1972

第 286 页："这里大约……(It contains …)", Captain S. P. Meek, Submicroscopic, reprinted in *Before the Golden Age* edited by Isaac Asimov (Doubleday & Co., 1974) p. 66

第 286 页："玻尔和朗缪尔……(The work of Bohr and Langmuir …)", ibid., p. 68

第 287 页："有可能……(It is probable …)", Frederick Soddy, *Atomic Transmutation* (New World 1953) p. 95

第 289 页："1938 年到 1950 年的……(The dozen years …)", James Gunn, *Illustrated History of Science Fiction*, (Prentice Hall, 1975)

第 289 页："在黄金时代里……(During the Golden Age …)", Isaac Asimov, *Before the Golden Age edited* by Isaac Asimov (Doubleday & Co., 1974) p. xv

第 290 页："……不会爆炸……(… wouldn't go off …)", Werner Heisenberg, *The Farm Hall Transcripts*, quoted by Thomas Powers in his book *Heisenberg's War*, Ch. 36 p. 445 (Jonathan Cape 1993)

第 291 页："我们估算……(We estimated …)", Otto Frisch and Rudolf Peierls, quoted in *Bird of Passage* by Rudolf Peierls (Princeton University Press 1985)

第 292 页："原子弹是不是……(Was there really …)", Arthur Compton, *Atomic Quest*, p. 127 (Oxford University Press 1956)

第 297 页："两个鬼魂走向……(On their way …)", Fred Hoyle, 'Jury of Five', in *Element* 79 by Fred Hoyle (New American Library 1967) p. 136

第 298 页："结果取决于……(The decision rested on …)", Fred Hoyle, ibid., p. 140

第 299 页："从某种奇怪……(May the universe …)", John Wheeler, quoted by Gary Zukav in *The Dancing Wu Li Masters* (Mass Market Paperback, 1994)

第 299 页："纳米治疗时代到来……(The advent of nano-therapy …)", Greg Bear, Queen of Angels (Warner Books 1991) p. 198

第 301 页："AXIS 的'意识'……(The AXIS 'mind' consists …)", Greg Bear, ibid., p. 19

第 301 页："她耐心地看着……(She patiently watched …")", Greg Bear, ibid., p. 258

第 301 页："一页纸……(A leaf of paper …)", Neal Stephenson, *The Diamond Age* (Bantam 1995) p. 64

第 303 页："航空器是指……(Areostat meant anything …")", Neal Stephenson, ibid, p. 56

第 303 页："'小虱,'他说……('Mites,' he said …)", Neal Stephenson, ibid, p. 60

第 305 页："普通的计算机……(Ordinary computers …)", Michael Crichton, *Timeline* (Arrow Books 2000) p. 138

引文来源

第 307 页："……你将需要……(… You'd need …)"，Michael Crichton, ibid, p. 137

第 309 页："威尔斯被分裂了"……(Wellsey's split …)"，Michael Crichton, ibid, p. 445

第 310 页："我们要讨论……(We choose to examine …)"，Richard Feynman, *The Feynman Lectures on Physics*, Volume III, Ch. 1, p. 1-1 (Addison Wesley 1965)

第 310 页："量子力学的任何……(Any other situation …)"，Richard Feynman, *The Character of Physical Law*, Ch. 6, p. 130 (MIT Press 1965)

第 310 页："你得到的总是……(You get what you interrogate for …)"，Tom Stoppard, *Hapgood*, p. 10 (Faber and Faber 1988)

第 311 页："对丹麦，……(The ocuupation of Denmark …)"，Werner Heisenberg, quoted in a letter from Stefan Rozental to M. Gowing, 1984

第 311 页："到目前为止……(So far we have …)"，Christian Moller, ibid.

第 311 页："两个人花了……(the two men spent …)"，Abraham Pais, *Niels Bohr's Times*, Ch. 21 (Oxford University Press 1991)

第 311 页："十九世纪是机器时代，二十世纪将会作为信息时代写进历史。我相信二十一世纪将会是量子时代。(The nineteenth century was known as the machine age, the twentieth century will go down in history as the information. I believe the twenty-first century will be the quantum age.)"，Paul Davies's Foreword to *Quantum Technology* by Gerard Milburn, Allen & Unwin 1996, p. viii

尾声

第 313 页："一位诗人曾经说道……(A poet once said …)"，Richard Feynman, *The Feynman Lectures on Physics* Volume I, Ch. 3, p. 10 (Addison-Wesley 1965)

进一步阅读的建议

量子力学：

R. P. Feynman (1965). *The Character of Physical Law* (MIT Press)

这本书由费曼在康奈尔大学做的七次讲演的讲演稿编辑而成。即使过了二十年之后，书中仍然闪耀着费曼独特的风格和智慧的光芒。

R. P. Feynman (1965). *The Feynman Lectures on Physics* (Addison-Wesley)

所有三卷讲义涵盖了物理的所有方面，以其深邃的洞察和新颖的讲解而著称。第三卷中费曼以一种不常见的方式讲解了量子力学，多数学生觉得很难，更愿意有一种普通的讲解方式。

R. P. Feynman (1985). *QED* (Princeton University Press)

讲解量子电动力学（QED）的一种轻松和严谨的尝试。按照自己的一贯风格，费曼试图尽量以一种简单的方式讲清楚，但又不以曲解物理事实为代价。

R. P. Feynman (1996). *The Feynman Lectures on Computation*, edited by Tony Hey and Robin Allen (Addison-Wesley)

一本从物理学家的观点出发，关于计算机科学的"费曼式"讲述。在他生命的最后五年里，费曼做了这些演讲。

A. P. French and E. F. Taylor (1978). *An Introduction to Quantum Physics* (Norton, USA; Nelson, UK)

一本传统的量子力学教科书，但比同类教科书篇幅长，多数章节很容易理解。

J. C. Polkinghorne (1984). *The Quantum World* (Longman)

一本对量子力学概念的认真和清晰的介绍。书中详细讨论了薛定谔猫佯谬，魏格纳的朋友，爱因斯坦，波多尔斯基和罗森等。

G. Gamow (1965). *Mr Tompkins in Paperback* (Cambridge University Press)

著名物理学家乔治·伽莫夫写的一本趣味性读物，讲的是汤普金斯先生想象中的相对论和量子力学探险之旅。

G. Gamow and R. Stannard (1999). *The New World of Mr Tompkins* (Cambridge University Press)

乔治·伽莫夫经典小说的新版本。

David Lindley (1996) *Where Does the Weirdness Go?* (Basic Books)

介绍量子力学带来的佯谬和困难的一本清晰的、可读性很强的书。

Gerard Milburn (1996) *Quantum Technology* (Allen and Unwin) (Published in the USA as Schroedinger's Machines (Freeman))

介绍量子力学新技术的最新读本，包括离子阱，量子纳米电路，量子密码学和量子计算。

Hans Christian von Baeyer (1992) *Taming the Atom* (Random House)

一本介绍原子论的非常好，可读性很强的书，涵盖范围包括了原子论的最早起源到最新的原子操作实验。

历史背景：

O. Frisch (1979) *What Little I Remember* (Cambridge University Press)

E. Segré (1980) *From X-rays to Quarks* (Freeman)

这两本介绍量子力学早年岁月的传记非常好，值得一读。

R. P. Feynman (1985). *Surely You're Joking, Mr Feynman!* (Norton)

一本费曼的趣味轶事集，收集了很多传奇性的"费曼故事"，还有很多别的故事。

A. Pais (1982). *Subtle is the Lord - The Science and the Life of Albert Einstein* (Oxford University Press)

也许是关于爱因斯坦对量子力学基础的贡献，和他的广义相对论的最权威的书。

P. Goodchild (1980). *J. Oppenheimer - Shatterer of Worlds* (BBC Publications)

关于一段当代惊人历史的BBC电视系列片的一本书。

Richard Rhodes (1986). *The Making of the Atomic Bomb* (Simon and Schuster)

一本关于原子弹研制和曼哈顿计划的权威性读物，曾获得了普利策奖。

S. Augarten (1984). *Bit by Bit - An Illustrated History of Computers* (Tickner and Fields)

介绍计算机历史的一本非常吸引人的书，内容从计算机发展早期的先驱如约翰·冯·诺伊曼和阿兰·图灵，到当代发明个人电脑的英雄，乔布斯（Jobs）和沃兹奈克（Wozniak）。

这本书的姊妹篇：

T. Hey and P. Walters (1997). *Einstein's Mirror (Cambridge University Press)*

索　引

291

索引

索引

照片来源

我们谨在此感谢下列个人和组织，感谢他们允许我们在这本书中使用他们的资料。

牛顿	大英博物馆的保管员	图3.6	农业渔业食品部（SEM组，Slough实验室）
杨	大英博物馆的保管员	图3.7	Schoken 图书公司，D. Scharf, Magnifications, 1977
汤姆森	剑桥大学，卡文迪许实验室		
图1.1	教育研究中心公司，麻省牛顿	图3.8	斯坦福直线加速器（SLAC）
图1.2	美国航空航天局（NASA）	图3.9	SLAC
图1.3	查不到版权所有者		
图1.4	牛津大学出版社	卢瑟福	剑桥大学，卡文迪许实验室
图1.6	开放（Open）大学出版社，Discovering Physics (S271)课程	盾徽	
		玻尔	尼尔斯·玻尔研究所
图1.8	牛津大学出版社	德梅尔特	华盛顿大学，Davis Freeman
图1.10	C. Jönsson 教授	保罗	查不到版权所有者
图1.12	纽约科学学会，Hannes Lichte博士，（实验是用Mollenstedt型电子双棱镜干涉仪做的）	图4.4	美国原子能委员会
		图4.5	NASA
		图4.6	开放大学出版社，Discovering Physics (S271)课程
海森堡	剑桥大学，卡文迪许实验室		
普朗克	慕尼黑德国照片博物馆	图4.7	教育研究中心公司，麻省牛顿
费曼	R. 费曼教授	图4.9	C. M. Hutchins 博士
图2.2	查不到版权所有者	图4.10	Thomas D. Rossing 教授
图2.4	牛津大学出版社	图4.12	Don Eigler 教授，IBM 阿尔马登研究中心
图2.5	国家光学天文台（National Optical Astronomy Observatories）	图4.13	Don Eigler 教授，IBM 阿尔马登研究中心
		图4.16	猎户座星云，英澳天文台，David Malin 摄
图2.6	Albert Rose，取自视觉专题：人与电子	图4.19	NIST
图2.7	Patrick Seitzer, NOAO		
图2.10	Tony Hey 教授	宾里希和	IBM 研究中心
图2.11	Richard F.Voss	罗雷尔	
		奎特，宾里希和盖博	Jim Gimzewski 教授
德布罗意	国家肖像画廊（National Portrait Gallery）		
薛定谔	Pfaundler，因斯布鲁克	伽莫夫	Maurice M. Shapiro，科罗拉多联合出版社（Colorado Associated Press）
纪念盘	Roger Stalley		
盖尔曼	M. 盖尔曼教授	柯克克罗夫特	Ullstein Bilderdienst
茨威格	G. 茨威格教授	卢瑟福	
图3.1	牛津大学出版社	和沃尔顿	
图3.5	T.Brain, 科学照片库（Science Photo Library）	劳伦斯和	加州大学，劳伦斯伯克利实验室

利文斯通

迈特纳和哈恩　　Ullstein Bilderdienst

图5.3　查不到版权所有者

图5.4　查不到版权所有者

图5.5　教育研究中心公司，麻省牛顿

图5.7　Jim Gimzewski 教授

图5.8　海军研究实验室

图5.9　Don Eigler 教授，IBM 阿尔马登研究中心

图5.10　美国海军研究实验室

图5.11　Zyvex

图5.12　Patrici Molinas-Mata

图5.13　Don Eigler 教授，IBM 阿尔马登研究中心

图5.14　加州大学校董

图5.15　Alex Rimberg，JC Nabity 平板印刷系统

图5.17　皇家学会学报（Proceedings of The Royal Society）

图5.18　卡文迪许实验室，剑桥大学

图5.19　卢瑟福-阿普尔顿实验室

图5.24　芝加哥历史协会

图5.25　每日邮报（The Daily Mail）

图5.26　广岛-长崎出版委员会（松本泳一，Eiichi Matsumoto）

图5.27　社会责任医生协会（Physicians for Social Responsibility）

图5.28　美国原子能委员会

图5.29　幻灯片中心（The Slide Centre）

图5.30　皇家学会学报

图5.31　英国广播公司（BBC）

门捷列夫　　Ann Ronan 图片库

泡利及夫人　　联合出版社（Associated Press）

费米　　阿贡国家实验室

斯特恩　　查不到版权所有者

明信片

肖克利，布兰　　联合出版社

坦和巴丁

奥本海默和　　新泽西普林斯顿高等研究所

冯·诺伊曼

图6.1　查不到版权所有者

图6.2　查不到版权所有者

图6.9　地球卫星公司，商标 GEOPIC

图6.11　Schoken 图书公司，D. Scharf，Magnifications

图6.12　E. Leitz 公司

图6.17　AT&T 贝尔实验室

图6.18　德州仪器公司

图6.19　仙童公司

图6.20　英特尔公司

图6.21　Roger Pearce，南安普敦

图6.22　时代明镜杂志公司（Times Mirror Magazines Inc.），获许重印自《大众科学》（Popular Science）1946年版

图6.23　IBM 公司

汤斯　　联合出版社

麦曼　　国家肖像画廊

加博　　国家肖像画廊

玻色　　印度科学院

爱因斯坦　　BBC Hutton 图片库

奥谢罗夫　　道格拉斯·D·奥谢罗夫教授

理查森　　Doug Hicks，康奈尔大学

李　　Doug Hicks，康奈尔大学

克勒普勒　　丹尼尔·克勒普勒教授，MIT

汤斯　　查尔斯·H·汤斯教授

朱棣文　　朱棣文教授，斯坦福

菲利浦斯　　威廉·菲利浦斯教授，NIST

科恩-塔诺季　　克劳德·N·科恩-塔诺季教授，法国高等师范学校（Ecole Normale Supérieure）物理系

克特勒　　沃尔夫冈·克特勒教授

威曼　　卡尔·威曼教授

康奈尔　　艾里克·康奈尔教授

巴丁　　约翰·巴丁教授

贝德诺兹　　IBM 苏黎世研究实验室

穆勒　　IBM 苏黎世研究实验室

约瑟夫森　　凯文迪许实验室，剑桥大学

克林津　　克劳斯·冯·克林津教授

图7.1　NASA

图7.4　菲亚特汽车公司

图7.8　Patrick Walters 博士

图7.9　John Wiley & Sons 公司，Smith Principles of Holography

图7.12　K·孟德尔松，低温物理学，Interscience 出版社

图7.13　J. F. Allen 教授，美国物理学会（American Institute of Physics）

图7.15　Mark Helfer，NIST

图7.16　绘图 Michael R. Matthews。图片许可 JILA BEC组

照片来源

图 7.17　沃尔夫冈·克特勒教授
图 7.18　(a)　MIT 新闻办公室
图 7.18　(b)　沃尔夫冈·克特勒教授
图 7.18　(c)　沃尔夫冈·克特勒教授
图 7.19　J. F. Allen 教授，美国物理学会
图 7.21　分子宇宙（Molecular Universe）
图 7.23　T. H. Geballe 教授

玻恩　　尼尔斯·玻尔图书馆
贝尔　　CERN
索尔维　S. A. Solvay
玻姆　　Mark Edwards，静物画（Still Pictures）

基尔比　德州仪器公司
摩尔　　英特尔公司
图灵　　图灵档案
多位科学家　Andre Berthiaume
策林格　FIRST LOOK Productions 公司
图 9.1　加州理工，Melanie Jacson 中心
图 9.2　斯坦福，Tom Newman
图 9.3(a) Don Eigler 教授，IBM 阿尔马登研究中心
图 9.3(b) Don Eigler 教授，IBM 阿尔马登研究中心
图 9.4　IBM
图 9.5　威尔逊·何教授，康奈尔，加州大学 Irvine 分校
图 9.15　David J. Wineland，NIST
图 9.16　NEC 公司

爱丁顿　国家肖像画廊
贝蒂　　康奈尔大学物理系
霍伊　　Fred Hoyle 教授，爵士
钱德拉塞卡　尼尔斯·玻尔图书馆
贝尔　　爱丁堡皇家天文台
图 10.1　NASA（Stephen Meszaros 拼接）
图 10.3　布鲁克黑文国家实验室
图 10.5　威斯康星州 Milwaukee，Kalmbach 出版公司，天文杂志（John Clarke 绘）
图 10.6　Lick 天文台
图 10.7　Lick 天文台
图 10.8　Lick 天文台
图 10.9　威尔逊山和 Las Campanas 天文台，华盛顿卡耐基研究所
图 10.10　英澳天文台，David Malin 拍摄
图 10.11　图片由下列人士和单位提供：Paul Scowen，Jeff Hester（亚利桑那州立大学），帕洛马山天文台

图 10.12　Mullard 射电天文台，卡文迪许实验室，剑桥大学
图 10.13　Lick 天文台
图 10.16　Rob Hynes，南安普敦大学

爱因斯坦　　BBC Hulton 图片图书馆
狄拉克和　　尼尔斯·玻尔档案，哥本哈根
海森堡
格拉泽和　　Emilio Segre 教授
安德森
卡斯密尔　　亨德里克·卡斯密尔教授
伽莫夫和　　Robert Herman 博士和 R. A. Alpher 博士
　　　　　　"YLEM"
弗劳恩霍夫　慕尼黑德国照片博物馆
霍金　　Mason 新闻社
图 11.3　C. D. Anderson 教授
图 11.4　CERN
图 11.5　加州大学，劳伦斯伯克利实验室
图 11.11　国家光学天文台
图 11.12　威尔逊山和 Las Campanas 天文台，华盛顿卡耐基研究所
图 11.13　国家光学天文台
图 11.15　Macdonald 出版公司

麦克斯韦　　卡文迪许实验室，剑桥大学
魏尔　　Hilbert, Constance Reid, Springer-Verlag 出版社
杨振宁　杨振宁教授
汤川秀树　联合出版社
格拉肖和　哈佛大学物理系
温伯格
萨拉姆　阿卜杜斯·萨拉姆教授
丁肇中　丁肇中教授
戈德哈勃，佩　　SLAC
尔和里克特
霍夫特　基拉尔斯·霍夫特教授
图 12.3　物理研究所，取自 Rep. Prog. Phys. 13, 350 (1950)
图 12.4　CERN
图 12.5　皇家学会会员，C. D. Rochester 教授和 Clifford Butler 爵士
图 12.6　CERN
图 12.7　布鲁克黑文国家实验室
图 12.8　布鲁克黑文国家实验室

图12.9	CERN	格恩斯贝克	格恩斯贝克出版公司
图12.10	CERN	小伍德·坎	查不到版权所有者
图12.11	阿卜杜斯·萨拉姆教授	贝尔狄克	查不到版权所有者
图12.12	CERN	图13.2	哥伦比亚三星家庭娱乐公司
图12.13	CERN	图13.3	派拉蒙家庭娱乐公司
图12.17	Roger Cashmore 和 TASSO 合作组	图13.4	Grand Naylor 产品公司
图12.18	Roger Cashmore 和 TASSO 合作组	图13.5	查不到版权所有者
图12.20	Karl Kuhn 和 J. S. Faughn,《你所在世界的物理》(*Physics in Your World*)	图13.6	时代华纳书刊
		图13.7	查不到版权所有者
图12.23	CERN	图13.8	Zyvex Merkle 教授
图12.24	CERN	图13.9	IBM 苏黎世研究实验室
图12.25	CERN	图13.10	迈克尔·克莱顿,《时间线》, 世纪出版公司。经 Random House 集团公司准许重印
图12.26	CERN		
图12.27	CERN	图13.11	Phil Saunders
图12.28	CERN	图13.12	环球影城家庭娱乐公司
图12.29	英国原子能管理局,Eric Jenkins 拍摄	图13.13	Faber and Faber 出版公司
图12.30	超级神冈项目	图13.14	"1998 年皇家国家大剧院演出由 Michael Frayn 创作的《哥本哈根》的海报。沃纳·海森堡 1947 年的形象由 Michael Mayhew 设计"
图12.31	英澳天文台,David Malin 拍摄		
韦尔斯	TimePix 杂志		
西拉德	查不到版权所有者		

译 后 记

英国安东尼·黑教授和帕特里克·沃尔斯特博士合著的《新量子世界》中文版出版已经15年了。该书的第一版《量子世界》出版于1987年,曾受到著名物理学家理查德·费曼的衷心称赞和推荐。他本人非常强调清晰明白地把抽象的科学理论介绍给公众。

量子物理是现代科学的最重要的基础之一。它的出现深刻改变了我们对世界的认识,以及我们的世界本身。但是它的基本概念却让很多人迷惑不解。虽然实验证明了量了理论的正确性,但是即使是科学家,也很难解释清楚为什么是这样。费曼本人就说过一句至少当时无人反对的俏皮话:"没有人能懂量子力学。如果有人说他懂了,正好说明他不懂!"。这句话长期被人引用,说明量子理论有多么难懂。即使一线的科学家,也有很多人承认,自己无法理解实验上发现的一些量子现象。

作为这本书的译者,我在翻译这本书的时候,也比较全面地了解了量子理论相关的争论和应用成果。书上介绍的很多应用,当时还是研究前沿。15年来,量子方面的应用研究,书中称为量子信息和量子工程,发展非常快,出现的成果也很多。但可惜的是,人们对量子理论的理解并没有出现令人信服的进展,争论依旧。我本人长期致力于理解量子理论,对一些流行看法持怀疑态度,这些年已经取得了一些进展。量子理论对我来说已经不再那么难以理解,但是还需要一些时间才能解释清楚。

翻译的时候,为了让读者更容易看懂书中的内容,我实际上做了两次翻译。一次是将英文翻译成中文,一次是将翻译版中文翻译成中文语言背景下的中文。第二次翻译在一些"原教旨"翻译者看来,属于翻译不准确。但我并不那么看。我觉得关键是读者要看懂,而不是在词句上忠实原著。从读者的反馈来看,应该说,这一努力得到了读者们的认可。

　　从整体理论架构来说，15年来，量子理论及主要后续分支的变化不大，主要争论仍然存在。虽然对某些人来说，原有的量子理论已经很完美，不需要发展了，只需要将原有理论"公理化"。也有很多科学家，如温伯格，霍夫特，李斯莫林，肖恩　卡洛尔，等，认为量子理论还需要进一步完善。我是这一派的。

　　也就是说，虽然已经过去了15年，这本书的内容并不过时。除了一些具体应用的发展，如量子信息，量子调控，量子工程，基本概念方面迷惑依旧，争论依旧。我本人更趋向于认为一些量子概念错了，比如量子纠缠，量子计算等。一些量子应用的理论基础并不坚实，人们以前对它们的看法太乐观了。当然，现在仍然有很多人看好它们的发展。争论方面，读者也许需要寻找更新的资料，但概念及基础方面，这本书并不过时。

　　这本书并不要求读者受过相关高等教育，也没有用到很多数学，一般高中以上的读者可以看懂。它对那些喜欢科学的读者，应该有很大的科普和启发作用。即使对于物理专业的本科生和研究生，本书也是一本很好的综述性读物，有助于他们全面了解量子理论的发展历史，拓展知识的深度和广度，激发对科学的探索欲望。

雷奕安

2020 年 7 月

图书在版编目（CIP）数据

新量子世界/（英）安东尼·黑（Tony Hey），（英）帕特里克·沃尔特斯（Patrick Walters）著；雷奕安译. — 长沙：湖南科学技术出版社，2021.5

ISBN 978-7-5710-0674-7

Ⅰ.①新… Ⅱ.①安…②帕…③雷… Ⅲ.①量子力学 – 普及读物 Ⅳ.① O413.1-49

中国版本图书馆 CIP 数据核字 (2020) 第 135029 号

This is a Simplified–Chinese translation edition of the following title published by Cambridge University Press:
The New Quantum Universe by Tony Hey and Patrick Walters, 978-0-521-56457-1
This Simplified–Chinese translation edition for the People's Republic of China (excluding Hong Kong, Macau and Taiwan) is published by arrangement with the Press Syndicate of the University of Cambridge, Cambridge, United Kingdom.

© Cambridge University Press and Hunan Science & Technology Press 2021

湖南科学技术出版社通过英国剑桥大学出版社获得本书中文简体版在中国大陆独家出版发行权
著作权合同登记号 18-2021-33

XIN LIANGZI SHIJIE
新量子世界

著者	印刷
[英]安东尼·黑	长沙德三印刷有限公司
[英]帕特里克·沃尔特斯	厂址
译者	长沙市宁乡高新区金洲南路350号亮之星工业园
雷奕安	版次
策划编辑	2021 年 5 月第 1 版
吴炜	印次
责任编辑	2021 年 5 月第 1 次印刷
杨波	开本
营销编辑	710mm×1000mm 1/16
吴诗	印张
出版发行	20
湖南科学技术出版社	字数
社址	343 千字
长沙市开福区芙蓉中路一段 416 号	书号
http://www.hnstp.com	ISBN 978-7-5710-0674-7
湖南科学技术出版社	定价
天猫旗舰店网址	88.00 元
http://hnkjcbs.tmall.com	

版权所有，侵权必究。